高等院校计算机教育系列教材

数据挖掘实践教程

吴思远　主　编

邹　洋　黄梅根　贾　玲　副主编

清华大学出版社

北　京

内 容 简 介

本书注重数据挖掘理论,将理论与实践相结合、知识理论与具体实现方法相结合,由浅入深地介绍了数据分析与挖掘的相关知识。全书分为 3 部分。第 1 部分介绍了数据挖掘理论(第 1~3 章),第 2 部分介绍了 Excel 2010 数据分析与挖掘、SQL Server 2012 数据挖掘、SPSS 数据分析与挖掘的实践过程(第 4~9 章),第 3 部分介绍了 SQL Server 和 SPSS 数据挖掘的实验内容(第 10 章)。

本书为教师提供了配套的教学资源,可以作为计算机、智能科学类专业本科生的数据挖掘课程教材,也可以作为专业技术人员的自学参考书及数据挖掘爱好者的自学用书。

本书封面贴有清华大学出版社防伪标签,无标签者不得销售。

版权所有,侵权必究。侵权举报电话:010-62782989 13701121933

图书在版编目(CIP)数据

数据挖掘实践教程/吴思远主编. —北京:清华大学出版社,2017(2018.1 重印)
(高等院校计算机教育系列教材)
ISBN 978-7-302-45204-1

Ⅰ. ①数… Ⅱ. ①吴… Ⅲ. ①数据采集—高等学校—教材 Ⅳ. ①TP274

中国版本图书馆 CIP 数据核字(2016)第 263917 号

责任编辑:吴艳华
封面设计:刘孝琼
责任校对:周剑云
责任印制:沈　露

出版发行:清华大学出版社
　　　　网　　　址:http://www.tup.com.cn, http://www.wqbook.com
　　　　地　　　址:北京清华大学学研大厦 A 座　　　邮　　编:100084
　　　　社　总　机:010-62770175　　　　　　　　　邮　　购:010-62786544
　　　　投稿与读者服务:010-62776969, c-service@tup.tsinghua.edu.cn
　　　　质量反馈:010-62772015, zhiliang@tup.tsinghua.edu.cn
　　　　课件下载:http://www.tup.com.cn, 010-62791865

印　装　者:三河市金元印装有限公司
经　　　销:全国新华书店
开　　　本:185mm×260mm　　　印　　张:23.25　　　字　　数:561 千字
版　　　次:2017 年 1 月第 1 版　　　　　　　　　　印　　次:2018 年 1 月第 2 次印刷
印　　　数:2001~3000
定　　　价:48.80 元

产品编号:068564-01

前　言

数据挖掘涉及数据库技术、人工智能、统计学、机器学习、知识发现等多个学科的领域。随着信息技术的高速发展、数据量的飞速增长，数据挖掘已经在各行各业有了较为广泛的应用。

Microsoft SQL Server 2012 是集成了数据挖掘技术的第 5 版的 SQL Server。SQL Server 数据挖掘是业界部署最广泛的数据挖掘服务器，由于其可伸缩性大，容易获得，使用也较为简便，政府机构、企事业单位、学术人员和科学家也开始采用或转而使用 SQL Server 进行数据挖掘。IBM SPSS Statistics 是全世界最早的统计分析软件，其主要功能包括统计学分析运算、数据挖掘、预测分析等，由于其具有数据分析深入、使用方便、功能齐全等诸多优点，被广泛应用于自然科学、技术科学、社会科学的各个领域。

Microsoft SQL Server Analysis Services(SSAS)是本书的核心内容，Excel 的数据分析与挖掘，也是基于 SSAS 的服务引擎在进行。使用本书时，可以先学习数据挖掘基本理论；接下来学习 Excel 2010 数据分析与挖掘、SQL Server 2012 数据挖掘、SPSS Statistics 数据分析与挖掘；然后再通过完成教程设计的实验内容，真正地理解数据挖掘理论，掌握数据挖掘的实践技能。

本书结合作者多年从事数据挖掘教学、开发数据挖掘项目的经验，从实际出发，以实用的例子，系统地介绍了数据挖掘。全书分为三个部分，共 10 章。

第 1 部分由第 1～3 章组成，包括商业智能的概念和发展、数据挖掘和数据仓库的基本概念以及它们之间的关系；数据仓库的基本概念和设计步骤，并介绍了联机分析技术的分类和特点，以及回归分析、关联规则、聚类分析、决策树分析等数据挖掘常用分析方法的概念和算法。

第 2 部分由第 4～9 章组成，包括 Excel 2010 数据分析和预测的功能、Excel 2010 的数据挖掘功能；SQL Server 2012 的 Analysis Services 功能、设置数据源、设置数据源视图、设置挖掘结构、处理挖掘模型、查看挖掘结果等；Microsoft SQL Server Analysis Services 中提供的最常用的 6 个数据挖掘算法原理与参数；SPSS Statistics 的界面和基础操作；SPSS Statistics 在数据挖掘中常用的基础统计分析方法和高级统计分析方法。

第 3 部分由第 10 章组成，包括 SQL Server 2012 的数据挖掘实验、SPSS Statistics 的数据挖掘实验。

在内容的选择、深度的把握上，本书充分考虑到初学者的特点，在内容安排上力求循序渐进，不仅可以作为大专院校教学用书，也可以作为数据挖掘的培训教材和数据挖掘爱好者的自学用书。

本书由吴思远任主编，邹洋、黄梅根、贾玲任副主编。具体编写分工如下：邹洋编写第 1～3 章，吴思远编写第 4～6 章，黄梅根编写第 7 章，贾玲编写第 8～9 章，吴思远和贾玲共同编写第 10 章。吴思远负责全书架构的组织设计，负责统稿。本书的编写得到重庆邮电大学教务处、重庆邮电大学计算机科学与技术学院以及重庆市教育评估院和中冶赛迪重庆信息技术有限公司的大力支持,在此感谢以上单位对本书所做出的贡献。

本书为教师提供了配套的教学资源,可从清华大学出版社网站 http://www.tup.com.cn 下载。

由于作者水平有限,书中难免有疏漏和不足之处,希望广大读者给予谅解和指正。

编　者

目　录

第1章 绪 论

数据挖掘是指从大型数据库中提取人们感兴趣的知识，这些知识是隐含的、事先不知的、潜在有用的信息。数据挖掘涉及机器学习、模式识别、统计学、智能数据库、知识获取、数据可视化、高性能计算、专家系统等各个领域，其目的在于从大量数据中发现隐含的、新的、令人感兴趣的关系和规律。它不仅面向特定数据库的简单检索、查询调用，而且要对这些数据进行微观、中观乃至宏观的统计、分析、综合和推理，以指导解决实际问题，发现事件间的相互关联，甚至利用已有的数据对未来的活动进行预测。这样一来，就把人们对数据的应用从低层次的末端查询操作，提高到为各级经营决策者提供决策支持的层次。

本章着重介绍商业智能的概念和发展、数据挖掘和数据仓库的基本概念以及它们之间的关系，帮助读者理解商业智能、数据挖掘、数据仓库的基本要素，为读者学习以后的章节打下理论基础。

1.1 商 业 智 能

1.1.1 商业智能概述

1. 商业智能的定义

商业智能又称商务智能(Business Intelligence，BI)，是指用现代数据仓库技术、线上分析处理技术、数据挖掘和数据展现技术进行数据分析以实现商业价值。加特纳集团(Gartner Group)将商业智能定义为：商业智能描述了一系列的概念和方法，通过应用基于事实的支持系统来辅助商业决策的制定。商业智能技术提供使企业迅速分析数据的技术和方法，包括收集、管理和分析数据，将这些数据转化为有用的信息，然后分发到企业各处。

商业智能作为一个工具，是用来处理企业中现有数据，并将其转换成知识、分析和结论，以辅助业务或者决策者做出正确且明智的决定，是帮助企业更好地利用数据提高决策质量的技术，包含了从数据仓库到分析型系统等。

商业智能通常被理解为将企业中现有的数据转化为知识，帮助企业做出明智的业务经营决策的工具。这里所谈的数据包括来自企业业务系统的订单、库存、交易账目、客户和供应商的数据，来自企业所处行业和竞争对手的数据，以及来自企业所处的其他外部环境中的各种数据。商业智能能够辅助的业务经营决策，既可以是操作层的决策，也可以是战术层和战略层的决策。为了将数据转化为知识，需要利用数据仓库、联机分析处理(OLAP)工具和数据挖掘等技术。因此，从技术层面上讲，商业智能不是什么新技术，它只是数据仓库、OLAP 和数据挖掘等技术的综合运用。

可以认为，商业智能是对商业信息的搜集、管理和分析过程，目的是使企业的各级决策者获得知识或洞察力，促使他们做出对企业更有利的决策。商业智能一般由数据仓库、联机分析处理、数据挖掘、数据备份和恢复等部分组成。商业智能的实现涉及软件、硬件、咨询服务及应用，其基本体系结构包括数据仓库、联机分析处理和数据挖掘三个部分。

因此，把商业智能看成是一种解决方案应该比较恰当。商业智能的关键是从许多来自不同的企业运行系统的数据中提取出有用的数据并进行清理，以保证数据的正确性，然后经过抽取(Extraction)、转换(Transformation)和装载(Load)，即 ETL 过程，合并到一个企业级的数据仓库里，从而得到企业数据的一个全局视图，在此基础上利用合适的查询和分析工具、数据挖掘工具(大数据魔镜)、OLAP 工具等对其进行分析和处理(这时信息变为辅助决策的知识)，最后将知识呈现给管理者，为管理者的决策过程提供支持。商业智能的一般技术架构如图 1.1 所示。

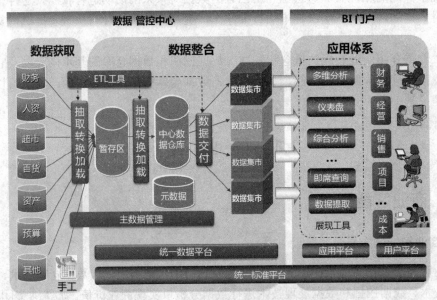

图 1.1　商业智能的一般技术架构

提供商业智能解决方案的著名 IT 厂商包括微软、IBM、Oracle、SAP、Informatica、Microstrategy、SAS 等。

2. 商业智能的应用

商业智能的应用可以大略分为业务分析和决策管理两个方面。

1) 业务分析方面

通过了解各种受众以及相关利益方的独特分析需求，可以发挥商业智能解决方案的全部潜能。企业所需的分析功能应该能够访问几乎所有企业数据源，而不受平台限制；同时可以为所有用户提供便于理解的详细信息视图，而不受用户角色或所在位置的影响。这些解决方案应具有创新的工具，以帮助这些不同的业务用户组轻松地通过台式机或移动设备分析信息。

企业需要广泛的分析功能，但不同的分析工具、信息壁垒、多种平台，以及过度依赖于电子表格,让企业难以准确地分析信息。企业使用的分析解决方案必须能够满足所有业务用户的需求,包括一线员工,部门主管,以及高级分析员。这些用户希望能够自己分析数据,而无须等待部门提供所请求的信息,从而做出更出色、更智慧的业务决策。

需要说明的是,业务分析并非放之四海而皆准。用户需求可能会有很大的不同。通过了解不同类型的分析需求,并将其与组织中的特定角色相联系,企业可以从中受益。

2) 决策管理方面

决策管理是用来优化并自动化业务决策的一种卓有成效的方法。它通过预测分析,让组织能够在制定决策以前有所行动,以便预测哪些行动在未来最可能获得成功。从广义角度来看,主要存在三种组织决策类型,即战略型、业务型和战术型。

其中,战略决策通常为组织设定长远方向,其制定者是部门主管人员、副总裁、业务线经理;业务决策通常包括策略或流程的制定,它们专注于在战术级别上执行特定项目或目标,其制定者为业务经理、系统经理和业务分析师;战术决策通常是将策略、流程或规则应用到具体事例的"前线"行动。这些类型的决策适用于自动化,使结果更具一致性和可预测性,其制定者包括消费者服务代表、财务服务代表、分支经理、销售人员,以及网站推荐引擎等自动化系统。

决策管理使改进成为可能。它使用决策流程框架和分析来优化并自动化决策、优化成果,且解决特定的业务问题。决策管理通常专注于大批量决策,并使用基于规则和基于分析模型的应用程序实现决策。因此,虽然决策管理相对较新,但有效性已得到证实。

了解了组织中的决策类型和可用的决策管理选择后,就可以着手建立决策管理基础架构了。业务经理首先应该在影响他们决策的范围内定义其业务挑战,然后通过为特定业务问题开发的以决策为中心的应用程序,利用决策管理优化目标决策。这些应用程序展示了业务人员熟悉的相关信息,并在影响问题的决策范围内加入了预测分析。

3. 商业智能的实施步骤

实施商业智能系统是一项复杂的系统工程,整个项目涉及企业管理、运作管理、信息系统、数据仓库、数据挖掘和统计分析等众多门类的知识。因此,用户除了要选择合适的商业智能软件工具外,还必须使用正确的实施方法,才能保证项目获得成功。商业智能项目的实施步骤如下。

(1) 需求分析:需求分析是商业智能实施的第一步,在其他活动开展之前必须明确企业对商业智能的期望和需求,包括需要分析的主题,各主题可能查看的角度(维度);需要发现企业哪些方面的规律,必须明确用户的需求。

(2) 数据仓库建模:通过对企业需求的分析,建立企业数据仓库的逻辑模型和物理模型,并规划好系统的应用架构,将企业各类数据按照分析主题进行组织和归类。

(3) 数据抽取:数据仓库建立后,必须将数据从业务系统中抽取到数据仓库中,在抽取的过程中还必须将数据进行转换、清洗,以适应分析的需要。

(4) 建立商业智能分析报表:商业智能分析报表需要专业人员按照用户指定的格式进行开发,用户也可自行开发(开发方式简单、快捷)。

(5) 用户培训和数据模拟测试:对于开发—使用分离型的商业智能系统,最终用户的使用是相当简单的,只需要点击操作就可针对特定的商业问题进行分析。

(6) 系统改进和完善：任何系统的实施都必须是不断完善的，商业智能系统更是如此。在用户使用一段时间后，可能会提出更多、更具体的要求，这时需要再按照上述步骤对系统进行重构或完善。

4. 商业智能与企业效益

商业智能帮助企业的管理层进行快速、准确的决策，迅速地发现企业中的问题，提示管理人员加以解决。但商业智能软件系统不能代替管理人员进行决策，不能自动处理企业运行过程中遇到的问题。因此，商业智能系统并不能为企业带来直接的经济效益。但必须看到，商业智能为企业带来的是一种经过科学武装的管理思维，给整个企业带来的是决策的快速性和准确性，发现问题的及时性，以及发现那些对手未发现的潜在的知识和规律，而这些信息是企业产生经济效益的基础。不能快速、准确地制定决策方针，等于将市场送给对手；不能及时发现业务中的潜在信息，等于浪费自己的资源。比如，通过对销售数据的分析，可发现各类客户的特征和喜欢购买商品之间的联系，就可更有针对性地进行精确的促销活动或向客户提供更具个性的服务，这都会为企业带来直接的经济效益。

1.1.2　商业智能的发展

提到"商业智能"这个词，网上普遍认为是加特纳集团在 1996 年第一次提出来的，但事实上 IBM 的研究员 Hans Peter Luhn 早在 1958 年就用到了这一概念。他将"智能"定义为"对事物相互关系的一种理解能力，并依靠这种能力去指导决策，以达到预期的目标"。

1. 商业智能的发展历程

对商业智能发展有着"里程碑"意义的事件如下。

1970 年，IBM 的研究员埃德加·弗兰克·科德(E.F. Codd)发明了关系型数据库。

1979 年，一家以创建决策支持系统为己任，致力于构建单独的数据存储结构的公司 Teradata 诞生。1983 年，该公司利用并行处理技术为美国富国银行建立了第一个决策支持系统。

1988 年，为解决企业集成问题，IBM 公司的研究员 Barry Devlin 和 Paul Murphy 创造性地提出一个新的术语：数据仓库(Data Warehouse)。

1992 年，比尔·恩门出版了《如何构建数据仓库》一书，他主张由顶至底的构建方法，强调数据的一致性，拉开了数据仓库真正得以大规模应用的序幕。

1993 年，拉尔夫·金博尔出版了《数据仓库的工具》一书，他主张务实的数据仓库应该由下往上，从部门到企业，并把部门的数据仓库叫作"数据集市"。

2. 商业智能的发展趋势

与其他系统相比，商业智能具有更美好的发展前景，其发展趋势可以归纳为以下几点。

1)　功能上具有可配置性、灵活性、可变化性

BI 系统的范围从为部门的特定用户服务扩展到为整个企业所有用户服务。同时，由于企业用户在职权、需求上的差异，BI 系统提供广泛的、具有针对性的功能，从简单的数据获取，到利用 Web 和局域网、广域网进行丰富的交互、决策信息，以及知识的分析和使用，

解决方案更开放、可扩展，可按用户定制，在保证核心技术的同时，提供客户化的界面。

针对不同企业的独特需求，BI 系统在提供核心技术的同时，使系统又具个性化，即在原有方案基础上加入自己的代码和解决方案，增强客户化的接口和扩展特性；可为企业提供基于商业智能平台的定制工具，使系统具有更大的灵活性和使用范围。

2) 从单独的商业智能向嵌入式商业智能发展

这是商业智能应用的一大趋势，即在企业现有的应用系统中(如财务、人力、销售等系统)嵌入商业智能组件，使普遍意义上的事务处理系统具有商业智能的特性。即便只考虑 BI 系统的某个组件而不是整个 BI 系统，也并非一件简单的事，比如将 OLAP 技术应用到某一个应用系统，一个相对完整的商业智能开发过程(如企业问题分析、方案设计、原型系统开发、系统应用等过程)是不可缺少的。

3) 从传统功能向增强型功能转变

增强型的商业智能功能是相对于早期的用 SQL 工具实现查询的商业智能功能。当前应用中的 BI 系统除实现传统的 BI 系统功能之外，大多数已实现了图 1.1 中应用体系层的功能。而数据挖掘、企业建模是 BI 系统应该加强的应用，以便更好地提高系统性能。

4) 市场增长强势不减

BI 软件市场在最近几年得到了迅速增长。在这个市场中，终端用户查询、报告和 OLAP 工具占绝对主流，达到 65%。用户希望从企业资源规划(ERP)、客户关系管理(CRM)、供应链管理(SCM)和遗留系统中发掘他们的数据资产，因此，对 BI 软件的需求正在不断增加。从这些需求来看，说明企业正逐渐摆脱单纯依赖于软件来处理日常事务的情况，而是明确要利用软件来帮助自己，依据企业数据做出更好、更快的决策。

此外，对分析应用需求的增加将持续刺激对商业智能软件的需求。这些软件主要用来进行复杂的预测，得出相对直接的执行报告，另外也包括以多维分析工具为基础的客户分类应用。

5) 商业智能解决方案走向完整

来自国外的统计结果表明，全球企业的信息量平均每 1.5 年翻一番，而仅仅利用了全部信息数据中的 7%。随着知识经济时代的来临，记录客户与市场数据的信息和信息利用能力已经成为决定企业生死存亡的关键因素，越来越多的国内外企业已经根据信息流和数据分析技术进行企业重整，传统的数据记录方式被更先进的商业智能技术所代替。在商业智能解决方案的帮助下，企业级用户可以通过充分挖掘现有的数据资源，捕获信息、分析信息、沟通信息，发现许多过去缺乏认识或未被认识的数据关系，帮助企业管理者做出更好的商业决策，如开拓什么市场、吸引哪些客户、促销何种产品等。商业智能还能够通过财务分析、风险管理、欺诈分析、销售分析等过程帮助企业降低运营成本，进而获得更高的经营效益。

根据世界权威性的 IDC 公司的调查结果，企业用于商业智能的投资 3 年平均回报率高达 400%。

1.2 数 据 挖 掘

1.2.1 数据挖掘的定义

数据挖掘(Data Mining)，又译为资料探勘、数据采矿。它是数据库知识发现(Knowledge-Discovery in Databases，KDD)中的一个步骤。数据挖掘一般是指从大量的数据中通过算法搜索隐藏于其中的信息的过程。数据挖掘通常与计算机科学有关，并通过统计、在线分析处理、情报检索、机器学习、专家系统和模式识别等诸多方法来实现上述目标。

数据挖掘采用了如下一些领域的思想和理论。

(1) 来自统计学的抽样、估计和假设检验。

(2) 人工智能、模式识别和机器学习的搜索算法、建模技术和学习理论。

(3) 数据挖掘也迅速地接纳了来自其他领域的思想，这些领域包括最优化、进化计算、信息论、信号处理、可视化和信息检索。

(4) 一些领域也对数据挖掘起到重要的支撑作用。数据挖掘需要高效的数据库系统提供有效的存储、索引和查询处理支持；源于高性能并行计算的技术在处理海量数据集方面很有用；分布式技术能帮助处理海量数据，并且在数据不能集中到一起处理时更是至关重要。

从数据本身来考虑，数据挖掘的过程通常需要有数据清理、数据变换、数据挖掘过程、模式评估和知识表示等八个步骤。

(1) 信息收集：根据确定的数据分析对象抽象出在数据分析中所需要的特征信息，然后选择合适的信息收集方法，将收集到的信息存入数据库。对于海量数据，选择一个合适的数据存储和管理的数据仓库是至关重要的。

(2) 数据集成：把不同来源、格式、特点性质的数据在逻辑上或物理上有机地集中，从而为企业提供全面的数据共享。

(3) 数据规约：多数的数据挖掘算法即使在少量数据上执行也需要很长的时间，而做商业运营数据挖掘时往往数据量非常大。数据规约技术可以得到数据集的规约表示，它小得多，但仍然接近于保持原数据的完整性，并且规约后执行数据挖掘结果与规约前执行结果相同或几乎相同。

(4) 数据清理：数据库中的数据有一些是不完整的(有些感兴趣的属性缺少属性值)、含噪声的(包含错误的属性值)，并且是不一致的(同样的信息不同的表示方式)，因此需要进行数据清理，将完整、正确、一致的数据信息存入数据仓库中。不然，挖掘的结果会差强人意。

(5) 数据变换：通过平滑聚集、数据概化、规范化等方式将数据转换成适用于数据挖掘的形式。对于某些实数型数据，通过概念分层和数据的离散化来转换数据也是重要的一步。

(6) 数据挖掘过程：根据数据仓库中的数据信息，选择合适的分析工具，应用统计方法、事例推理、决策树、规则推理、模糊集，甚至神经网络、遗传算法的方法处理信息，得出有用的分析信息。

(7) 模式评估：从商业角度，由行业专家来验证数据挖掘结果的正确性。

(8) 知识表示：将数据挖掘所得到的分析信息以可视化的方式呈现给用户，或作为新的知识存放在知识库中，供其他应用程序使用。

数据挖掘过程是一个反复循环的过程，每一个步骤如果没有达到预期目标，都需要回到前面的步骤，重新调整并执行。不是每件数据挖掘工作都需要这里列出的每一步，例如在某个工作中不存在多个数据源的时候，步骤(2)便可以省略。

数据规约、数据清理、数据变换又合称数据预处理。在数据挖掘中，至少 60%的费用可能要花在信息收集阶段，而至少 60%以上的精力和时间是花在数据预处理阶段。

1.2.2 数据挖掘的重要性

据预测，到 2020 年，全球以电子形式存储的数据量将达到 35ZB，是 2009 年全球存储量的 40 倍。而在 2010 年年底，根据 IDC 的统计，全球数据量已经达到了 120 万 PB，或 1.2ZB。如果将这些数据都刻录在 DVD 上，那么光把这些 DVD 盘片堆叠起来就可以从地球垒到月球一个来回(单程约 24 万英里)。

在信息化的建设过程中，众所周知，数据可以分为结构化数据、半结构化数据和非结构化数据三种。其中，85%的数据属于企业业务过程中产生的文档等非结构化数据。

面对着海量的数据，人们不禁感叹，大数据时代已经到来，悲观者为管理和维护而忧虑，乐观者则看到了大数据的大价值。何谓"大数据"，目前没有统一的定义。通常认为，它是海量的非结构化数据，其特点是数据量很大，数据的形式多样化。如何存储这些快速增长的、海量的数据？如何对大数据进行数据挖掘，挖掘出价值？相关的一系列问题成为所有企业面临的共同挑战。

数据挖掘在各领域的应用非常广泛，只要该产业拥有具有分析价值与需求的数据仓储或数据库，皆可利用挖掘工具进行有目的的挖掘分析。一般较常见的应用案例多发生在科学研究领域、零售业、制造业、财务金融保险业、通信业以及医疗服务等。从目前网络招聘的信息来看，规模大小不同公司采用数据挖掘的应用有 50 多个方面，如表 1.1 所示。

表 1.1　数据挖掘的应用领域

1.数据统计分析	20.风险数据分析	39.数据实验模拟
2.预测预警模型	21.缺陷信息挖掘	40.数学建模与分析
3.数据信息阐释	22.决策数据支持	41.呼叫中心数据分析
4.数据采集评估	23.运营优化与成本控制	42.贸易/进出口数据分析
5.数据加工仓库	24.质量控制与预测预警	43.海量数据分析系统设计、关键技术研究
6.品类数据分析	25.系统工程数学技术	44.数据清洗、分析、建模、调试、优化
7.销售数据分析	26.用户行为分析/客户需求模型	45.数据挖掘算法的分析研究、建模、实验模拟
8.网络数据分析	27.产品销售预测(热销特征)	46.组织机构运营监测、评估、预测预警
9.流量数据分析	28.商场整体利润最大化系统设计	47.经济数据分析、预测、预警
10.交易数据分析	29.市场数据分析	48.金融数据分析、预测、预警

11.媒体数据分析	30.综合数据关联系统设计	49.科研数学建模与数据分析：社会科学，自然科学，医药，农学，计算机，工程，信息，军事，图书情报等
12.情报数据分析	31.行业/企业指标设计	50.数据指标开发、分析与管理
13.金融产品设计	32.企业发展关键点分析	51.产品数据挖掘与分析
14.日常数据分析	33.资金链管理设计与风险控制	52.商业数学与数据技术
15.总裁万事通	34.用户需求挖掘	53.故障预测预警技术
16.数据变化趋势	35.产品数据分析	54.数据自动分析技术
17.预测预警模型	36.销售数据分析	55.泛工具分析
18.运营数据分析	37.异常数据分析	56.互译
19.商业机遇挖掘	38.数学规划与数学方案	57.指数化

在以上的领域中，采用数据挖掘技术都大大提高了效率，数据挖掘已经在国计民生的各个方面扮演着越来越重要的角色。

1.2.3　数据挖掘的功能

1. 数据挖掘信息的种类

数据挖掘是为了从现有数据中获得信息。数据挖掘能够发现的信息主要有以下五种。

(1) 概念信息，类别特征的概括性描述知识。根据数据的微观特征发现同类事物带有普遍性的、较高层次概念的共同性质，是一种对数据的概况、提炼和抽象。

(2) 关联信息，主要反映一个事件和其他事件之间的依赖或者关联性。如果两项或者多项属性之间存在关联，那么其中一项的属性值就可以根据其他属性值进行预测。这类知识发现方法中最有名的就是 Apriori 算法。

(3) 分类信息，主要反映同类事物的共同特征和不同事物之间的差异。

(4) 预测性信息，根据历史数据和当前数据对未来数据进行预测，主要是时间序列预测。

(5) 偏差性信息，这是对差异和阶段特例的揭示，如数据聚类的离群值等。

2. 数据挖掘的功能

为了获取以上信息，对应到数据挖掘的流程方法上，数据挖掘的功能通常表现为：分类 (Classification)、估计(Estimation)、预测(Prediction)、相关性分组或关联规则(Affinity grouping or association rules)、聚类(Clustering)、描述和可视化(Text、Web、图形图像、视频、音频等)，具体如下。

1) 分类

首先从数据中选出已经分好类的训练集，在该训练集上运用数据挖掘分类的技术，建立分类模型，对于没有分类的数据进行分类。例如：

(1) 信用卡申请者，分类为低、中、高风险。

(2) 故障诊断，可分为硬件故障、操作系统故障、应用软件故障等。

需要注意的是，类的个数是确定的、预先定义好的。

2) 估计

估计与分类类似，不同之处在于：分类描述的是离散型变量的输出，而估计处理连续值的输出；分类的类别是确定数目的，估计的量是不确定的。例如：

(1) 根据购买模式，估计一个家庭的婴儿个数。

(2) 根据购买模式，估计一个家庭的收入组合。

(3) 估计某个不动产的价值。

一般来说，估计可以作为分类的前一步工作。给定一些输入数据，通过估计，得到未知的连续变量的值。然后，根据预先设定的阈值，进行分类。例如，银行对企业贷款业务运用估计，给各个客户记分(0~10)。然后，根据阈值，将贷款级别分类。

3) 预测

通常，预测是通过分类或估计起作用的。也就是说，通过分类或估计得出模型，该模型用于对未知变量的预测。从这种意义上说，预测其实没有必要分为一个单独的类。预测其目的是对未来未知变量的猜测，这种猜测是需要时间来验证的，即必须经过一定时间后，才知道预测准确性是多少。

4) 相关性分组或关联规则

相关性分组或关联规则分析，是分析哪些事情会一起发生。例如：

(1) 购买记录中客户在购买 α 的同时，经常会买下 β，即 $\alpha=>\beta$(关联规则)。

(2) 客户在购买 α 后，隔一段时间，一定会购买 β(序列分析)。

5) 聚类

聚类是对记录分组，把相似的记录放在一个聚集里。聚类和分类的区别是聚集不依赖于预先定义好的类，不需要训练集。例如：

(1) 一些特定症状的聚集可能预示患者患上了一个特定的疾病。

(2) 高考报名专业选择频率的聚集，可能暗示某些行业就业的景气程度。

聚集通常作为数据挖掘的第一步。例如，"哪一形式的促销客户响应最好？"对于这一类问题，首先对整个客户做聚集，将客户分组在各自的聚集里，然后对每个不同的聚集回答问题，可能效果更好。

6) 描述和可视化

描述和可视化是对数据挖掘结果的表示方式，一般只是指数据可视化工具，包含报表工具和商业智能分析产品。譬如通过 Yonghong Z-Suite 等工具进行数据的展现、分析和钻取，将数据挖掘的分析结果更形象、深刻地展现出来，为方案参考、辅助决策等提供数据支持。

1.2.4 数据挖掘的方法和经典算法

1. 数据挖掘的方法

相较于挖掘能够发现的知识而言，数据挖掘的方法类型很多，大致可以分为以下七类。

1) 决策树方法(信息论方法)

决策树方法又称信息论方法，直观容易理解。一般来说，这类方法效果好，影响力大，代表算法有 ID3 算法、C4.5 算法、IBLE 算法。

2) 聚类方法

聚类方法是比较样本距离，距离近的归为一类，距离远的分属在不同的类中，代表算法有 k 均值、Clara 算法、变色龙算法。

3) 统计分析方法

统计分析方法是利用统计学原理对数据进行分析，这方面有大量的商业软件可以选用。

4) 仿生物技术

仿生物技术的代表算法有神经网络算法和遗传算法，同时也包括两者的其他衍生或近似算法，如鸟群算法。

5) 可视化技术

可视化技术是对传统图标功能的一种扩充，让用户对数据的剖析更清晰。

6) 模糊数学方法

模糊数学方法包括模糊评判、模糊决策、模糊模式识别和模糊聚类。

7) 其他

其他方法，比如 SVM、文件挖掘、最近邻方法等。

2. 数据挖掘领域的十大经典算法

国际权威的学术组织 the IEEE International Conference on Data Mining (ICDM) 2006 年 12 月评选出了数据挖掘领域的十大经典算法，具体简述如下(部分算法请参照本书第 3 章)。

1) C4.5

C4.5 算法是机器学习算法中的一种分类决策树算法，其核心算法是 ID3 算法。C4.5 算法继承了 ID3 算法的优点，并在以下几方面对 ID3 算法进行了改进。

(1) 用信息增益率来选择属性，克服了用信息增益选择属性时偏向选择取值多的属性的不足。

(2) 在树构造过程中进行剪枝。

(3) 能够完成对连续属性的离散化处理。

(4) 能够对不完整数据进行处理。

C4.5 算法的优点是：产生的分类规则易于理解，准确率较高。其缺点是：在构造树的过程中，需要对数据集进行多次顺序扫描和排序，因而导致算法的低效。

2) the k-means algorithm

the k-means algorithm 即 k-means 算法，是一个聚类算法，把 n 的对象根据它们的属性分为 k 个分割，$k < n$。它与处理混合正态分布的最大期望算法很相似，因为它们都试图找到数据中自然聚类的中心。它假设对象属性来自于空间向量，并且目标是使各个群组内部的均方误差总和最小。

3) Support Vector Machines

支持向量机，英文为 Support Vector Machines，简称 SV 机(论文中一般简称 SVM)。它是一种监督式学习的方法，广泛应用于统计分类以及回归分析中。支持向量机将向量映射到一个更高维的空间里，在这个空间里建有一个最大间隔超平面。在分开数据的超平面的两边，建有两个互相平行的超平面。分隔超平面使两个平行超平面的距离最大化。假 定平行超平面间的距离或差距越大，分类器的总误差越小。一个极好的指南是 C.J.C Burges 的《模式识别支持向量机指南》。van der Walt 和 Barnard 将支持向量机和其他分类器进行了比较。

4) Apriori 算法

Apriori 算法是一种最有影响的挖掘布尔关联规则频繁项集的算法，其核心是基于两阶段频集思想的递推算法。该关联规则在分类上属于单维、单层、布尔关联规则。在这里，所有支持度大于最小支持度的项集称为频繁项集，简称频集。

5) 最大期望(EM)算法

在统计计算中，最大期望(Expectation–Maximization，EM)算法是在概率(probabilistic)模型中寻找参数最大似然估计的算法，其中概率模型依赖于无法观测的隐藏变量(Latent Variable)。最大期望算法经常用在机器学习和计算机视觉的数据集聚(Data Clustering)领域。

6) PageRank

PageRank 是 Google 算法的重要内容。2001 年 9 月被授予美国专利，专利人是 Google 创始人之一拉里·佩奇(Larry Page)。因此，PageRank 里的 page 不是指网页，而是指佩奇，即这个等级方法是以佩奇来命名的。

PageRank 根据网站的外部链接和内部链接的数量和质量来衡量网站的价值。PageRank 背后的含义是：每个到页面的链接都是对该页面的一次投票， 被链接的次数越多，就意味着被其他网站投票越多。这个就是所谓的"链接流行度"——衡量多少人愿意将他们的网站和你的网站挂钩。PageRank 这个概念引自学术中一篇论文的被引述的频度——即被别人引述的次数越多，一般判断这篇论文的权威性就越高。

7) AdaBoost

AdaBoost 是一种迭代算法，其核心思想是针对同一个训练集训练不同的分类器(弱分类器)，然后把这些弱分类器集合起来，构成一个更强的最终分类器 (强分类器)。其算法本身是通过改变数据分布来实现的，它根据每次训练集之中每个样本的分类是否正确以及上次的总体分类的准确率，来确定每个样本的权值。将修改过权值的新数据集送给下层分类器进行训练，最后将每次训练得到的分类器融合，作为最终的决策分类器。

8) K 最近邻分类算法

K 最近邻(k-Nearest Neighbor，KNN)分类算法，是一个理论上比较成熟的方法，也是最简单的机器学习算法之一。该方法的思路是：如果一个样本在特征空间中的 k 个最相似(即特征空间中最邻近)的样本中的大多数属于某一个类别，则该样本也属于这个类别。

9) Naïve Bayesian Model

在众多的分类模型中，应用最为广泛的两种分类模型是决策树模型(Decision Tree Model)和朴素贝叶斯模型(Naïve Bayesian Model，NBC)。朴素贝叶斯模型发源于古典数学理论，有着坚实的数学基础以及稳定的分类效率。同时，NBC 模型所需估计的参数很少，对缺失数据不太敏感，算法也比较简单。理论上，NBC 模型与其他分类方法相比具有最小的误差率。但是实际上并非总是如此，因为 NBC 模型假设属性之间相互独立，而这个假设在实际应用中往往是不成立的，这给 NBC 模型的正确分类带来了一定影响。在属 性个数比较多或者属性之间相关性较大时，NBC 模型的分类效率比不上决策树模型。而在属性相关性较小时，NBC 模型的性能最为良好。

10) CART

分类与回归树(Classification and Regression Trees，CART)，在分类树下面有两个关键的思想：第一个是关于递归地划分自变量空间的想法，第二个是用验证数据进行剪枝。

1.3 数 据 仓 库

1.3.1 数据仓库的产生与发展

数据仓库(Data Warehouse，DW)，这一概念是由数据仓库之父比尔·恩门(Bill Inmon)于 1990 年提出的。数据仓库的主要功能是将信息系统的联机事务处理(OLTP)经过长时间累积的大量资料，通过数据仓库理论所特有的资料存储架构起来，做出系统的分析整理。利用的分析方法包括联机分析处理(OLAP)、数据挖掘(Data Mining)等，进而将分析结果用于决策支持系统(DSS)、主管资讯系统(EIS)等的创建，帮助决策者快速有效地从大量信息源中分析出对某种决策有参考价值的信息，使得决策拟定者能快速地对外在环境的变动做出应对，帮助建构商业智能(BI)。

(1) 1981 年，NCR 公司(National Cash Register Corporation)为沃尔玛建立了第一个数据仓库，总容量超过 101TB(十年的会计文档还不足 1TB)。

(2) 商务智能的瓶颈是从数据到知识的转换。1979 年，Teradata 公司诞生了。Tera 是万亿的意思，Teradata 的命名表明了公司处理海量运营数据的决心。1983 年，该公司利用并行处理技术为美国富国银行(Wells Fargo Bank)建立了第一个决策支持系统。这种先发优势令 Teradata 至今一直雄居数据行业的龙头榜首。

(3) 1988 年，为解决企业集成问题，IBM 公司的研究员巴里·德夫林(Barry Devlin)和保罗·莫非(Paul Murphy)创造性地提出了一个新的术语：数据仓库(Data Warehouse)。

(4) 1992 年，比尔·恩门(Bill Inmon)出版了《如何构建数据仓库》一书，第一次给出了数据仓库的清晰定义和操作性极强的指导意见，真正拉开了数据仓库得以大规模应用的序幕。

(5) 1993 年，毕业于斯坦福大学计算机系的博士拉尔夫·金博尔(Ralph Kimball)，也出版了一本书：《数据仓库的工具》(The Data Warehouse Toolkit)。他在书里认同了比尔·恩门(Bill Inmon)对于数据仓库的定义，但却在具体的构建方法上和他分庭抗礼。最终拉尔夫·金博尔的由下而上、从部门到企业的数据仓库建立方式符合人们从易到难的心理，得到了长足的发展。

(6) 1996 年，加拿大的 IDC(International Date Corporation)公司调查了 62 家实现数据仓库的欧美企业，结果表明：数据仓库为企业提供了巨大的收益，进行数据仓库项目开发的公司在平均 2.72 年内的投资回报率为 321%。

(7) 到如今，数据仓库已成为商务智能由数据到知识、由知识转化为利润的基础和核心技术。

(8) 在国内，因数据仓库的实施需要较多的投入，再加之需要足够的数据积累才能看到结果，不能很好地被企业普遍接受，对数据仓库的发展产生了一些负面影响。但实时的、多维的处理海量数据已成为信息时代企业发展所必需的工作。

1.3.2 数据仓库的定义

数据仓库是一个面向主题的(Subject Oriented)、集成的(Integrated)、相对稳定的(Non-Volatile)、反映历史变化(Time Variant)的数据集合，用于支持管理决策(Decision Making Support)。数据仓库是决策支持系统(DSS)和联机分析应用数据源的结构化数据环境，研究和解决了从数据库中获取信息的问题。

数据仓库是一个过程而不是一个项目。数据仓库系统是一个信息提供平台，它从业务处理系统获得数据，主要以星形模型和雪花模型进行数据组织，并为用户提供从数据中获取信息和知识的各种手段。

从功能结构划分，数据仓库系统至少应该包含数据获取(Data Acquisition)、数据存储(Data Storage)、数据访问(Data Access)三个关键部分。

企业数据仓库的建设，是以现有企业业务系统和大量业务数据的积累为基础。数据仓库不是静态的概念，只有把信息及时交给需要这些信息的使用者，供他们做出改善其业务经营的决策，信息才能发挥作用。而把信息加以整理归纳和重组，并及时提供给相应的管理决策人员，是数据仓库的根本任务。因此，从产业界的角度看，数据仓库建设是一个工程，而且是一个过程。

每一家公司都有自己的数据，并且许多公司在计算机系统中储有大量的数据，记录着企业购买、销售、生产过程中的大量信息和客户的信息。通常这些数据都储存在许多不同的地方。使用数据仓库之后，企业将所有收集来的信息存放在一个地方——数据仓库。仓库中的数据按照一定的方式组织，从而使得信息容易存取并且有使用价值。

现如今已经开发出一些专门的软件工具，使数据仓库的实现过程半自动化，帮助企业将新数据导入数据仓库，并使用仓库中的已有数据。

数据仓库给企业带来了巨大的变化。数据仓库的建立给企业带来了一些新的工作流程，其他的流程也因此而改变。

数据仓库为企业带来了一些"以数据为基础的知识"，它们主要应用于对市场战略的评价和为企业发现新的市场商机，同时，也用来控制库存、检查生产方法和定义客户群。

通过数据仓库，可以建立企业的数据模型，这对于企业的生产与销售、成本控制与收支分配有着重要的意义，极大地节约了企业的成本，提高了经济效益。同时，使用数据仓库，可以分析企业人力资源与基础数据之间的关系，保障人力资源的最大化利用；也可以进行人力资源绩效评估，使得企业管理更加科学合理。数据仓库将企业的数据按照特定的方式组织，从而产生新的商业知识，并为企业的运作带来新的视角。

1.3.3 数据仓库与数据挖掘的关系

数据仓库是指从各种数据源通过ETL(抽取、转换、加载)得到规整的数据，往往采用纬度表和事实表的方式；数据挖掘是指在数据仓库的既有数据上通过聚类、回归、神经网络等技术发现知识，得出结论以支持决策。数据挖掘依托数据仓库提供的丰富的数据素材发挥其作用，而数据仓库汇集的数据通过数据挖掘体现出数据的价值。

使用数据挖掘，不必非得建立一个数据仓库，对于数据挖掘来说，数据仓库不是必需的。建立一个巨大的数据仓库，把各个不同源的数据统一在一起，解决所有的数据冲突问题，然后把所有的数据导入到一个数据仓库内，是一项巨大的工程，可能要用几年的时间花上百万的钱才能完成。若只是为了数据挖掘，可以把一个或几个事务数据库导到一个只读的数据库中，就把它当作数据集市，然后在它上面进行数据挖掘。

当然，有了数据仓库也不一定要使用数据挖掘技术，只是数据挖掘技术可以更好地体现数据仓库中数据的价值。但是数据仓库也可以提供单纯数据存储或应用性支撑，而非一定要采用数据挖掘技术。

简而言之，数据仓库与数据挖掘的关系可以概括为：数据挖掘就是从大量数据中提取数据的过程，数据仓库是汇集所有相关数据的一个过程；数据挖掘和数据仓库都是商业智能工具集合；数据挖掘是特定的数据收集，而数据仓库是一个工具，用来节省时间和提高效率，将数据从不同的位置、不同区域组织在一起。数据仓库分三层，即分段、集成和访问。

第 2 章 数据仓库与联机分析

数据仓库，英文名称为 Data Warehouse，可简写为 DW 或 DWH，是为企业所有级别的决策制定过程提供所有类型数据支持的战略集合。它是单个数据存储，出于分析性报告和决策支持目的而创建，为需要业务智能的企业，提供指导业务流程改进、监视时间、成本、质量以及控制。而联机分析处理(OLAP)系统是数据仓库系统最主要的应用。

本章针对数据仓库与联机分析的初学者，主要介绍数据仓库的基本概念和设计步骤，并介绍了联机分析技术的分类和特点，帮助建立对数据仓库和联机分析的基本认识。

2.1 数 据 仓 库

2.1.1 数据仓库的基本概念

1. 数据仓库的由来和定义

数据仓库，这一概念是由数据仓库之父比尔·恩门(Bill Inmon)于 1990 年提出的。数据仓库的主要功能是将资讯系统的联机事务处理(OLTP)经过长时间累积的大量资料，通过数据仓库理论所特有的资料存储架构起来，做出系统的分析整理。利用的分析方法包括联机分析处理(OLAP)、数据挖掘(Data Mining)等，进而将分析结果用于决策支持系统(DSS)、主管资讯系统(EIS)等的创建，帮助决策者快速有效地从大量信息源中分析出对某种决策有参考价值的信息，使得决策拟定者能快速地对外在环境的变动做出应对，帮助建构商业智能(BI)。

数据仓库之父比尔·恩门在 1991 年出版的 *Building the Data Warehouse*(《建立数据仓库》，见图 2.1)一书中所提出的定义被广泛接受：数据仓库(Data Warehouse，DW)是一个面向主题的(Subject Oriented)、集成的(Integrated)、相对稳定的(Non-Volatile)、反映历史变化(Time Variant)的数据集合，用于支持管理决策(Decision Making Support)。

从信息技术上的概念来说，数据仓库是以关系数据库、并行处理技术与分布式处理技术以及联机分析处理等技术为基础，为了解决拥有大量数据却缺乏有用信息的现状而提出的数据处理技术，是一种对不同系统数据实现集成和共享的综合性的解决方案。

对于传统数据库与数据仓库的关系，可以从两个方面来理解：首先，数据仓库用于支持决策，面向分析型数据处理，它不同于企业现有的操作型数据库；其次，数据仓库是对多个异构的数据源的有效集成，集成后按照主题进行了重组，并包含历史数据，而且存放在数据仓库中的数据一般不再修改。由普通数据库与数据仓库的对比关系来看，通常把普通数据库技术称为传统意义上的数据库技术，其数据处理模式可被划分为操作型处理和分析型处理(或信息型处理)。普通数据库技术能够完成企业的日常事务处理工作，但很难满足实现决策者制定规划的要求，也无法满足数据多样化处理的要求。随着用户需求的日益扩大，分析型处理和操作型处理的分离逐渐成为必然。

图 2.1   《建立数据仓库》

数据仓库的出现给企业机构等带来了巨大的变化。数据仓库的建立给企业带来了一些新的工作流程，随之其他相关流程也会因此而改变。随着计算机技术、网络技术的进步和信息化的不断发展，信息已成为人类社会不可缺少的重要资源。社会的信息化大大加速了信息数据量的增长。面对数据量的不断增长和应用要求的不断扩张，数据库技术的应用和发展也有了更高的价值和作用，促使研究者们尝试开发能完成事物处理、批处理以及分析处理的各种类型的信息处理任务模式。然而，传统的数据库技术往往主要针对操作型数据处理来设计，在数据分析层面上的功能相当有限。因此，对于决策分析，传统数据库在业务操作层面上进行分析判断还存在着很大的局限性。于是，研究者们开始对操作型处理数据库中的数据进行技术处理，形成一个综合的、面向分析的环境，使得数据存储更好地支持决策分析，这就是通常意义下数据仓库技术的定义。

当前数据仓库和联机分析处理的主要研究领域有以下几方面。

(1) 数据仓库的建模与设计。

(2) 数据仓库的体系结构。

(3) 数据清洁和装载。

(4) 数据刷新和净化。

(5) 对关系操作符的扩充。

(6) 操作符的有效开发。

(7) 专门的索引技术。

(8) 查询优化。

2. 数据仓库的特点

数据仓库并不是所谓的"大型数据库"。数据仓库方案建设的目的，是为前端查询和分析做基础，由于有较大的冗余，所以需要的存储也较大。为了更好地为应用服务，已知数据仓库案例往往有如下几方面的特点。

1) 效率高

数据仓库的分析数据一般分为日、周、月、季、年等，可以看出，以日为周期的数据要求的效率最高，要求 24 小时甚至 12 小时内，客户能看到昨天的数据分析。由于有的企业每日的数据量很大，所以好的数据仓库要求要有高效率的数据分析成果。

2) 数据质量高

数据仓库提供各种信息，用户需要的是"有效"的数据，但由于数据仓库流程通常分为多个步骤，包括数据清洗、装载、查询、展现等，架构复杂，层次众多，如果数据源有脏数据或者代码不严谨，就可能导致数据失真，如果客户看到错误的信息，就可能分析得出错误的决策，造成损失。因此，好的数据仓库需要通过技术手段保证良好的数据质量。

3) 扩展性好

有的大型数据仓库系统的架构设计之所以很复杂，是因为考虑到企业要求数据仓库系统在未来 3~5 年内有良好的扩展性，能够稳定运行，而无须花费太多的精力去重建。实现的途径主要体现在数据建模的合理性，可在数据仓库方案中多出一些中间层，使海量数据流有足够的缓冲，不至于因为数据量的增大影响数据仓库正常运行。数据仓库技术可以将企业多年积累的海量数据唤醒，不仅能为企业管理好这些数据，还能挖掘数据潜在的价值，从而成为现代企业运营维护系统的亮点之一。

4) 面向主题

传统操作型数据库的数据组织形式是面向事务处理任务，各个业务系统之间各自分离；而数据仓库中的数据是按照一定的主题域进行组织的。主题是与传统数据库的面向应用相对应的，是一个抽象的概念，是对于在较高层次上将企业信息系统中的数据进行综合、归类并分析利用的抽象。每一个主题对应一个宏观的分析领域。数据仓库排除对于决策无用的数据，提供特定主题的简明视图。

3. 数据仓库的关键技术

在数据流程上，根据搜集数据的过程，可将数据仓库的关键技术分为数据提取、数据集成和存储管理、数据表现、数据挖掘四个方面。

1) 数据提取

数据提取过程是数据进入仓库的入口。为了 OLAP 和 OLTP 系统各自的执行效率，数据仓库绝大多数都需要一个独立于联机事务处理系统的数据环境。抽取过程涉及的数据源一般包括联机事务处理系统的数据、外部数据源、脱机的数据存储介质等，数据提取在技术上主要涉及互连、复制、增量、转换、调度和监控等几个方面。数据仓库的数据不需要实时响应，因此数据提取可以定时进行，但多个提取操作执行的时间、互相的顺序、成败对于数据仓库中信息的有效性则至关重要。数据提取过程涉及数据格式的转换，理想情况是用户选定源数据和目标数据的对应关系、格式及类型，会自动生成数据抽取的代码。但是，目前市场上提供的大多数提取工具支持的数据类型有限，难以支持动态提取功能，这种情况使得提取功能往往不能满足要求。因此，实际数据仓库实施过程中往往不一定使用数据提取工具，而是面向具体的主题，编制特定的数据提取算法。算法的正确性和实效性是整个数据仓库管理、调度和维护的关键。经过数据提取后的数据记录应为格式统一、业务信息完整的数据记录。

2) 数据集成和存储管理

数据仓库遇到的第一个问题是对海量数据的存储和管理。这里涉及的数据量比传统的事务处理大得多，且随着时间推移而积累。从现有的技术和产品来看，只有关系数据仓库系统可以担当此任。关系数据仓库经过 30 多年的发展，在数据存储和管理方面已经非常成熟，管理大于 16 级的数据已经是十分平常的事情。目前，不少关系数据仓库已经支持数据分割技术，能够将一个大的数据仓库分散在多个物理设备中，进一步增强了管理大数据量的扩展能力。

数据仓库解决的第二个问题是并行处理。在传统的联机事务处理应用中，用户访问系统的特点是频繁而短小；而在数据仓库应用中，用户访问系统的特点是稀疏而庞大，每一个查询或统计都非常复杂，但访问频率并不是很高。此时，系统需要有能力将所有的资源调动起来为一个复杂的查询请求服务，将该请求并行处理。因此，并行处理技术在数据仓库中比以往更重要。

数据仓库的第三个问题是查询的优化。在技术上，针对决策支持的优化涉及数据仓库技术的索引机制、查询优化器、连接策略、数据排序和采样等部分。由于数据仓库中各类数据表的数据量分布很不均匀，普通查询优化器所得出的最佳查询路径可能不是最优的，因此，面向决策支持的关系数据仓库都在数据查询优化器上做了改进，根据索引的特性增加了多重索引的能力。扩充的关系数据仓库还引入了位图索引机制，以二进制表示字段的状态，将查询过程变为筛选过程，通过单台计算机的基本操作便可以筛选多个记录。另外，数据仓库在应用中会遇到大量的表间连接操作，扩充的关系数据仓库对连接操作采用了连接索引技术。数据仓库的查询常常只需要检索数据仓库中的部分记录，而不必检索整个数据仓库，决策支持的数据仓库还提供了数据采样的功能，以确保在大容量数据环境下有足够短的系统响应时间，在精确度允许的范围内，这一技术可大大地提高系统查询效率。

数据仓库的第四个问题是支持多维分析的查询模式。用户在使用数据仓库时的访问方法与传统关系数据库有很大的不同，对数据仓库的访问往往不是简单的表和记录的查询，而是基于用户业务的分析模式，即联机分析。它的特点是将数据想象成多维的立方体，用户的查询相当于在其中的部分维上添加条件，对立方体进行切片、分割，得到的结果则是数值的矩阵或向量，并将其制成图表或输入数理统计的算法。数据仓库的数据可看成实物化的视图，而基表都在信息源，集成器所要完成的集成工作就是把数据变化反映在数据仓库所维护的视图中。绝大多数数据仓库视图的维护技术都比常规的数据库视图维护技术复杂。例如，即使仓库和信息源数据都是关系型的，数据仓库中的视图也不可能用标准的关系数据库视图定义语言(如 SQL)在信息源上定义而得到。对给定视图，当不需要查询基表即可维护该视图时，该视图是自我维护的。数据仓库中的大多数视图一般都不是自我维护的，但可在仓库中存储部分附加数据而达到自我维护。例如，一个极端情况就是把信息源中的所有数据复制到数据仓库中，如果需要，可用这些数据重新计算视图，对于这一问题的研究是要找到用最少的附加数据来实现给定视图的可自我维护化的方法。

3) 数据表现

数据表现主要在多维分析、数理统计和数据挖掘方面。多维分析是数据仓库的主要表现形式，由于多维 OLAP(MOLAP)系统是专用的，因此，关于多维分析领域的工具和产品

大多是关系 OLAP(Relational OLAP，ROLAP)工具。在实际工作中，客户需要通过对数据的统计来验证他们对某些事物的假设，以进行决策，而数据挖掘强调的不仅仅是验证人们对数据特性的假设，而是要更主动地寻找并发现蕴藏在数据之中的规律。在决策支持系统中，怎样建立数据模型、怎样充分利用系统中存储的数据资源挖掘出所需的数据，是系统成功建设的难点。

4)　数据挖掘

数据挖掘是决策支持系统中分析技术的更高层次，数据挖掘技术采用人工智能的决策分析方法，按照用户既定的业务目标，对数据仓库中浩如烟海的数据进行探索，揭示隐藏其中的规律，并进一步将其模型化。

4. 数据仓库的用途

现代企业的运营很大程度上依赖于信息系统的支持，以客户为中心的业务模式需要强大的数据仓库系统提供信息支持，在业务处理流程中，数据仓库的作用体现在决策支持、客户分段与评价以及市场自动化等方面。

1)　决策支持

数据仓库系统提供各种业务数据，用户利用各种访问工具从数据仓库获取决策信息，了解业务的运营情况。关键性能指标(Key Performance Indicator，KPI)用来量化企业的运营状况，它可以反映企业在盈利、效率、发展等各方面的表现，决策支持系统为用户提供 KPI 数据。

构造比较复杂的查询以便发现潜在的问题和机会，比如销售渠道规划、市场评估、竞争对手评估、策略的制定与分析。构造统计模型，对客户或业务状况进行分析，甚至利用数据挖掘工具对业务发展和恶意透支进行预测。

2)　客户分段与评价

以客户为中心的业务策略，最重要的特征是细分市场，即把客户或潜在客户分为不同的类别，针对不同种类的客户提供不同的产品和服务，采用不同的市场和销售策略。客户的分段与评价是细分市场的主要手段。数据仓库系统中累积了大量的客户数据可以作为分类和评价的依据，而且数据访问十分简单方便，建立在数据仓库系统之上的客户分段和评价系统，可以达到事半功倍的效果。客户分段是以客户的某个或某几个属性进行分类，比如年龄、地区、收入、学历、消费金额等或它们的组合。客户评价是建立一个评分模型对客户进行评分，这样可以综合客户各方面的属性对客户做出评价，比如新产品推出前，可以建立一个模型，确定最可能接受新产品的潜在客户。

3)　市场自动化

决策支持帮助企业制定了产品和市场策略，客户分段和评价为企业指出了目标客户的范围，下一步是对这些客户展开市场攻势。市场自动化的最主要内容是促销管理。促销管理的功能包括：提供目标客户的列表，指定客户接触的渠道，指定促销的产品、服务或活动，确定与其他活动的关系。

综上所述，数据仓库系统已经成为现代化企业必不可少的基础设施之一，它是现代企业运营支撑体系的重要组成，是企业对市场需求快速准确响应的有力保证。随着中国加入WTO，国际巨头进军中国市场，国内企业面临的竞争将越来越激烈和残酷，数据仓库系统是传统企业迎接挑战的重要力量。

2.1.2 数据仓库的体系结构

数据仓库的体系架构，主要由数据源、数据存储与管理、OLAP 服务器、前端工具与应用这四大模块组成，如图 2.2 所示。

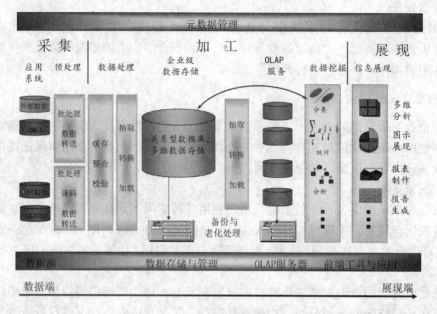

图 2.2 数据仓库的体系结构

1. 数据源

数据源是整个系统的数据来源，是数据仓库系统的基础，通常包括企业内部信息和外部信息。内部信息包括存放于 RDBMS 中的各种业务处理数据和各类文档数据。外部信息包括各类法律法规、市场信息和上下游合作伙伴、竞争对手的信息等。

2. 数据存储与管理

数据存储与管理是整个数据仓库系统的核心。数据仓库的真正关键是数据的存储和管理。数据仓库的组织管理方式决定了它有别于传统数据库，同时也决定了其对外部数据的表现形式。要决定采用什么产品和技术来建立数据仓库的核心，则需要从数据仓库的技术特点着手分析。针对现有各业务系统的数据，进行抽取、清理，并有效集成，按照主题进行组织。数据仓库按照数据的覆盖范围可以分为企业级数据仓库和部门级数据仓库(通常称为数据集市)。数据仓库中的数据是以面向主题的方式组织，而业务数据库的数据总是围绕着一个或几个业务处理流程，因此，数据从业务数据库到数据仓库不是简单的复制过程而需要十分复杂的数据处理，我们称之为数据整合。数据整合的工作可以笼统地分割为数据抽取(Extract)、转换(Transformation)和加载(Loading)，即所谓的 ETL。市场上有很多专用的 ETL 工具可供选择，但企业级数据仓库系统的后台数据整合工作一般不会由某一种工具独立完成，通常是多种不同的数据处理工具和手工编程互相配合。

3. OLAP 服务器

联机分析处理(OLAP)系统是数据仓库系统最主要的应用,专门设计用于支持复杂的分析操作,侧重对决策人员和高层管理人员的决策支持,可以根据分析人员的要求快速、灵活地进行大数据量的复杂查询处理,并且以一种直观而易懂的形式将查询结果提供给决策人员,以便他们准确掌握企业(公司)的经营状况,了解对象的需求,制定正确的方案。该模块对分析需要的数据进行有效集成,按多维模型予以组织,以便进行多角度、多层次的分析,并发现趋势。其具体实现可以分为:ROLAP(关系型在线分析处理)、MOLAP(多维在线分析处理)和 HOLAP(混合型线上分析处理)。ROLAP 基本数据和聚合数据均存放在 RDBMS 之中;MOLAP 基本数据和聚合数据均存放于多维数据库中;HOLAP 基本数据存放于 RDBMS 之中,聚合数据存放于多维数据库中。

4. 前端工具与应用

前端工具和主要应用包括各种报表工具、查询工具、数据分析工具、数据挖掘工具、数据挖掘及各种基于数据仓库或数据集市的应用开发工具。其中数据分析工具主要针对 OLAP 服务器,报表工具、数据挖掘工具主要针对数据仓库。

5. 元数据

除上述模块之外,贯穿整个数据仓库体系的还有元数据(Metadata)管理模块。数据是对事物的描述,元数据就是描述数据的数据,它提供了相关数据的环境。元数据实际上是要解决任何人在何时何地为了什么原因及怎样使用数据仓库的问题,再具体一点儿说,元数据在数据仓库管理员眼中是数据仓库中包含的所有内容和过程的完整知识库及其文档,在用户眼中就是数据仓库的信息地图。元数据在数据仓库中起着既特殊又重要的角色,它是数据仓库结构的目录清单,可以帮助建立数据分布图,这些数据可以从源数据转变而来。

2.1.3 数据仓库的数据模型

数据模型的构造是数据仓库过程中非常重要的一步。数据模型对数据仓库影响巨大,它不仅决定了数据仓库所能进行的分析的种类、详细程度、性能效率和响应时间,它还是存储策略和更新策略的基础。在关系型数据库中,逻辑层一般采用关系表和视图进行描述,而在数据仓库采用的数据模型,比较常见的有星型模型和雪花模型,如图 2.3 所示。

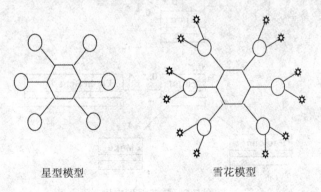

星型模型   雪花模型

图 2.3 数据模型形态

1. 星型模型

星型模型是一种多维数据关系，由一个事实表和一组维表组成(如图 2.4 所示)。星型模型是一种由一点向外辐射的建模范例，中间有一个单一对象沿半径向外连接到多个对象。星型模型中心的对象称为"事实表"，与之相连的对象称为"维表"。每个维表都有一个键作为主键，所有这些键组合成事实表的主键。事实表的非主属性是事实，它们一般都是数值或其他可以进行计算的数据。而维表大都是文字、时间等类型的数据。事实表与维表连接的键通常为整数类型，并尽量不包含字面意思。一个简单逻辑的星型模型由一个事实表和若干个维表组成。复杂的星型模型包含数百个事实表和维表。

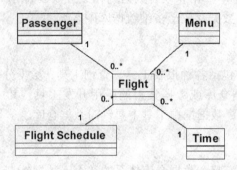

图 2.4　星型模型实例

2. 雪花模型

雪花模型是对星型模型的一个扩展。如果某个维表有多个层次，就可以形成雪花模型(如图 2.5 所示)。它是对维表的进一步层次化，形成了一些局部的"层次"区域。雪花模型的优点是可以通过最大限度地减少数据存储量以及联合较小的维表来改善查询性能。在数据仓库的逻辑设计中，除了定义关系模式外，还包括数据粒度的选择、为表增加时间字段、进行表的分割、合理化表的划分等方面。

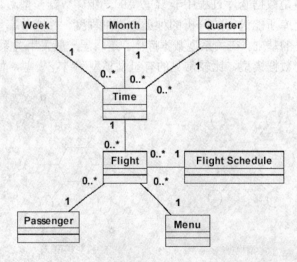

图 2.5　雪花模型实例

数据仓库的数据模型有别于一般联机交易处理系统，数据模型可以分为逻辑与实体数据模型。逻辑数据模型陈述业务相关数据的关系，基本上是一种与数据库无关的结构设计，通常均会采用正规方式设计，主要精神是从企业业务领域的角度及高度订出主题域模型，再逐步向下深入到实体和属性。在设计时不会考虑未来采用的数据库管理系统，也不需考虑分析性能问题。实体数据模型则与数据库管理系统有关，是建立在该系统上的数据架构，故设计时需考虑数据类型、空间及性能相关的议题。实体数据模型设计，则较多采用正规方式或多维方式的讨论，但从实务上来说，不执着于理论，能与业务需要有最好的搭配，才是企业在建设数据仓库时的正确思路。

数据仓库的体系构建不仅是计算机工具技术面的运用，在规划和执行方面更需对产业知识、行销管理、市场定位、策略规划等相关业务有深入的了解，才能真正发挥数据仓库以及后续分析工具的价值，提升企业竞争力。

2.2 数据仓库的设计步骤

数据仓库的设计和传统数据库系统的设计有着本质区别。传统的数据库设计首先定义了明确的应用需求，然后严格遵循系统生命周期的阶段划分，为每个阶段都规定明确的任务，采取先收集、分析并确定应用需求，再利用构建数据库的系统生命周期法实施。相对而言，数据仓库的用户一般是中高层的管理人员，其原始需求往往并不明确且在开发过程中还会不断地变化和增加，另外，分析需求和业务需求也有很大差异，因此，传统数据库的设计方法不能直接用来设计数据仓库，在设计之初考虑用户的分析需求很有必要，同时也要考虑业务数据源的结构，因为它是数据仓库的基础。

分析需求之后，就是建立模型了。模型是对现实事物的反映和抽象，它可以帮助我们更加清晰地了解客观世界。模型是用户业务需求的体现，是数据仓库项目成功与否最重要的技术因素。大型企业的信息系统一般具有业务复杂、机构复杂、数据庞大的特点，数据仓库建模必须注意以下几个方面。

(1) 满足各层级用户的需要。大型企业的业务流程十分复杂，数据仓库系统涉及的业务用户众多，在进行数据模型设计的时候必须兼顾不同业务产品、不同业务部门、不同层次、不同级别用户的信息需求。

(2) 兼顾效率与数据粒度的平衡。数据粒度和查询效率从来都是矛盾的，细小的数据粒度可以保证信息访问的灵活性，但同时却降低了查询的效率并占用大量的存储空间。数据模型的设计必须在这矛盾的两者中取得平衡，优秀的数据模型设计既可以提供足够详细的数据支持又能够保证查询的效率。

(3) 支持需求的变化。用户的信息需求随着市场的变化而变化，所以需求的变化只有在市场竞争停顿的时候才会停止，而且随着竞争的激化，需求变化会越来越频繁。数据模型的设计必须考虑如何适应和满足需求的变化。

(4) 避免对业务运营系统造成影响。大型企业的数据仓库是一个每天都在成长的庞然大物，它的运行很容易占用很多的资源，比如网络资源、系统资源，在进行数据模型设计的时候也需要考虑如何减少对业务系统性能的影响。

(5) 考虑未来的可扩展性。数据仓库系统是一个与企业同步发展的有机体，数据模型作为数据仓库的灵魂必须提供可扩展的能力，在进行数据模型设计时必须考虑未来的发展，更多的非核心业务数据必须可以方便地加入到数据仓库，而不需要对数据仓库中原有的系统进行大规模的修改。

数据模型是对现实世界进行抽象的工具。在信息管理中需要将现实世界的事物及其有关特征转换为信息世界的数据，才能对信息进行处理与管理，这就需要依靠数据模型作为转换的桥梁。这种转换经历了从现实到概念模型，从概念模型到逻辑模型，从逻辑模型到物理模型的转换。在数据仓库建模的过程中同样也要经历概念模型、逻辑模型与物理模型的三级模型开发。因此，数据建模可以分为三个层次：概念模型(高层建模，实体关系层)，逻辑模型(中间层建模，数据项集)，物理模型(底层建模)，如图2.6所示。

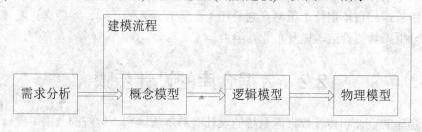

图2.6　数据仓库的设计步骤

2.2.1　概念模型设计

概念模型表征了待解释的系统的学科共享知识。为了把现实世界中的具体事物抽象、组织为某一数据库管理系统支持的数据模型，人们常常首先将现实世界抽象为信息世界，然后将信息世界转换为机器世界。这也就是说，首先把现实世界中的客观对象抽象为某一种信息结构，这种信息结构并不依赖于具体的计算机系统，不是某一个数据库管理系统(DBMS)支持的数据模型，而是概念级的模型，称为概念模型。

通常在对数据仓库进行开发之前可以对数据仓库的需求进行分析，从各种途径了解数据仓库用户的意向性数据需求，即在决策过程中需要什么数据作为参考。而数据仓库概念模型的设计需要给出一个数据仓库的粗略架构，来确认数据仓库的开发人员是否已经正确地了解数据仓库最终用户的信息需求。在概念模型的设计中必须很好地对业务进行理解，保证所有的业务处理都被归纳进概念模型。

概念模型设计的成果是，在原有的数据库的基础上建立了一个较为稳固的概念模型。因为数据仓库是对原有数据库系统中的数据进行集成和重组而形成的数据集合，所以数据仓库的概念模型设计，首先要对原有数据库系统加以分析理解，看在原有的数据库系统中"有什么""怎样组织的"和"如何分布的"等，然后再来考虑应当如何建立数据仓库系统的概念模型。一方面，通过原有的数据库的设计文档以及在数据字典中的数据库关系模式，可以对企业现有的数据库中的内容有一个完整而清晰的认识；另一方面，数据仓库的概念模型是面向企业全局建立的，它为集成来自各个面向应用的数据库的数据提供了统一的概念视图。概念模型的设计是在较高的抽象层次上的设计，因此建立概念模型时不用考虑具体技术条件的限制。

本阶段主要需要完成的工作是：界定系统的边界，确定主要的主题域及其内容。

1. 界定系统的边界

数据仓库是面向决策分析的数据库，我们无法在数据仓库设计的最初就得到详细而明确的需求，但是一些基本的方向性的需求还是摆在了设计人员的面前。

(1) 要做的决策类型有哪些？

(2) 经营者感兴趣的是什么问题？

(3) 这些问题需要什么样的信息？

(4) 要得到这些信息需要包含原有数据库系统的哪些部分的数据？

这样，我们可以划定一个当前的大致的系统边界，集中精力对最需要的部分进行开发。因而，从某种意义上讲，界定系统边界的工作也可以看作是数据仓库系统设计的需求分析，因为它将决策者的数据分析的需求用系统边界的定义形式反映出来。

2. 确定主要的主题域及其内容

在这一步中，要确定系统所包含的主题域，然后对每个主题域的内容进行较明确的描述，描述的内容包括：主题的公共码键，主题之间的联系，充分代表主题的属性组。

由于数据仓库的实体绝不会是相互对等的，在数据仓库的应用中，不同的实体数据载入量会有很大分别，因此需要一种不同的数据模型设计处理方式，用来管理数据仓库中载入某个实体的大量数据的设计结构，这就是星型模型。星型模型是最常用的数据仓库设计结构的实现模式。星型模式通过使用一个包含主题事实表和多个包含事实的非正规化描述的维度表，支持各种决策查询。星型模型的核心是事实表，围绕事实表的是维度表。

假设我们以一个网上药店为例建立星型模型。建立网上药店的数据仓库对于卖家来说，可以通过数据仓库掌握商品的销售和库存信息，以便及时调整营销策略。对于买家来说，也可以通过数据仓库了解商品的库存信息，以便顺利地购买成功。比较传统数据库，数据仓库更有利于辅助企业做出营销决策，对企业制定策略时更加有参考价值。通过数据仓库中的信息可以帮助企业更加准确地决策分析用户和把握需求：买家的购买喜好、买家的信用度、药品供应外部市场行情、药品的销售量、药品的采购量、药品的库存量、药品的利润和供应商信息。

数据仓库通常是按照主题来组织数据的，所以设计概念模型首先要确定主题并根据主题设定系统的边界。我们经过对网上药店各层管理人员所需要信息的内容以及数据间关系的分析、抽象和综合，得到系统的数据模型。再将数据模型映射到数据库系统，就可以了解到现有数据库系统完成了数据模型中的哪些部分，还缺少哪些部分。然后再将数据模型映射到数据仓库系统，总结出网上药店系统需要的主题。

网上药店系统主要包括下列主题：药品(商品)主题、买家主题、仓储主题。在充分分析各层管理人员决策过程中需要的行业信息以及信息粒度(详细程度)后，还可以衍生出供应主题和销售主题，如表 2.1 所示。

表 2.1　网上药店的主题

主　　题	内容描述
药品主题	药品信息、保质期、库存信息
买家主题	买家信息、级别权限、送货信息

续表

主　题	内容描述
供应主题	供应商信息、资质、药品供应信息
仓储主题	仓储方式、数量、管理情况
销售主题	销售订单、付款记录等

我们可以通过包图来描述药店数据仓库的主题。包图是类图的上层容器，可以使用类图描述各主题，而用包图来描述主体之间的关联。网上药店数据仓库主题确定的星型模型(如图 2.7 所示)。当然，这还不是完备的模型，还需要细化到表格进行关联，这在本书的实例部分会详细阐述，这里不再赘述。

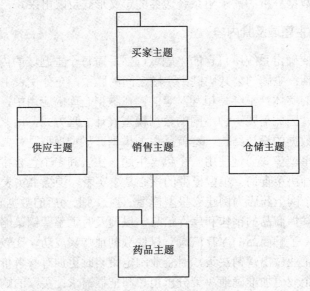

图 2.7　网上药店星型模型

2.2.2　逻辑模型设计

逻辑模型就是用来构建数据仓库的数据库逻辑模型。根据分析系统的实际需求决策构建数据库逻辑关系模型，定义数据库物体结构及其关系。它关联着数据仓库的逻辑模型和物理模型两方。逻辑建模是数据仓库实施中的重要一环，因为它能直接反映出业务部门的需求，同时对系统的物理实施有着重要的指导作用，它的作用在于可以通过实体和关系勾勒出企业的数据蓝图。

数据仓库不单要能满足现有的信息消费需求，还要有很好的可扩展性满足新的需求，并能作为一个未来其他系统的数据平台。因此，数据仓库必须要有灵活、统一的数据组织结构，并试图包含所有现在和未来客户关心和可能关心的信息，也许对其中一部分数据目前没有直接的需求，但是未来可能会非常有用，这对于一个成功的数据仓库逻辑模型设计是应该纳入考虑的。

逻辑模型应该是按主题域组织起来的，主题域之间的关联关系可以引申到各主题下各个逻辑模型之间的关联关系，不但可以很容易满足现有的一些跨主题查询需求，还可能产

生大量有价值、但尚未提出需求的分析。并且，在逻辑模型设计中还应尽可能充分地考虑各主题的指标、相关维度，以及其他与分析无关但有明细查询意义的字段。

逻辑模型指数据仓库数据的逻辑表现形式。从最终应用的功能和性能的角度来看，数据仓库的数据逻辑模型也许是整个项目最重要的方面，主要包括确立主题域、划分粒度层次、确定数据分割策略和确定关系模式几个阶段。

1. 确立主题域

在概念模型设计中，确定了几个基本的主题域，但是，数据仓库的设计方法是一个逐步求精的过程，在进行设计时，一般是一次一个主题或一次若干个主题地逐步完成的。所以，我们必须对概念模型设计步骤中确定的几个基本主题域进行分析，并选择首先要实施的主题域。选择第一个主题域所要考虑的是它要足够大，以便使得该主题域能建设成为一个可应用的系统；它还要足够小，以便于开发和较快地实施。如果所选择的主题域很大并且很复杂，我们甚至可以针对它的一个有意义的子集来进行开发。在每一次的反馈过程中，都要进行主题域的分析。

2. 划分粒度层次

数据仓库逻辑设计中要解决的一个重要问题是决定数据仓库的粒度划分层次，粒度层次划分适当与否直接影响到数据仓库中的数据量和所适合的查询类型。确定数据仓库的粒度划分，可以通过估算数据行数和所需的DASD(直接存储设备)数，来确定是采用单一粒度还是多重粒度，以及粒度划分的层次。在数据仓库中，包含了大量事务系统的细节数据。如果系统每运行一个查询，都扫描所有的细节数据，则会大大降低系统的效率。在数据仓库中将细节数据进行预先综合，形成轻度综合或者高度综合的数据，这样就满足了某些宏观分析对数据的需求。这虽然增加了冗余，却使响应时间缩短。所以，确定粒度是数据仓库开发者需要面对的一个最重要的设计问题。其主要问题是使其处于一个合适的级别，粒度级别既不能太高也不能太低。确定适当粒度级别所要做的第一件事就是对数据仓库中将来的数据行数和所需的DASD数进行粗略估算。对将在数据仓库中存储的数据的行数进行粗略估算对于体系结构设计人员来说是非常有意义的。如果数据只有万行级，那么几乎任何粒度级别都不会有问题；如果数据有千万行级，那么就需要一个低的粒度级别；如果有百亿行级，不但需要有一个低粒度级别，还需要考虑将大部分数据移到溢出存储器(辅助设备)上。空间/行数的计算方法如下。

(1) 确定数据仓库所要创建的所有表，然后估计每张表中一行的大小。确切的大小可能难以确定，估计一个下界和上界就可以了。

(2) 估计一年内表的最大和最小行数。

(3) 用同样的方法估计五年内表的最大和最小行数。

(4) 计算索引数据所占的空间，确定每张表(对表中的每个关键字或会被直接搜索的数据元素)的关键字或数据元素的长度，并弄清楚是否原始表中的每条记录都存在关键字。

将各表中行数可能的最大值和最小值分别乘以每行数据的最大长度和最小长度。另外还要将索引项数目与关键字长度的乘积累加到总的数据量中去，以确定出最终需要的数据总量。

3. 确定数据分割策略

数据分割是数据仓库设计的一项重要内容，是提高数据仓库性能的一项重要技术。数据的分割是指把逻辑上是统一整体的数据分割成较小的、可以独立管理的物理单元(称为分片)进行存储，以便于重构、重组和恢复，以提高创建索引和顺序扫描的效率。数据的分割使数据仓库的开发人员和用户具有更大的灵活性。选择适当的数据分割的标准，一般要考虑以下几方面因素：数据量(而非记录行数)、数据分析处理的实际情况、简单易行以及粒度划分策略等。数据量的大小是决定是否进行数据分割和如何分割的主要因素；数据分析处理的要求是选择数据分割标准的一个主要依据，因为数据分割是跟数据分析处理的对象紧密联系的；我们还要考虑到所选择的数据分割标准应是自然的、易于实施的，同时也要考虑数据分割的标准与粒度划分层次是适应的，最常见的是以时间进行分割，如产品每年的销售情况可分别独立存储。

4. 确定关系模式

数据仓库的每个主题都是由多个表来实现的，这些表之间依靠主题的公共码键联系在一起，形成一个完整的主题。在概念模型设计时，我们就确定了数据仓库的基本主题，并对每个主题的公共码键、基本内容等做了描述，在这一步将要对选定的当前实施的主题进行模式划分，形成多个表，并确定各个表的关系模式。

2.2.3 物理模型设计

物理模型就是构建数据仓库的物理分布模型，主要包含数据仓库的软硬件配置、资源情况以及数据仓库模式。概念世界是现实情况在人们头脑中的反映，人们需要利用一种模式将现实世界在自己的头脑中表达出来。逻辑世界是人们为将存在于自己头脑中的概念模型转换到计算机中的实际物理存储过程中的一个计算机逻辑表示模式。通过这个模式，人们可以容易地将概念模型转换成计算机世界的物理模型。物理模型是指现实世界中的事物在计算机系统中的实际存储模式，只有依靠这个物理存储模式，人们才能实现利用计算机对现实世界的信息管理。

物理模型设计所做的工作是根据信息系统的容量、复杂度、项目资源以及数据仓库项目自身(当然，也可以是非数据仓库项目)的软件生命周期确定数据仓库系统的软硬件配置、数据仓库分层设计模式、数据的存储结构、确定索引策略、确定数据存放位置、确定存储分配等。这部分应该是由项目经理和数据仓库架构师共同实施的。确定数据仓库实现的物理模型，要求设计人员必须做到以下几方面。

(1) 要全面了解所选用的数据库管理系统，特别是存储结构和存取方法。

(2) 了解数据环境、数据的使用频度、使用方式、数据规模以及响应时间要求等，这些是对时间和空间效率进行平衡和优化的重要依据。

(3) 了解外部存储设备的特性，如分块原则、块大小的规定、设备的 IO 特性等。

一个好的物理模型设计还必须符合以下规则。

1. 确定数据的存储结构

一个数据库管理系统往往都提供多种存储结构供设计人员选用，不同的存储结构有不

同的实现方式，各有各的适用范围和优缺点。设计人员在选择合适的存储结构时应该权衡存取时间、存储空间利用率和维护代价三个方面的主要因素。

2. 确定索引策略

数据仓库的数据量很大，因而需要对数据的存取路径进行仔细的设计和选择。由于数据仓库的数据都是不常更新的，因而可以设计多种多样的索引结构来提高数据存取效率。在数据仓库中，设计人员可以考虑对各个数据存储建立专用的、复杂的索引，以获得最高的存取效率。因为在数据仓库中的数据是不常更新的，也就是说每个数据存储是稳定的，因而虽然建立专用的、复杂的索引有一定的代价，但一旦建立就几乎不需维护索引的代价。

3. 确定数据存放位置

同一个主题的数据并不要求存放在相同的介质上。在物理设计时，常常要按数据的重要程度、使用频率以及对响应时间的要求进行分类，并将不同类的数据分别存储在不同的存储设备中。重要程度高、经常存取并对响应时间要求高的数据就存放在高速存储设备上，如硬盘；存取频率低或对存取响应时间要求低的数据则可以放在低速存储设备上，如磁盘或磁带。数据存放位置的确定还要考虑到其他一些方法，例如，决定是否进行合并表，是否对一些经常性的应用建立数据序列，对常用的、不常修改的表或属性是否冗余存储。如果采用了这些技术，就要记入元数据。

4. 确定存储分配

许多数据库管理系统提供了一些存储分配的参数供设计者进行物理优化处理，如块的尺寸、缓冲区的大小和个数等，都要在物理设计时确定。

物理数据模型是依据中间层的逻辑模型创建的，它是通过模型的键码属性和模型的物理特性、扩展中层数据模型而建立的。物理数据模型由一系列物理表构成，其中最主要的是事实表模型和维表模型。

物理模型中的事实表来源于逻辑模型中的主题，以客户主题为例，结合网上药店属性分析可设计如下事实表。

网上药店用户分析模型如图 2.8 所示。

数据仓库中的事实表一般很大，包含大量的业务信息，因此，在设计事实表时，可使事实表尽可能小，还要处理好数据的粒度问题。

设计维度表的目的是为了把参考事实表的数据放置在一个单独的表中，即将事实表中的数据有组织地分类，以便于进行数据分析。在数据仓库维度体系设计中，要详细定义维度类型、名称及成员说明，客户流失分析主要依据自然属性维、用户属性维、消费属性维来建立维度表。

在物理建模的过程中，应根据概念模型和逻辑模型设计建立其他维度表，帮助决策分析。例如，本例中还可以有以下维度表。

(1) 时间维表：年、季度、月、日。

(2) 地区维表：省、市、市区、郊区、县城、乡镇。

(3) 用户类型维表：标识用户对医药网站的重要程度信息，如医院采购客户、普通客户等。

(4) 职业维表：定义用户的社会行业类别属性，帮助分析归类购买行为。

(5) 年龄段维表：对用户所属消费年龄群体进行分类，帮助分析归类购买行为。

(6) 注册时间维表：按用户注册网站时间长短进行分类，帮助分析归类购买行为。

(7) 购买类型维表：用户所购买药品类型，如常备药、慢性病药、化疗药品等。

(8) 增值服务类型维表：药品网站提供的各项增值业务的收费项目类别。

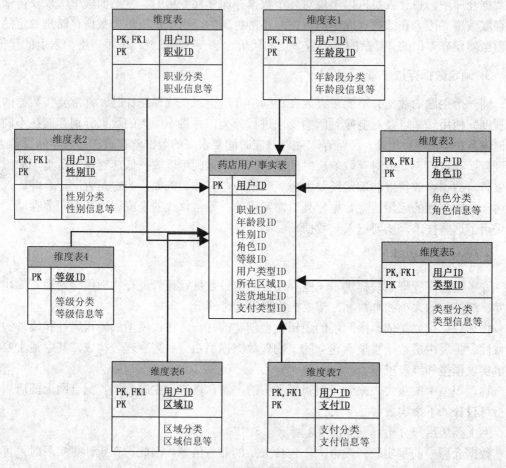

图 2.8　网上药店用户分析模型

物理结构设计还有以下三个最基本的原则(这三点是数据库设计与优化的最低要求，其他设计与优化措施也得考虑)。

(1) 尽量提高性能。

(2) 防止产生过多的碎片。

(3) 快速重整数据库。

这三个原则既有独立性，又密切相关，所以在数据仓库的开发中应注意以下三个方面的问题。

(1) 表空间的设计，主要考虑性能方面以及便于数据库的快速重整。

(2) 重点表的存储空间设计，主要考虑性能方面以及防止产生过多的碎片。

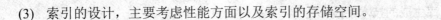

(3) 索引的设计，主要考虑性能方面以及索引的存储空间。

2.2.4　数据仓库的生成

1. 数据仓库生成的任务和目标

数据仓库的生成过程中所要做的工作是接口编程、数据装入。其目标是，数据装入到数据仓库中，可以在其上建立数据仓库的应用，即决策支持系统(Decision Support System，DSS)应用。

1)　设计接口

将操作型环境下的数据装载到数据仓库环境，需要在两个不同环境的记录系统之间建立一个接口。乍一看，建立和设计这个接口，似乎只要编制一个抽取程序就可以了，事实上，在这一阶段的工作中，的确对数据进行了抽取，但抽取并不是全部的工作，这一接口还应具有以下的功能：

(1) 从面向应用和操作的环境生成完整的数据；

(2) 数据的基于时间的转换；

(3) 数据的凝聚；

(4) 对现有记录系统的有效扫描，以便以后进行追加。

当然，考虑这些因素的同时，还要考虑到物理设计的一些因素和技术条件限制，根据这些内容，严格地制定规格说明，然后根据规格说明，进行接口编程。从操作型环境到数据仓库环境的数据接口编程的过程和一般的编程过程并无区别，它也包括伪码开发、编码、编译、检错、测试等步骤。

在接口编程中，要注意以下问题：

(1) 保持高效性，这也是一般的编程所要求的；

(2) 要保存完整的文档记录；

(3) 要灵活，易于改动；

(4) 要能完整、准确地完成从操作型环境到数据仓库环境的数据抽取、转换与集成。

2)　数据装入

在这一步里所进行的就是运行接口程序，将数据装入到数据仓库中，主要的工作如下所述。

(1) 确定数据装入的次序；

(2) 清除无效或错误数据；

(3) 数据"老化"；

(4) 数据粒度管理；

(5) 数据刷新等。

最初只使用一部分数据来生成第一个主题域，使得设计人员能够轻易且迅速地对已做工作进行调整，而且能够尽早地提交到下一步骤，即数据仓库的使用和维护。这样既可以在经济上最快地得到回报，又能够通过最终用户的使用、尽早发现一些问题并提出新的需求，然后反馈给设计人员，设计人员继续对系统进行改进、扩展。

2. 数据仓库生成的技术手段

在实际应用中常常把数据仓库生成的方法总结和拓展为"ETL"。ETL 是英文 Extract-Transform-Load 的缩写，用来描述将数据从来源端经过抽取(extract)、转换 (transform)、加载(load)至目的端的过程。ETL 负责将分布的、异构数据源中的数据(如关系数据、平面数据文件等)抽取到临时中间层后进行清洗、转换、集成，最后加载到数据仓库或数据集市中，成为联机分析处理、数据挖掘的基础。

ETL 过程在很大程度上受企业对元数据的理解程度的影响，也就是说从业务的角度看数据集成非常重要。一个优秀的 ETL 设计应该具有如下功能。

1) 管理简单

采用元数据方法，集中进行管理；接口、数据格式、传输有严格的规范；尽量不在外部数据源安装软件；数据抽取系统流程自动化，并有自动调度功能；抽取的数据及时、准确、完整；可以提供同各种数据系统的接口，系统适应性强；提供软件框架系统，系统功能改变时，应用程序改变很少便可适应变化；可扩展性强。

2) 标准定义数据

合理的业务模型设计对 ETL 至关重要。数据仓库是企业唯一、真实、可靠的综合数据平台。数据仓库的设计建模一般都依照三范式、星型模型、雪花模型，无论哪种设计思想，都应该最大化地涵盖关键业务数据，把运营环境中杂乱无序的数据结构统一成为合理的、关联的、分析型的新结构，而 ETL 则会依照模型的定义去提取数据源，进行转换、清洗，并最终加载到目标数据仓库中。

模型的重要之处在于对数据做标准化定义，实现统一的编码、统一的分类和组织。标准化定义的内容包括：标准代码统一、业务术语统一。ETL 依照模型进行初始加载、增量加载、缓慢增长维、慢速变化维、事实表加载等数据集成，并根据业务需求制定相应的加载策略、刷新策略、汇总策略、维护策略。

3) 拓展新型应用

对业务数据本身及其运行环境的描述与定义的数据，称之为元数据(metadata)。元数据是描述数据的数据。从某种意义上说，业务数据主要是用于支持业务系统应用的数据，而元数据则是企业信息门户、客户关系管理、数据仓库、决策支持和 B2B 等新型应用所不可或缺的内容。

元数据的典型表现为对象的描述，即对数据库、表、列、列属性(类型、格式、约束等)以及主键/外部键关联等的描述。特别是现行应用的异构性与分布性越来越普遍的情况下，统一的元数据就愈发重要了。"信息孤岛"曾经是很多企业对其应用现状的一种抱怨和概括，而合理的元数据则会有效地描绘出信息的关联性。

元数据对于 ETL 的集中表现为：定义数据源的位置及数据源的属性、确定从源数据到目标数据的对应规则、确定相关的业务逻辑、在数据实际加载前的其他必要的准备工作等，它一般贯穿整个数据仓库项目，而 ETL 的所有过程必须最大化地参照元数据，这样才能快速实现 ETL。

为了能更好地实现 ETL，在实施 ETL 过程中应注意以下几点。

(1) 如果条件允许，可利用数据中转区对运营数据进行预处理，保证集成与加载的高效性。

(2) 如果 ETL 的过程是主动"拉取"，而不是从内部"推送"，其可控性将大为增强。

(3) ETL 之前应制定流程化的配置管理和标准协议。

(4) 关键数据标准至关重要。目前，ETL 面临的最大挑战是当接收数据时其各元数据的异构性和低质量。而 ETL 在处理过程中会定义一个关键数据标准，并在此基础上，制定相应的数据接口标准。

2.2.5　数据仓库的运行与维护

在这一步中所要做的工作是建立 DSS 应用，即使用数据仓库理解需求，调整和完善系统，维护数据仓库。

建立企业的体系化环境，不仅包括建立起操作型和分析型的数据环境，还应包括在这一数据环境中建立起企业的各种应用。数据仓库装入数据之后，下一步工作是：一方面，使用数据仓库中的数据服务于决策分析，也就是在数据仓库中建立起 DSS 应用；另一方面，根据用户使用情况和反馈来的新的需求，开发人员进一步完善系统，并管理数据仓库的一些日常活动，如刷新数据仓库的当前详细数据、将过时的数据转化成历史数据、清除不再使用的数据、调整粒度级别等。我们把这一步骤称为数据仓库的使用与维护。

1. 建立 DSS 应用

1) DSS 应用的特点

使用数据仓库，即开发 DSS 应用，与在操作型环境中的应用开发有着本质区别，开发 DSS 应用不同于联机事务处理应用开发的显著特点如下所述。

(1) DSS 应用开发是从数据出发的；

(2) DSS 应用的需求不能在开发初期明确了解；

(3) DSS 应用开发是一个不断循环的过程，是启发式的开发。

DSS 应用主要可分为两类：例行分析处理和启发式分析处理。例行分析处理是指那些重复进行的分析处理，它通常是属于部门级的应用，如部门统计分析、报表分析等；而个人级的分析应用经常是随机性很大的、企业经营者受到某种信息启发而进行的一些即席的分析处理，所以我们称之为启发式的分析处理。

2) DSS 应用开发的步骤

DSS 应用开发的大致步骤如下。

第一步：确定所需的数据。为满足 DSS 应用的要求，我们必须从数据仓库中确定一个可能用到的数据范围。这是一个试探的过程。

第二步：编程抽取数据。根据上面得到的数据范围，编写一个抽取程序来获得这些数据。为适应分析需求多变的特点，要求所编写的抽取程序应该通用，易于修改。

第三步：合并数据。如果有多个数据抽取源，要将抽取来的数据进行合并、提炼，使数据符合分析处理的要求。

第四步：分析数据。在上步准备好的数据基础上进行分析处理，并看所得的结果是否满足了原始的要求，如果不能满足，则返回步骤一，开始新的一次循环，否则就准备最终分析结果报告。

第五步：回答问题，生成最终分析结果报告。一般情况下，最终的分析结果报告是在许多次的循环后得到的，因为一次分析处理很少是在一次循环后就完成的。

第六步：例行化。一次分析处理的最后，我们要决定是否将在上面已经建立的分析处理例行化。如果建立的分析处理是重复进行的部门级的 DSS 应用，那么最好是将它例行化，这样在进行下一次同样的分析处理时，不必再重复上述六步的循环过程。而且，不断地积累这种例行处理，形成一个集合，我们就可以通过组合这些已有的处理来生成新的一个较大的复杂处理，或完成一个复杂处理的一部分。

2. 理解需求，改善和完善系统，维护数据仓库

数据仓库的开发是逐步完善的原型法的开发方法，它要求：要尽快地让系统运行起来，尽早产生效益；要在系统运行或使用中，不断地理解需求，改善系统；不断地考虑新的需求，完善系统。

维护数据仓库的工作主要是管理日常数据装入的工作，包括刷新数据仓库的当前详细数据，将过时的数据转化成历史数据，清除不再使用的数据，管理元数据等；如何利用接口定期从操作型环境向数据仓库追加数据，确定数据仓库的数据刷新频率等。

2.3 联机分析技术

2.3.1 OLAP 概述

1. OLAP 的由来

OLAP 的概念最早是由关系数据库之父埃德加·弗兰克·科德(E.F.Codd)在 1993 年提出的。当时 E.F.Codd 认为 OLTP 已经不能够满足终端用户对数据库查询分析的需求，SQL 对大数据库进行的简单查询也不能够满足用户分析的需求。用户的决策分析需要对关系型数据库进行大量的计算才能得到结果，而且查询的结果并不能够满足决策者提出的需求。因此，E.F.Codd 提出了多维数据库与多维分析的概念，即 OLAP。

2. OLAP 的概念

OLAP 是共享多维数据信息、快速在线访问具体问题的数据的分析和展示的软件技术。通过观察信息的几种方式进行快速、一致和交互式访问，允许企业的管理决策者进一步观测数据。这些多维数据是辅助决策的数据，同时也是企业管理者进行决策的主要内容。OLAP 特别应用于复杂的分析操作，重点支持决策人员和企业管理人员的决策，依据分析人员所需的进行快速和灵活的大数据量的复杂的查询处理，可以形成一个直观、易于理解的窗体，将查询结果提供给企业的决策者，使得他们能准确掌握企业的业务状态、了解对象的特定需要，从而可以制定适合企业长远发展的方案。

3. OLAP 的规则

Codd 提出了 OLAP 的十二条规则，具体如下。

(1) 多维概念视图：用户按多维角度来看待企事业数据，故 OLAP 模型应当是多维的。

(2) 透明性：分析工具的应用对使用者是透明的。

(3) 存取能力：OLAP 工具能将逻辑模式映射到物理数据存储，并可访问数据，给出一致的用户视图。

(4) 一致的报表性能：报表操作不应随维数增加而削弱。

(5) 客户/服务器体系结构：OLAP 服务器能适应各种客户通过客户/服务器方式使用。

(6) 维的等同性：每一维在其结构与操作功能上必须等价。

(7) 动态稀疏矩阵处理：当存在稀疏矩阵时，OLAP 服务器应能推知数据是如何分布的，以及怎样存储才能更有效。

(8) 多用户支持：OLAP 工具应提供并发访问(检索与修改)，及并发访问的完整性与安全性维护等功能。

(9) 非限定的交叉维操作：在多维数据分析中，所有维的生成与处理都是平等的。OLAP 工具应能处理维间相关计算。

(10) 直接数据操作：如果要在维间进行细剖操作，都应该通过直接操作来完成，而不需要使用菜单或跨用户界面进行多次操作。

(11) 灵活的报表：可按任何想要的方式来操作、分析、综合与查看数据与制作报表。

(12) 不受限制的维与聚类：OLAP 服务器至少能在一个分析模型中协调 15 个维，每一个维应能允许无限个用户定义的聚类。

4. OLAP 的优势

OLAP 的优势主要体现在这样的几个方面：OLAP 的查询分析功能很灵活、完整，可以直观地对数据进行操作，并且产生的查询结果可以进行可视化的展示。

由于使用了 OLAP，企业用户可以对大量的、结构比较复杂的数据进行分析，而且这种查询分析对 OLAP 而言是很轻松、高效的，基于此用户可以快速地做出合适的判断。与此同时，OLAP 也可以对人们提出的相对比较复杂的假设进行验证，产生以表格或者图形形式的结果，这些结果是对某些分析信息的总结。但是这样产生的异常信息并不被标识出来，这将是一种有效地进行知识求证的方法。OLAP 技术可以满足用户分析的需求。

5. OLAP 中的基本概念

依据 OLAP 的定义，通过对原始数据进行转换，产生用户能够容易理解并且真实的反映企业根本特性的数据信息。OLAP 可以对产生的这些数据信息进行交互性、一致和快速的存取，从而使企业的执行人员、管理人员和决策人员能够从多个角度对这些数据信息的本质内容进行深入的了解。下面介绍 OLAP 中的一些基本概念。

1) 变量

变量是进行数据度量的指标，描述数据的实际意义，即描述数据"是什么"。通常也被称为度量(或量度)。比如，用来反映一个企业经营效益好坏的销售额、销售量与库存量等。

2) 维

维指的是人们观察数据的特定的角度。维实际上是考虑问题时的一类属性，单个属性或者属性集合都可以构成一个维。在实际应用设计中，可以分成共享维、私有维、常规维、虚拟维以及父子维等类型，从而为用户更好地展现维的特性。维是一种较高层次的类型划分。比如，企业管理者所关心的企业业务流程随着时间而发生变化，那么时间就是一个维度，称为时间维。

3）维的层次

维度按照细节的程度不同可以分为不同的层次或者分类，这些层次描述了维度的具体细节信息。比如，地区维度可以分为东西方、大洲、国家、省市、区县等不同的层次结构，那么东西方、大洲、国家等就是地区维度的层次。同一个维度的层次没有统一的规定，这主要是由于不同的分析应用所要求的数据信息的详细程度不太相同。在某些维中可能存在着完全不相同的几条层次路径，这种情况是经常出现的。

4）维的成员

成员是维的一个取值。如果维是多层次的，不同层次的取值构成一个维成员。需要指出的是维的成员可以不是每个维层次都必须取值，部分维层次也同样可以构成维成员，而且维的成员是无序的。

5）多维数据集

多维数据集是 OLAP 的核心，也可以称为超方体或者立方体。由维度和变量组成的数据结构称为多维数据集，一般可以用一个多维的数组进行表示：(维度 1，维度 2，……，维度 n，变量)。比如，按发货途径、地区和时间组织起来的包裹的具体数量所组成的多维数据集可以表示为发包途径、时间、地区、发包量。对于这种三维的数据集我们可以采用图 2.9 的可视化的表达方式，这种表达方式更清楚、直观。

6）数据单元

多维数组的取值称为数据单元。当多维数组的每个维都确定一个维成员，就唯一确定了一个变量的值。数据单元也可以表示为：(维 1 成员，维 2 成员，……，维 n 成员，度量值)。比如，在图 2.9 中时间、地区与发包路径维上分别选取维成员 "4th quarter" "Africa" "air"，那么可以唯一地确定观察度量 "Packages" 的一个取值 240，这样该数据单元就表示为：(4th quarter，Africa，air，240)。

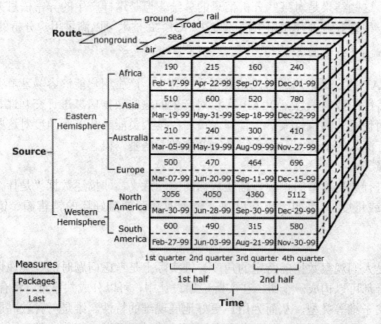

图 2.9　多维数据集图例

2.3.2　OLAP 多维分析

OLAP 决策数据是多维数据，而决策的主要内容就是多维数据。多维分析是指对多维数据集中进行分析，通过分析，能够使管理人员从多个侧面、多个角度去观察数据仓库中的数据。只有这样，才可以更加深入地了解数据仓库中数据所隐藏的信息，才能使管理人员更加深入地挖掘出隐藏在数据背后的漏洞。多维分析的基本操作包括：切片、切块、钻取以及旋转等，具体内容如下。

1. 切片

选定多维数据集中某个维的维成员的动作，叫作切片(Slice)。也就是为多维数据集(维 1，维 2，……，维 n，观察变量)中的一个维 i 选定一个确定值，即构成了切片(维 1，维 2，……，维 i 成员，……，维 n，观察变量)。多维数据集中的切片不同于一般的二维平面"切片"，其维数取决于原来数据集的维数；其数量则取决于所选定的那个维的维成员数量。切片的目的是通过降低多维数据集的维度，以利于使用者更方便地查看内容。

2. 切块

选定多维数据集中两个或两个以上维的维成员的动作，叫作切块(Dice)。构成的切块可以表示为(维 1，维 2，……，维 i 成员，……，维 k 成员，……，维 n，观察变量)。实际上，切块可以看作多次切片结果的重叠，其作用和目的都是一样的。

3. 钻取

维度是具有层次性的，如时间维可能由年、月、日构成，维度的层次实际上反映了数据的综合程度。维度层次越高，细节越少，数据量越少；维度层次越低，则代表的数据综合度越低，细节越充分，数据量越大。钻取(Drill)包含向下钻取(Drill.down)和向上钻取(Drill.up)操作，钻取的深度与维所划分的层次相对应。向下钻取就是从较高的维度层次下降到较低的维度层次上来观察多维数据细节；反之，则执行的操作就是向上钻取。

4. 旋转

旋转(Rotate)即改变一个报告或页面现实的维方向。例如，旋转可能包含了交换行和列，或是把某一个行维移到列维中去，或是把页面显示中的一个维和页面外的维进行交换，令其成为新的行或列中的一个。

另外，OLAP 操作还包括钻过(Drill.across)以及钻透(Drill.through)。钻过指的是跨越多个事实表进行查询；而钻透则指对数据立方体操作时，利用数据库关系，钻透立方体底层，进入后端关系表。

OLAP 是建立在 B/S 结构之上的，因为需要对来自数据仓库的数据进行多维化或预综合处理，所以它与传统的 OLTP 软件的两层结构不同，它是三层的 B/S 结构，第一层能够解决数据的多维数据存储问题；第二层是 OLAP 服务器，它接受查询并提取数据；第三层是前端软件。将数据逻辑、分析逻辑和表示逻辑严格分开是此种结构的优点，OLAP 服务器综合数据仓库的细节数据，能够满足前端用户的多维数据分析的需要。

2.3.3 MOLAP 与 ROLAP

数据仓库与 OLAP 的关系是互补的，现代 OLAP 系统一般以数据仓库作为基础，即从数据仓库中抽取详细数据的一个子集并经过必要的聚集存储到 OLAP 存储器中供前端分析工具读取。

OLAP 系统按照其存储器的数据存储格式可以分为关系 OLAP(Relational OLAP，ROLAP)、多维 OLAP(Multidimensional OLAP，MOLAP)和混合型 OLAP(Hybrid OLAP，HOLAP)三种类型。本书重点介绍 MOLAP 和 ROLAP 两种类型。

1. MOLAP 的数据组织模式

MOLAP 以 MDDB 为核心，以多维方式存储数据。MDDB 由许多经过压缩的、类似于数组的对象构成，每个对象又由单元块聚集而成，然后单元块通过直接的偏移计算来进行存取，表现出来的结构是立方体。MOLAP 的结构如图 2.10 所示。

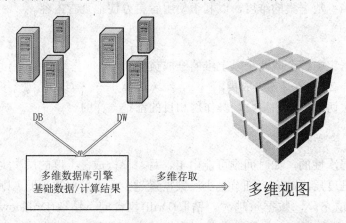

图 2.10　MOLAP 的结构

MOLAP 应用逻辑层与 DB 服务器合为一体，数据的检索和存储由 DW 或者 DB 负责；全部的 OLAP 需求由应用逻辑层执行。来源于不同的业务系统的数据利用批处理过程添加到 MDDB 中去，当载入成功之后，MDDB 会自动进行预综合处理以及建立相应的索引，从而提高了查询分析的性能和效果。

2. ROLAP 的数据组织模式

通过使用关系型数据库来管理所需的数据的 OLAP 技术是 ROLAP，如图 2.11 所示。

为了更好地在关系型数据库中存储和表示多维数据，多维数据结构在 ROLAP 中分为两个类型的数据表：其一是事实表，事实表中存放了维度的外键信息和变量信息；其二是维度表，多维数据模型中的维度都至少包含了一个表，维度表中包含了维的成员类别信息、维度的层次信息以及对事实表的描述信息。数据模型主要包含星型模型和雪花模型，具体参考本书 2.1.3 节。多维数据模型在定义完毕之后，来自不同数据源的数据将被添加到数据仓库中，然后系统将根据多维数据模型的需求对数据进行综合，并且通过索引的创建来优化存取的效率。最后在进行多维数据分析的时候，将用户的请求语句通过 ROLAP 引擎动态地翻译为 SQL 请求，然后经过传统的关系数据库来对 SQL 请求进行处理，最后将查询的结果经多维处理后返回给用户。

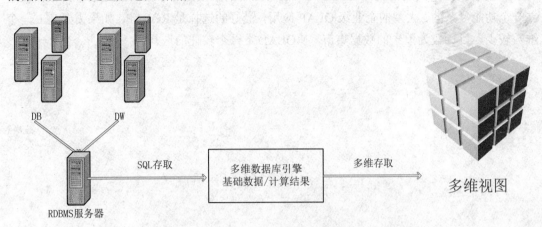

DB　　　　DW

SQL存取　　　　多维数据库引擎
　　　　　　　　基础数据/计算结果　　　　多维存取

RDBMS服务器　　　　　　　　　　　　　　　　　　多维视图

图 2.11　ROLAP 的结构

3. MOLAP 和 ROLAP 的性能比较

MOLAP 和 ROLAP 是目前使用范围最广的两种 OLAP 技术，由于它们的数据表示和存储方案完全不相同，从而导致两者各自存在着不同的优点和缺点，可从以下三个方面来对它们进行比较。

1）　查询性能

MOLAP 的查询响应速度一般较快，这主要是由于多维数据库在装载数据的时候，预先做了大量的计算工作。对于 ROLAP 中的查询与分析，一般需要在维度表与事实表之间建立较为复杂的表连接，响应时间通常很难预计。

2）　分析性能

MOLAP 能够更加清晰和准确地表达和描述 OLAP 中的多维数据，因此，MOLAP 具有天然的分析优势。但是多维数据库是一种新技术，目前没有一个统一标准，不同的多维数据库的客户端接口是互不相同的。ROLAP 采用 SQL 语言，ROLAP 服务器首先将用户的请求转化为 SQL 语言，再由 RDBMS 进行相应的处理，最后将经过多维处理后的处理结果返回给用户，因此分析的效果不如 MOLAP 好。

3）　数据存储和管理

多维数据库是 MOLAP 的核心，多维数据的管理形式主要以维和维的成员为主，大多数的多维数据库的产品都支持进行单元级的控制，可以达到单元级别的数据封锁。多维数据库通过数据管理层来实现这些控制，一般情况不能绕过这些控制。ROLAP 是以关系型数据库系统作为基础，安全性以及对存取的控制基于表，封锁基于行、页面或者表。因为这些与多维概念的应用程序没有直接关系，需要提供额外的安全性和访问控制管理所需的ROLAP 工具，用户可以绕过安全机制直接访问数据库中的数据。

　　通过上面的分析结果，我们可以看出 MOLAP 和 ROLAP 具有各自的优缺点，但是它们提供给用户进行查询分析的功能相似。在进行 OLAP 设计的时候，采用哪种形式的 OLAP 应该依据不同的情况而有所不同，但是应用的规模是一个主要的因素。如果需要建立一个功能复杂的、大型的企业级 OLAP 应用，最好的选择是 ROLAP；如果需要建立一个维数较少、目标较为单一的数据集市，MOLAP 是一个较佳的选择。

第 3 章　数据挖掘运用的理论和技术

数据挖掘一般是指通过算法从大量的数据中搜索隐藏的信息的过程。数据挖掘通常与计算机科学有关，并通过统计、在线分析处理、情报检索、机器学习、专家系统(依靠过去的经验法则)和模式识别等诸多方法来实现上述目标。

本章针对数据挖掘的初学者，将初步介绍回归分析、关联规则、聚类分析、决策树分析等数据挖掘常用分析方法的概念和算法。

3.1　回 归 分 析

英国著名遗传学家弗朗西斯·高尔顿(Sir Francis Galton，1822—1911)爵士在子女与父母相像程度遗传学研究方面，取得了重要进展。他基于遗传学提出了"回归"概念：无论高个子或低个子的子女，其身高都有向人类的平均身高回归的趋势(regression toward the mean)。

高尔顿的学生卡尔·皮尔逊(Karl Pearson，1857—1936)在继续这一遗传学研究的过程中，测量了多个父亲及其成年儿子的身高。他们之间的身高关系如图 3.1 所示。

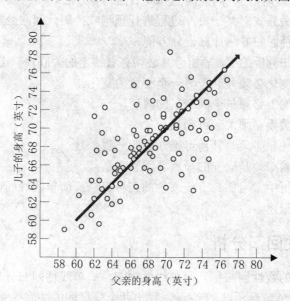

图 3.1　父子身高关系图

图 3.1 中每一个点代表一对父子的身高关系。横轴的 X 坐标是父亲的身高，纵轴的 Y 坐标给出的是儿子的身高。我们看到，多数关系点位于角平分斜线的两侧椭圆形面积之内，落在斜线上的点极少，即儿子与父亲身高完全相同的极少。点落在斜线周围还说明，高个

子的父亲有着较高身材的儿子，而矮个子父亲的儿子身材也比较矮。同时，我们也看到一些远离斜线的点，这些点反映的是父亲的身高与儿子的身高相差甚远的情况。比如高个子的父亲有矮儿子的情况，或者矮父亲有高个儿子的情况。

回归分析在现代得到了进一步发展，现代的回归分析(Regression Analysis)是确定两种或两种以上变量间相互依赖的定量关系的一种统计分析方法，运用十分广泛。回归分析按照涉及的变量的多少，分为一元回归和多元回归分析；在线性回归中，按照自变量的多少，可分为简单回归分析和多重回归分析；按照自变量和因变量之间的关系类型，可分为线性回归分析和非线性回归分析。如果在回归分析中，只包括一个自变量和一个因变量，且二者的关系可用一条直线近似表示，这种回归分析称为一元线性回归分析；如果回归分析中包括两个或两个以上的自变量，且因变量和自变量之间是线性关系，则称为多元线性回归分析。

在回归分析中，把变量分为两类。一类是因变量，它们通常是实际问题中所关心的一类指标，通常用 Y 表示；而影响因变量取值的另一类变量称为自变量，用 X 来表示。

回归分析主要包括以下几个方面的内容。

(1) 从一组数据出发，确定某些变量之间的定量关系式，即建立数学模型并估计其中的未知参数。估计参数的常用方法是最小二乘法。

(2) 对这些关系式的可信程度进行检验。

(3) 在许多自变量共同影响着一个因变量的关系中，判断哪个或哪些自变量的影响是显著的，哪些自变量的影响是不显著的，将影响显著的自变量加入模型中，而剔除影响不显著的变量，通常用逐步回归、向前回归和向后回归等方法。

(4) 利用所求的关系式对某一生产过程进行预测或控制。回归分析的应用是非常广泛的，统计软件包使各种回归方法计算十分方便。

对于能够采用回归分析的 X、Y 组合，必须有着特定的关联性，需符合以下五个条件。

(1) 一个变量的变化必须关联于另一个变量的变化。

(2) 自变量在时间上必须早于因变量的改变。

(3) 变量的因果关系必须大致可确认。

(4) 推断的关联关系必须与其他可推断证明一致。

(5) 所选取的因素必须是研究的最重要因素。

本书将对回归分析中常用的具有代表性的三种算法：简单线性回归分析、多元回归分析、岭回归分析展开阐述。

3.1.1 简单线性回归分析

只有一个自变量的线性回归称为简单线性回归。简单线性回归分析就简单来说是一种利用一个变量来预测(或解释)另一个变量，找出两个变量间的关联关系的方法。

下面我们分步骤来讲解简单线性回归分析的过程。

1. 建立一元线性回归方程与一元线性回归模型

简单线性方程式的一般形态为

$$y=a+bx$$

变量 y 不仅受 x 的影响，还受其他随机因素的影响，因此通过相关图可以直观地发现各个相关点并不都落在一条直线上，而是在直线的上下波动，只呈现线性相关的趋势。我们试图在相关图的散点中引出一条模拟的回归直线，以表明变量 x 与 y 的关系，称为估计回归线，如图 3.2 所示。

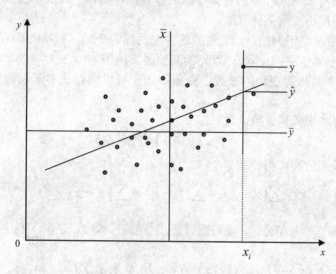

图 3.2　估计回归线

描述 y 的平均值或期望值如何依赖于 x 的方程称为回归方程，简单线性回归方程的形式如下：

$$E(y) = \beta_0 + \beta_1 x \text{ 或 } E(y) = \alpha + \beta x$$

方程的图示是一条直线，因此也称为直线回归方程。β_0 是回归直线在 y 轴上的截距，是当 $x=0$ 时 y 的期望值。β_1 是直线的斜率，称为回归系数，表示当 x 每变动一个单位时，y 的平均变动值。

一元线性回归模型通常可表示为

$$y = \beta_0 + \beta_1 x + \varepsilon \text{ 或 } y = \alpha + \beta x + \varepsilon$$

模型中，y 是 x 的线性函数(部分)加上误差项，线性部分反映了由于 x 的变化而引起的 y 的变化。误差项 ε 是随机变量，反映了除 x 和 y 之间的线性关系之外的随机因素对 y 的影响，是不能由 x 和 y 之间的线性关系所解释的变异性。β_0 和 β_1 称为模型的参数。一元线性回归模型的建立基于以下基本假定。

(1) 零均值假定：误差项 ε 是一个期望值为 0 的随机变量，即 $E(\varepsilon)=0$。对于一个给定的 x 值，y 的期望值为 $E(y) = \beta_0 + \beta_1 x$。

(2) 同方差假定：对于所有的 x 值，ε 的方差 σ^2 都相同。

(3) 正态性假定：误差项 ε 是一个服从正态分布的随机变量，且相互独立，即 $\varepsilon \sim N(0, \sigma^2)$。

(4) 无自相关假定：对于一个特定的 x 值，它所对应的 ε 与其他 x 值所对应的 ε 不相关，对于一个特定的 x 值，它所对应的 y 值与其他 x 所对应的 y 值也不相关，即 ε 与 x 不相关。

2. 进行参数的最小二乘估计

经过方程和分析模型的建立，可以看到模型中包含有几个未确定的参数。显然，这些参数不能随意指定，要根据一定的原则来进行推导，以使得回归模型符合样本的规律，进而能够使用该模型对未纳入样本的总体数据进行预测和验证。在简单线性回归分析中，参数的确定一般采用最小二乘估计算法。

因变量 y 的取值是不同的，y 取值的这种波动称为变差。变差来源于两个方面：由于自变量 x 的取值不同造成的；除 x 以外的其他因素的影响(如 x 对 y 的非线性影响、测量误差等)。对于一个具体的观测值来说，变差的大小可以通过该实际观测值与其均值之差 $y - \overline{y}$ 来表示。

均值差的计算，引入估计值 $\hat{y}$ 可以推导为

$$y_i - \overline{y}_i = (y_i - \hat{y}_i) + (\hat{y}_i - \overline{y}_i)$$

对公式两方求平方和可得：

$$\sum_{i=1}^{n}(y_i - \overline{y})^2 = \sum_{i=1}^{n}(\hat{y}_i - \overline{y})^2 + \sum_{i=1}^{n}(y_i - \hat{y})^2$$

这就得到了离差平方和公式，我们把该公式分解开，用 L_{yy} 表示 $\sum_{i=1}^{n}(y_i - \overline{y})^2$ 称为总变差平方和；用 U 表示 $\sum_{i=1}^{n}(\hat{y}_i - \overline{y})^2$ 称为回归平方和；用 Q 表示 $\sum_{i=1}^{n}(y_i - \hat{y})^2$ 称为残差平方和。我们可以将离差平方和公式表示为

$$L_{yy} = U + Q$$

其中，L_{yy} 反映因变量的 n 个观察值与其均值的总离差；U 反映自变量 x 的变化对因变量 y 取值变化的影响，或者说，是由于 x 与 y 之间的线性关系引起的 y 的取值变化，也称为可解释的平方和；Q 反映除 x 以外的其他因素对 y 取值的影响，也称为不可解释的平方和或剩余平方和。

最小二乘法求参数的基本思想是：希望所估计的 $\hat{y}_i$ 偏离实际观测值 y_i 的残差越小越好。取残差平方和 Q 作为衡量 $\hat{y}_i$ 与 y_i 偏离程度的标准。

$$\sum_{i=1}^{n} e_i^2 = \sum_{i=1}^{n}(y_i - \hat{y})^2 = 最小$$

用最小二乘法拟合的直线来代表 x 与 y 之间的关系与实际数据的误差比其他任何直线都小。对于最小二乘法，本书只介绍概念，具体实例请参照相关资料。

3.1.2 多元回归分析

大于一个自变量的回归分析叫作多元回归(这反过来又应当由多个相关的因变量预测的多元线性回归区别，而不是一个单一的标量变量)。在生活实践中，存在大量的多个自变量影响因变量的实例。比如决定身高的因素是什么？父母遗传、生活环境、体育锻炼，还是以上各因素的共同作用呢？父亲身高、母亲身高、性别是不是影响子女身高的主要因素呢？如果是，子女身高与这些因素之间能否建立一个线性关系方程，并根据这一方程对身高做出预测？这就是多元线性回归分析需要研究的问题。

多元回归分析模型分析的是一个因变量与两个及两个以上自变量的回归，描述因变量

y 如何依赖于自变量 $x_1, x_2, \cdots, x_k$ 和误差项 ε 的方程，称为多元回归模型。

涉及 k 个自变量的多元线性回归模型可表示为

$$y = \beta_0 + \beta_1 x_1 + \beta_2 x_2 + \cdots + \beta_k x_k + \varepsilon$$

其中，$\beta_0, \beta_1, \beta_2, \square, \beta_k$ 是参数；ε 是被称为误差项的随机变量；y 是 $x_1, x_2, \cdots, x_k$ 的线性函数加上误差项 ε；ε 是包含在 y 里面但不能被 k 个自变量的线性关系所解释的变异性。所以，线性回归模型的意义在于把 y 分成两部分：确定性部分和非确定性部分。

能够被多元线性回归分析模型正确分析的样本数据和正确预测的全体数据，必须符合以下基本假定。

(1) 正态性：误差项 ε 是一个服从正态分布的随机变量，且期望值为 0，即 $\varepsilon \sim N(0, \sigma^2)$；

(2) 方差齐性：对于自变量 $x_1, x_2, \cdots, x_k$ 的所有值，ε 的方差 σ^2 都相同；

(3) 独立性：对于自变量 $x_1, x_2, \cdots, x_k$ 的一组特定值，它所对应的 ε 与任意一组其他值所对应的不相关。

在经典回归模型的诸假设下，对回归模型两边求条件期望得到多元回归方程：

$$E(Y|X_1, X_2, \cdots, X_k) = x_1 \beta_1 + x_2 \beta_2 + \cdots + x_k \beta_k$$

多元回归方程就是描述因变量 y 的平均值或期望值如何依赖于自变量 $x_1, x_2, \cdots, x_k$ 的方程。式中 $\beta_1, \beta_2, \cdots, \beta_k$ 称为偏回归系数(partial regression coefficients)，β_i 表示假定其他变量不变，当 x_i 每变动一个单位时，y 的平均变动值。多元回归分析(multiple regression analysis) 是以多个解释变量的固定值为条件的回归分析，并且所获得的是诸变量 x 值固定时 y 的平均值。

我们以一个例子来看：

$$C_t = \beta_1 + \beta_2 D_t + \beta_3 L_t + u_t$$

其中，C_t＝学生消费，D_t＝学生每月收到的生活费，L_t＝学生的结余资金水平。

按照以上定义，那么 β_2 的含义是：在结余资金不变的情况下，学生收到的生活费变动一个单位对其消费额的影响。这是收入对消费额的直接影响。可见，收入变动对消费额的总影响＝直接影响＋间接影响(上式中存在间接影响：收入 → 结余资金量 → 消费额)。

但在模型中这种间接影响应归因于结余资金，而不是生活费收入，因此，β_2 只包括收入的直接影响。如果我们把每月生活费对结余的影响考虑进去，可以将公式改变为

$$C_t = \alpha + \beta D_t + u_t, \quad t = 1, 2, \cdots, n$$

这里，β 是可支配收入对消费额的总影响，显然 β 和 β_2 的含义是不同的。偏回归系数 β_j 就是 x_j 本身变化对 y 的直接(净)影响。

多元回归分析的参数推导，同样可以采用和简单线性回归分析一样的最小二乘估计法，使因变量的观察值与估计值之间的离差平方和达到最小来求得 $\hat{\beta}_0, \hat{\beta}_1, \hat{\beta}_2, \cdots, \hat{\beta}_k$ 参数，即：

$$Q(\hat{\beta}_0, \hat{\beta}_1, \hat{\beta}_2, \cdots, \hat{\beta}_k) = \sum_{i=1}^{n} (y_i - \hat{y}_i)^2 = \sum_{i=1}^{n} e_i^2 = 最小$$

可以推导出使其最小的求解各回归参数的标准方程如下：

$$\begin{cases} \left. \dfrac{\partial Q}{\partial \beta_0} \right|_{\beta_0 = \hat{\beta}_0} = 0 \\[2mm] \left. \dfrac{\partial Q}{\partial \beta_i} \right|_{\beta_i = \hat{\beta}_i} = 0 \qquad (i = 1, 2, \cdots, k) \end{cases}$$

3.1.3 岭回归分析

岭回归(Ridge Regression, Tikhonov Regularization)是一种专用于共线性数据分析的有偏估计回归方法，实质上是一种改良的最小二乘估计法，通过放弃最小二乘法的无偏性，以损失部分信息、降低精度为代价获得回归系数更为符合实际、更可靠的回归方法，对病态数据的耐受性远远强于最小二乘法。

岭回归的原理较为复杂。根据高斯—马尔科夫定理，多重相关性并不影响最小二乘估计量的无偏性和最小方差性，但是，虽然最小二乘估计量在所有线性无偏估计量中是方差最小的，但是这个方差却不一定小。而实际上可以找到一个有偏估计量，这个估计量虽然有微小的偏差，但它的精度却能够大大高于无偏的估计量。岭回归分析就是依据这个原理，通过在正规方程中引入有偏常数而求得回归估计量的。

多元线性回归模型的矩阵形式 $y = X\beta + \varepsilon$，参数 β 的普通最小二乘估计为 $\hat{\beta} = (xx')^{-1}x'y$。当自变量 x_j 与其余自变量间存在多重共线性时，$\mathrm{var}(\hat{\beta}_j) = (1/L_{ij})c_{ij}\sigma^2$ 很大，$\hat{\beta}_j$ 就很不稳定，在具体取值上与真值有较大的偏差，甚至有时会出现与实际经济意义不符的正负号。

当自变量间存在多重共线性，$|X'X| \approx 0$ 时，我们设想给 $X'X$ 加上一个正常数矩阵 $kI(k>0)$，那么 $X'X + kI$ 接近奇异的程度就会比 $X'X$ 接近奇异的程度小得多。考虑到变量的量纲问题，将数据先标准化，标准化后的设计阵用 X 表示。

对于数据标准化的线性回归模型，若 $X'X + kI$ 可逆，则 $\hat{\beta}(k) = (X'X + kI)^{-1}X'y$ 称为 β 的岭回归估计，其中，k 称为岭参数。由于 X 已经标准化，所以 $X'X$ 就是自变量的样本相关矩阵。$\hat{\beta}(k)$ 作为 β 的估计比最小二乘估计 $\hat{\beta}$ 稳定，当 $k=0$ 时的岭估计，就是普通的最小二乘估计。

3.1.4 Logistic 回归分析

Logistic回归分析，是一种广义的线性回归分析模型，常用于数据挖掘、疾病自动诊断、经济预测等领域。例如，探讨引发疾病的危险因素，并根据危险因素预测疾病发生的概率等。以胃癌病情分析为例，选择两组人群，一组是胃癌组，一组是非胃癌组，两组人群必定具有不同的体征与生活方式等。因此因变量就为是否胃癌，值为"是"或"否"；自变量可以包括很多，如年龄、性别、饮食习惯、幽门螺杆菌感染等。自变量既可以是连续的，也可以是分类的。然后通过 Logistic 回归分析，可以得到自变量的权重，从而可以大致了解到底哪些因素是胃癌的危险因素。同时根据该权值及危险因素预测一个人患癌症的可能性。

Logistic 回归是一种广义线性回归(generalized linear model)，因此与多元线性回归分析有很多相同之处。它们的模型形式基本上相同，都具有 $X\beta + \varepsilon$，其中 β 和 ε 是待求参数，其区别在于它们的因变量不同，多重线性回归直接将 $X\beta + \varepsilon$ 作为因变量，即 $y = X\beta + \varepsilon$，而 Logistic 回归则通过函数 L 将 $X\beta + \varepsilon$ 对应一个隐状态 p，$p = L(X\beta + \varepsilon)$，然后根据 p 与 $1-p$ 的大小决定因变量的值。如果 L 是 Logistic 函数，就是 Logistic 回归，如果 L 是多项式函数就是多项式回归。

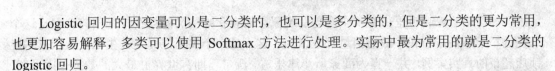

Logistic 回归的因变量可以是二分类的，也可以是多分类的，但是二分类的更为常用，也更加容易解释，多类可以使用 Softmax 方法进行处理。实际中最为常用的就是二分类的 logistic 回归。

对于应变量 Y 是二分类的情况，始终可以用"阳性"与"阴性"来表达。如果令因变量 $Y=$"阳性"的概率为 π，则其对立面 $Y=$"阴性"的概率为 $1-\pi$。很显然，π 及 $1-\pi$ 的取值范围均在[0～1]之间，二者经过下面的变换，变换后的取值范围均在 $(-\infty, +\infty)$ 之间。

$$\ln \frac{P(Y=\text{"阳性"})}{P(Y=\text{"阴性"})} = \ln \frac{\pi}{1-\pi} = \text{Logit}(\pi)$$

π 的这种变换称为 Logit 变换，记为 $\text{Logit}(\pi)$。既然 $\text{Logit}(\pi)$ 的取值是 $(-\infty, +\infty)$，因此可以将 $\text{Logit}(\pi)$ 当作"因变量"，从而建立该"因变量"与相应自变量的线性回归模型，如下：

$$\ln \frac{P(Y=\text{"阳性"})}{P(Y=\text{"阴性"})} = \ln \frac{\pi}{1-\pi} = \text{Logit}(\pi) = \beta_0 + \beta_1 X_1 + \cdots + \beta_p X_p$$

这种"阳性"概率 π 与自变量之间的回归关系就是 Logistic 回归模型。

3.2　关　联　规　则

3.2.1　关联规则概述

1. 关联规则的提出

1993 年，阿格拉沃尔(Agrawal)等人首先提出关联规则的概念，同时给出了相应的挖掘算法 AIS，但是性能较差。1994 年，他们建立了项目集格空间理论，并依据上述两个定理，提出了著名的 Apriori 算法，至今 Apriori 仍然作为关联规则挖掘的经典算法被广泛讨论，以后诸多的研究人员对关联规则的挖掘问题进行了大量的研究。

关联规则是形如 $X \rightarrow Y$ 的蕴涵式，X 和 Y 分别称为关联规则的先导(Antecedent 或 Left-Hand-Side, LHS)和后继(Consequent 或 Right-Hand-Side, RHS)。其中，关联规则 XY 存在支持度和信任度。

关联规则最初是针对购物篮分析(Market Basket Analysis)问题提出的。假设分店经理想更多地了解顾客的购物习惯，特别是想知道哪些商品顾客可能会在一次购物时同时购买？为回答该问题，可以对商店的顾客事物零售数量进行购物篮分析。该过程通过发现顾客放入"购物篮"中的不同商品之间的关联，分析顾客的购物习惯。这种关联的发现可以帮助零售商了解哪些商品频繁地被顾客同时购买，从而帮助他们开发更好的营销策略。

假设 I 是项的集合。给定一个交易数据库 D，其中每个事务(Transaction)t 是 I 的非空子集，即每一个交易都与一个唯一的标识符 TID(Transaction ID)对应。关联规则在 D 中的支持度(support)是 D 中事务同时包含 X、Y 的百分比，即概率；置信度(confidence)是 D 中事务已经包含 X 的情况下，包含 Y 的百分比，即条件概率。如果满足最小支持度阈值和最小置信度阈值，则认为关联规则是有价值的。这些阈值是根据挖掘需要人为设定。

例如，在一家超市里，有一个有趣的现象：尿布和啤酒赫然摆在一起出售。但是这个奇怪的举措却使尿布和啤酒的销量双双增加。这不是一个笑话，而是发生在美国沃尔玛连锁店超市的真实案例，并一直为商家所津津乐道。沃尔玛拥有世界上最大的数据仓库系统，为了能够准确了解顾客在其门店的购买习惯，沃尔玛对其顾客的购物行为进行购物篮分析，以便知道顾客经常一起购买的商品有哪些。沃尔玛数据仓库里集中了其各门店的详细原始交易数据。在这些原始交易数据的基础上，沃尔玛利用数据挖掘方法对这些数据进行分析和挖掘。一个意外的发现是，跟尿布一起购买最多的商品竟是啤酒。经过大量实际调查和分析，揭示了一个隐藏在"尿布与啤酒"背后的美国人的一种行为模式：美国的太太们常叮嘱她们的丈夫下班后为小孩买尿布，而丈夫们在买尿布后又随手带回了他们喜欢的啤酒。

那么我们怎么从看似无关的数据中挖掘关联规则呢？关联规则挖掘过程主要包含两个阶段：第一阶段必须先从资料集合中找出所有的高频项目组(Frequent Itemsets)，第二阶段由这些高频项目组中产生关联规则(Association Rules)。

关联规则挖掘的第一阶段必须从原始资料集合中，找出所有的高频项目组。高频的意思是指某一项目组出现的频率相对于所有记录而言，必须达到某一水平。一个项目组出现的频率称为支持度(Support)，以一个包含 A 与 B 两个项目的 2-itemset 为例，我们可以求得包含{A,B}项目组的支持度，若支持度大于等于所设定的最小支持度(Minimum Support)门槛值时，则{A,B}称为高频项目组。一个满足最小支持度的 k-itemset，则称为高频 k-项目组(Frequent k-itemset)，一般表示为 Large k 或 Frequent k。算法从 Large k 的项目组中再产生 Large k+1，直到无法再找到更长的高频项目组为止。

关联规则挖掘的第二阶段是要产生关联规则(Association Rules)。从高频项目组产生关联规则，是利用前一步骤的高频 k-项目组来产生规则，在最小信赖度(Minimum Confidence)的条件门槛下，若一个规则所求得的信赖度满足最小信赖度，称此规则为关联规则。例如，经由高频 k-项目组{A,B}所产生的规则 AB，若信赖度大于等于最小信赖度，则称 AB 为关联规则。

就上述超市案例而言，使用关联规则挖掘技术，对交易资料库中的记录进行资料挖掘，首先必须要设定最小支持度与最小信赖度两个门槛值，在此假设中最小支持度 min_support=5% 且最小信赖度 min_confidence=70%。因此符合该超市需求的关联规则将必须同时满足以上两个条件。若经过挖掘过程找到的关联规则「尿布，啤酒」满足下列条件，将可接受「尿布，啤酒」的关联规则。用公式可以描述 Support(尿布，啤酒)>=5%且 Confidence(尿布，啤酒)>=70%。其中，Support(尿布，啤酒)>=5%于此应用范例中的意义为：在所有的交易记录资料中，至少有 5%的交易呈现尿布与啤酒这两项商品被同时购买的交易行为。Confidence(尿布，啤酒)>=70%于此应用范例中的意义为：在所有包含尿布的交易记录资料中，至少有 70%的交易会同时购买啤酒。因此，今后若有某消费者出现购买尿布的行为，超市将可推荐该消费者同时购买啤酒。这个商品推荐的行为则是根据「尿布，啤酒」关联规则，因为就该超市过去的交易记录而言，支持了"大部分购买尿布的交易，会同时购买啤酒"的消费行为。

从上面的介绍还可以看出，关联规则挖掘通常比较适用于记录中的指标取离散值的情况。如果原始数据库中的指标值是取连续的数据，则在关联规则挖掘之前应该进行适当的数据离散化(实际上就是将某个区间的值对应于某个值)，数据的离散化是数据挖掘前的重要环节，离散化的过程是否合理将直接影响关联规则的挖掘结果。

2. 关联规则的分类

关联规则可以大致分为三类，具体如下。

1） 基于规则中处理的变量的类别

关联规则处理的变量可以分为布尔型和数值型。布尔型关联规则处理的值都是离散的、种类化的，它显示了这些变量之间的关系；而数值型关联规则可以和多维关联或多层关联规则结合起来，对数值型字段进行处理，将其进行动态的分割，或者直接对原始的数据进行处理，当然数值型关联规则中也可以包含种类变量。例如，性别＝"女"=>职业＝"秘书"，是布尔型关联规则；性别＝"女"=>avg(收入)=2300，涉及的收入是数值类型，所以是一个数值型关联规则。

2） 基于规则中数据的抽象层次

基于规则中数据的抽象层次，可以分为单层关联规则和多层关联规则。在单层的关联规则中，所有的变量都没有考虑到现实的数据是多层次的；而在多层的关联规则中，对数据的多层性已经进行了充分的考虑。例如，IBM 台式机=>Sony 打印机，是一个细节数据上的单层关联规则；台式机=>Sony 打印机，是一个较高层次和细节层次之间的多层关联规则。

3） 基于规则中涉及的数据的维数

关联规则中的数据，可以分为单维的和多维的。在单维的关联规则中，我们只涉及数据的一个维，如用户购买的物品；而在多维的关联规则中，要处理的数据将会涉及多个维。换句话说，单维关联规则是处理单个属性中的一些关系；多维关联规则是处理各个属性之间的某些关系。例如，啤酒=>尿布，这条规则只涉及用户的购买的物品；性别＝"女"=>职业＝"秘书"，这条规则就涉及两个字段的信息，是两个维上的一条关联规则。

3. 关联规则挖掘技术的应用

关联规则挖掘的常用算法包括 Apriori 算法(使用候选项集找频繁项集)、基于划分的算法、FP-Growth算法(FP-树频集算法)等，我们将在接下来的两节详细介绍。

关联规则挖掘技术已经被广泛应用在西方金融行业企业中，它可以成功预测银行客户需求。一旦获得相关客户信息，银行就可以改善自身营销。例如，各银行在自己的 ATM 机上捆绑顾客可能感兴趣的本行产品信息，供使用本行 ATM 机的用户了解。如果数据库中显示，某个高信用限额的客户更换了地址，这个客户很有可能新近购买了一栋更大的住宅，因此会有可能需要更高信用限额，更高端的新信用卡，或者需要一个住房改善贷款，这些产品信息都可以通过信用卡账单邮寄给客户。当客户打电话咨询的时候，数据库可以有力地帮助电话销售代表处理客户问题。销售代表的计算机屏幕上可以显示出客户的特点，同时也可以显示出顾客会对什么产品感兴趣。

再比如市场数据，它不仅十分庞大、复杂，而且包含着许多有用信息。随着数据挖掘技术的发展以及各种数据挖掘方法的应用，从大型超市数据库中可以发现一些潜在的、有用的、有价值的信息，从而应用于超级市场的经营。通过对所积累的销售数据的分析，可以得出各种商品的销售信息，从而更合理地制定各种商品的订货情况，对各种商品的库存进行合理的控制。另外根据各种商品销售的相关情况，可分析商品的销售关联性，从而可以进行商品的货篮分析和组合管理，更加有利于商品销售。

同时，一些知名的电子商务站点也从强大的关联规则挖掘中受益。这些电子购物网站使用关联规则中的规则进行挖掘，然后设置用户有意要一起购买的捆绑包。也有一些购物网站使用它们设置相应的交叉销售，也就是购买某种商品的顾客会看到相关的另外一种商品的广告。

但是在我国，"数据海量，信息缺乏"是商业银行在数据大集中之后普遍面对的尴尬。金融业实施的大多数数据库只能实现数据的录入、查询、统计等较低层次的功能，却无法发现数据中存在的各种有用的信息。譬如，对这些数据进行分析，发现其数据模式及特征，然后可能发现某个客户、消费群体或组织的金融和商业兴趣，并可观察金融市场的变化趋势。可以说，关联规则挖掘技术在我国的研究与应用中还有待广泛深入。

3.2.2　Apriori 算法

Apriori 算法是一种挖掘关联规则的频繁项集算法，其核心思想是通过候选集生成和情节的向下封闭检测两个阶段来挖掘频繁项集。Apriori 算法已经被广泛地应用到商业、网络安全等各个领域，其核心是基于两阶段频集思想的递推算法。该关联规则在分类上属于单维、单层、布尔关联规则。在这里，所有支持度大于最小支持度的项集称为频繁项集，简称频集。

Apriori 算法利用频繁项集性质的先验知识(Prior Knowledge)，通过逐层搜索的迭代方法，即将 k-项集用于探察$(k+1)$-项集，来穷尽数据集中的所有频繁项集。先找到频繁 1-项集集合 L_1，然后用 L_1 找到频繁 2-项集集合 L_2，接着用 L_2 找 L_3，直到找不到频繁 k-项集，找每个 L_k 需要一次数据库扫描。

首先找出所有的频集，这些项集出现的频繁性至少和预定义的最小支持度一样；其次由频集产生强关联规则，这些规则必须满足最小支持度和最小可信度；然后使用第 1 步找到的频集产生期望的规则，产生只包含集合的项的所有规则，其中每一条规则的右部只有一项，这里采用的是中规则的定义。一旦这些规则被生成，那么只有那些大于用户给定的最小可信度的规则才能被留下来。为了生成所有频集，通常使用递归的方法编程实现。

Apriori 算法采用连接和剪枝两个步骤来找出所有的频集。

1. 连接

为找出 L_k(所有的频繁 k 项集的集合)，通过将 L_k-1(所有的频繁 k-1 项集的集合)与自身连接产生候选 k 项集的集合。候选集合记作 C_k。设 l_1 和 l_2 是 L_k-1 中的成员。记 $l_i[j]$ 表示 l_i 中的第 j 项。假设 Apriori 算法对事务或项集中的项按字典次序排序，即对于$(k-1)$项集 l_i，$l_i[1]<l_i[2]<\cdots<l_i[k-1]$。将 L_k-1 与自身连接，如果有：

$$(l_1[1] = l_2[1]) \wedge (l_1[2] = l_2[2]) \wedge \cdots \wedge (l_1[k-2] = l_2[k-2]) \wedge (l_1[k-1] < l_2[k-1])$$

那么可以认为 l_1 和 l_2 可连接。连接 l_1 和 l_2 产生的结果为

$$\{l_1[1],l_1[2],\cdots,l_1[k-1],l_2[k-1]\}$$

2. 剪枝

C_K 是 L_K 的超集，也就是说，C_K 的成员可能是也可能不是频繁的。通过扫描所有的事

务(交易)，确定 C_K 中每个候选的计数，判断是否小于最小支持度计数，如果不是，则认为该候选是频繁的。

为了压缩 C_K，可以利用 Apriori 性质：任一频繁项集的所有非空子集也必须是频繁的，反之，如果某个候选的非空子集不是频繁的，那么该候选肯定不是频繁的，从而可以将其从 C_K 中删除。

剪枝的原因是因为实际情况下事务记录往往是保存在外存储上，比如数据库或者其他格式的文件上，在每次计算候选计数时都需要将候选与所有事务进行比对。众所周知，访问外存的效率往往都比较低，因此 Apriori 加入了所谓的剪枝步，事先对候选集进行过滤，以减少访问外存的次数。

Apriori 算法的伪代码如下：

算法：Apriori。使用逐层迭代方法基于候选产生找出频繁项集。
输入：
　　D:实物数据库；
　　Min_sup:最小支持度计数阈值。
输出：L: D 中的频繁项集。
方法：

```
L1=find_frequent_1-itemsets(D);
for(k=2;Lk-1 !=∅; k++){
    Ck=apriori_gen(Lk-1);
    For each 事务 t∈D{//扫描 D 用于计数
        Ct=subset(Ck,t);//得到 t 的子集，它们是候选
        for each 候选 c∈C;
            C.count++;
    }
    Lk={c∈C|c.count>=min_stp}
}
return L=UkLk;

Procedure apriori_gen(Lk-1:frequent(k-1)-itemsets)
for each 项集 l1∈Lk-1
    for each 项集 l2∈Lk-1
    If (l1[1]=l2[1]) ^ (l1[2]=l2[2]) ^… (l1[k-2]=l2[k-2]) ^ (l1[k-1]=l2[k-1])
then{
        c=l1∞l2//连接步：产生候选
        if has_infrequent_subset(c,Lk-1)then
            delete c;//剪枝步：删除非频繁的候选
        else add c to Ck;
}
    return Ck;
procedure has_infrequent_subset (c:candidate k-itemset;
        Lk-1: frequent (k-1)-itemset)//使用先验知识
    for each(k-1)-subset s of c
        If s∉ Lk-1then
            return TRUE;
    return FALSE;
```

我一个实例来跟踪 Apriori 算法的关联规则挖掘过程，假设有销售数据表 TDB，包含销售数据 TID= {1,2,3}，ITEMID= {A，B，C，D，E}。Apriori 算法的挖掘过程如图 3.3 所示。

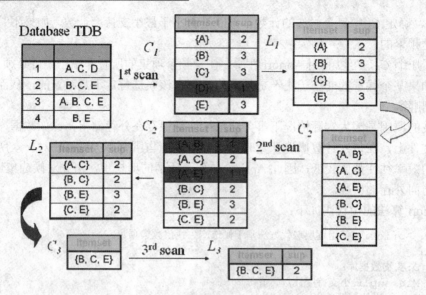

图3.3 Apriori算法实例

从图3.3的过程可以看出，一共进行了3次连接和两次剪枝。我们以图3.3中的L_2到C_3的过程为例进行说明，其他步骤可以类推。

连接过程：

● $C_3=L_2$；

● L_2= {{A,C},{B,C},{B,E}{C,E}}；

● {{A,C},{B,C},{B,E}{C,E}} = {{A,B,C},{A,C,E},{B,C,E}}。

剪枝过程：由于频繁项集的所有子集必须是频繁的，对候选项C_3，我们可以删除其子集为非频繁的选项。

● {A,B,C}的2项子集是{A,B},{A,C},{B,C}，其中{A,B}不是L_2的元素，所以删除这个选项；

● {A,C,E}的2项子集是{A,C},{A,E},{C,E}，其中{A,E}不是L_2的元素，所以删除这个选项；

● {B,C,E}的2项子集是{B,C},{B,E},{C,E}，它的所有2项子集都是L_2的元素，因此保留这个选项。

所以经过连接和剪枝过程后我们得到C_3={{B,C,E}}。

从以上过程中，我们可以总结出Apriori算法存在以下几个方面的缺陷。

(1) 对数据库的扫描次数过多。当事务数据库中存放大量事务数据时，在有限的内存容量下，系统I/O负载相当大。对每次循环k，候选集C_K中的每个元素都必须通过扫描数据库一次来验证其是否加入L_K。假如有一个频繁大项集包含n个项，那么就至少需要扫描事务数据库n遍。每次扫描数据库的时间占用就会非常大，这样导致Apriori算法效率相对低。

(2) 可致使庞大的候选集的产生。由L_K-1产生k-候选集C_K是指数增长的，例如100的1-频繁项集就有可能产生接近5000个元素的2-候选集。如果要产生一个很长的规则时，产生的中间元素也是巨大的。

(3) 基于支持度和可信度框架理论发现的大量规则中，有一些规则即使满足用户指定的最小支持度和可信度，但仍没有实际意义；最小支持度阈值定得越高，有用数据就越少，有意义的规则也就不易被发现，这样会影响决策的制定。

(4) 算法适应范围小。Apriori 算法仅仅考虑了布尔型的单维关联规则的挖掘，在实际应用中，可能出现多类型的、多维的、多层的关联规则。

3.2.3 FP-Growth 算法

Apriori算法在产生频繁模式完全集前需要对数据库进行多次扫描，同时产生大量的候选频繁集，这就使 Apriori 算法时间和空间复杂度增大。但是 Apriori 算法中有一个很重要的性质：频繁项集的所有非空子集都必须也是频繁的。但是 Apriori 算法在挖掘额长频繁模式的时候性能往往低下，因此，韩家炜等人在 2000 年提出了 FP-Growth 算法。

FP-Growth 算法采取分治策略，将提供频繁项集的数据库压缩为一棵频繁模式树(Frequent Pattern Tree)的数据结构中，但仍保留项集关联信息。FP-tree是一种特殊的前缀树，由频繁项头表和项前缀树构成。FP-tree以 NULL 为根节点，然后将事务数据表中的各个事务数据项按照支持度排序后，把每个事务中的数据项按降序依次插入树中，同时在每个节点处记录该节点出现的支持度。FP-Growth 算法基于FP-tree数据结构来进行关联规则分析，不产生候选集且只需要两次遍历数据库，比之Apriori算法大大提高了效率。

FP-Growth 算法分为两个过程，一个是 FP-tree 的构造过程；另一个是 FP-tree 的挖掘过程。其伪代码如下：

算法：FP-Growth。使用 FP-tree，通过模式段增长，挖掘频繁模式。
输入：事务数据库 D；最小支持度阈值 min_sup。
输出：频繁模式的完全集。
方法：
1. 按以下步骤构造 FP-tree：
(a) 扫描事务数据库 D 一次。收集频繁项的集合 F 和它们的支持度。对 F 按支持度降序排序，结果为频繁项表 L。
(b) 创建 FP-tree 的根节点，以"null"标记它。对于 D 中每个事务 Trans，执行：
选择 Trans 中的频繁项，并按 L 中的次序排序。设排序后的频繁项表为[p | P]。其中，p 是第一个元素，而 P 是剩余元素的表。调用 insert_tree([p | P], T)。该过程执行情况如下。如果 T 有子女 N 使得 N.item-name = p.item-name，则 N 的计数增加1；否则创建一个新节点 N，将其计数设置为1，链接到它的父节点 T，并且通过节点链结构将其链接到具有相同 item-name 的节点。如果 P 非空，递归地调用 insert_tree(P, N)。
2. FP-tree 的挖掘通过调用 FP_growth(FP_tree, null)实现。该过程实现如下：
procedure FP_growth(Tree, a)
if Tree 含单个路径 P then{
    for 路径 P 中节点的每个组合(记作 b)
    产生模式 b∪a，其支持度 support = b 中节点的最小支持度；
} else {
    for each a i 在 Tree 的头部(按照支持度由低到高顺序进行扫描){
        产生一个模式 b = a i∪a，其支持度 support = a i.support；
        构造 b 的条件模式基，然后构造 b 的条件 FP-树 Treeb；
        if Treeb 不为空 then
            调用 FP_growth (Treeb, b);   }}

FP-growth 函数的输入：Tree 是指原始的 FP-Tree 或者是某个模式的条件 FP-Tree，a 是指模式的后缀(在第一次调用时 a=NULL，在之后的递归调用中 a 是模式后缀)。

FP-growth 函数的输出：在递归调用过程中输出所有的模式及其支持度(比如{I1,I2,I3} 的支持度为 2)。每一次调用 FP-growth 输出结果的模式中一定包含 FP-growth 函数输入的模式后缀。

条件模式基：包含 FP-Tree 中与后缀模式一起出现的前缀路径的集合。也就是同一个频繁项在 PF 树中的所有节点的祖先路径的集合。

我们来模拟一下 FP-growth 的执行过程。

(1) 在 FP-growth 递归调用的第一层，模式前后 a=NULL，得到的其实就是频繁 1-项集。

(2) 对每一个频繁 1-项，进行递归调用 FP-growth()获得多元频繁项集。

我们以一个例子来进行说明。

假设一个构建好的 FP-tree 及其项头表的结构如图 3.4 所示(需要注意的是，项头表需要按照支持度递减排序，在 FP-Tree 中高支持度的节点只能是低支持度节点的祖先节点)。

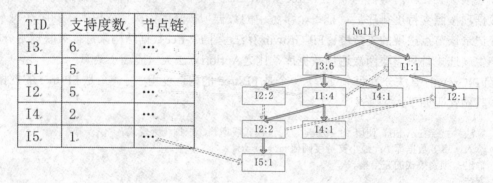

TID	支持度数	节点链
I3	6	⋯
I1	5	⋯
I2	5	⋯
I4	2	⋯
I5	1	⋯

图 3.4　FP-Tree 实例

其中，I2 的条件模式基是(I3 I1：2)、(I3：2)、(I1：1)，生成条件 FP-Tree，然后递归调用 FP-growth，模式前缀为 I2。I2 的条件 FP-树仍然是一个多路径树，首先把模式后缀 I2 和条件 FP-树中的项头表中的每一项取并集，得到一组模式{I3 I2：4, I1 I2：3}，但是这一组模式不是后缀为 I2 的所有模式。还需要递归调用 FP-growth，模式后缀为{I1, I2}，{I1, I2} 的条件模式基为{I3：2}，其生成的条件 FP-树如图 3.4 的右图所示。这是一个单路径的条件 FP-树，在 FP-growth 中把 I2 和模式后缀{I1，I3}取并得到模式{I1 I3 I2：2}。理论上还应该计算一下模式后缀为{I2,I3}的模式集，但是{I2,I3}的条件模式基为空，递归调用结束。最终模式后缀 I2 的支持度>2 的所有模式为：{ I3 I2：4, I1 I2：4, I1 I3 I2：2}。

FP-growth 算法比 Apriori 算法快一个数量级，在空间复杂度方面也比 Apriori 数量级优化。但是对于海量数据，FP-growth 的时空复杂度仍然很高，可以采用的改进方法包括数据库划分和数据采样等。

3.3　聚　类　分　析

3.3.1　聚类概述

1. 聚类分析的概念以及目标

聚类分析(Cluster Analysis)是指将物理或抽象对象的集合分组为由类似的对象组成的多个类别(Cluster, 簇)的分析过程。它是一种重要的人类行为。

聚类分析是一种无监督(Unsupervised Learning)分类方法：数据集中的数据没有预定义的类别标号(无训练集和训练的过程)。

聚类分析的目标是：聚类分析之后，应尽可能保证类别相同的数据之间具有较高的相似性，而类别不同的数据之间具有较低的相似性。

2. 聚类分析在数据挖掘中的作用

在数据挖掘中聚类分析有以下两个方面的作用。

(1) 作为一个独立的工具来获得数据集中数据的分布情况。首先，对数据集执行聚类，获得所有簇；然后，根据每个簇中样本的数目获得数据集中每类数据的大体分布情况。

(2) 作为其他数据挖掘算法的预处理步骤。首先对数据进行聚类——粗分类；然后分别对每个簇进行特征提取和细分类，可以有效提高分类精度。

3. 聚类分析的步骤

所有聚类分析方法的主要步骤是相似的，具体包括以下几个方面。

1) 数据预处理

数据预处理包括选择数量、类型和特征的标度，它依靠特征选择和特征抽取。特征选择主要是选择重要的特征，而特征抽取是把输入的特征转化为一个新的显著特征，它们经常被用来获取一个合适的特征集，从而为避免"维数灾"进行聚类。数据预处理还包括将孤立点移出数据，孤立点是不依附于一般数据行为或模型的数据，因此孤立点经常会导致有偏差的聚类结果，因此为了得到正确的聚类，我们必须将它们剔除。

2) 为衡量数据点间的相似度定义一个距离函数

既然相类似性是定义一个类的基础，那么不同数据之间在同一个特征空间相似度的衡量就对聚类步骤很重要了，由于特征类型和特征标度的多样性，距离度量必须谨慎，它经常依赖于应用。例如，通常通过定义在特征空间的距离度量来评估不同对象的相异性，很多距离度都应用在一些不同的领域，一个简单的距离度量(如 Euclidean 距离)，经常被用作反映不同数据间的相异性；一些有关相似性的度量(如 PMC 和 SMC)，能够被用来特征化不同数据的概念相似性；在图像聚类上，子图图像的误差更正能够被用来衡量两个图形的相似性。

3) 聚类或分组

将数据对象分到不同的类中是一个很重要的步骤，数据基于不同的方法被分到不同的类中。划分方法和层次方法是聚类分析的两个主要方法。划分方法一般从初始划分和最优化一个聚类标准开始。Crisp Clustering 和 Fuzzy Clustering 是划分方法的两个主要技术，Crisp Clustering，它的每一个数据都属于单独的类；Fuzzy Clustering，它的每个数据可能在任何一个类中。划分方法聚类是基于某个标准产生一个嵌套的划分系列，它可以度量不同类之间的相似性或一个类的可分离性，用来合并和分裂类。其他的聚类方法还包括基于密度的聚类、基于模型的聚类、基于网格的聚类。

4) 评估输出

评估聚类结果的质量是另一个重要的阶段，聚类是一个无管理的程序，也没有客观的标准来评价聚类结果，它是通过一个类有效索引来评价。一般来说，几何性质，包括类间的分离和类内部的耦合，一般都用来评价聚类结果的质量。类有效索引在决定类的数目时经常扮演一个重要角色，类有效索引的最佳值被期望从真实的类数目中获取。一个通常的决定类数目的方法是选择一个特定的类有效索引的最佳值，这个索引能否真实地得出类的数目是判断该索引是否有效的标准。很多已经存在的标准对于相互分离的类数据集合都能得出很好的结果，但是对于复杂的数据集，却通常行不通，如交叠类的集合。

4. 聚类算法的分类

人们在研究过程中提出了许多聚类算法。传统的聚类算法可以被分为五类：划分方法、层次方法、基于密度方法、基于网格方法和基于模型方法。

1) 划分方法

划分方法(PAM:PArtitioning method)：首先创建 k 个划分，k 为要创建的划分个数；然后利用一个循环定位技术通过将对象从一个划分移到另一个划分来帮助改善划分质量。典型的划分方法如下。

(1) k-means,k-medoids,CLARA(Clustering LARge Application)；

(2) CLARANS(Clustering Large Application based upon RANdomized Search)；

(3) FCM。

2) 层次方法

层次方法(hierarchical method)：创建一个层次以分解给定的数据集。该方法可以分为自上而下(分解)和自下而上(合并)两种操作方式。为弥补分解与合并的不足，层次合并经常要与其他聚类方法相结合，如循环定位。典型的层次方法如下。

(1) BIRCH(Balanced Iterative Reducing and Clustering using Hierarchies) 方法，首先利用树的结构对对象集进行划分，然后再利用其他聚类方法对这些聚类进行优化。

(2) CURE(Clustering Using REprisentatives) 方法，首先利用固定数目代表对象来表示相应聚类，然后对各聚类按照指定量(向聚类中心)进行收缩。

(3) ROCK 方法，利用聚类间的连接进行聚类合并。

(4) CHEMALOEN 方法，在层次聚类时构造动态模型。

3) 基于密度方法

基于密度的方法：根据密度完成对象的聚类。它根据对象周围的密度(如 DBSCAN)不断增长聚类。典型的基于密度方法如下。

(1) DBSCAN(Density-based Spatial Clustering of Application with Noise)：该算法通过不

断增强高密度区域来进行聚类；它能从含有噪声的空间数据库中发现任意形状的聚类。此方法将一个聚类定义为一组"密度连接"的点集。

(2) OPTICS(Ordering Points To Identify the Clustering Structure)：并不明确产生一个聚类，而是为自动交互的聚类分析计算出一个增强聚类顺序。

4) 基于网格方法

基于网格的方法：首先将对象空间划分为有限个单元以构成网格结构，然后利用网格结构完成聚类。

(1) STING(STatistical INformation Grid) 就是一个利用网格单元保存的统计信息进行基于网格聚类的方法。

(2) CLIQUE(Clustering In QUEst)和 Wave-Cluster 则是一个将基于网格与基于密度相结合的方法。

5) 基于模型方法

基于模型的方法：它假设每个聚类的模型并发现适合相应模型的数据。典型的基于模型方法如下。

(1) 统计方法(COBWEB)：是一个常用的且简单的增量式概念聚类方法。它的输入对象是采用符号量(属性-值)来加以描述的。采用分类树的形式来创建一个层次聚类。

(2) CLASSIT 是 COBWEB 的另一个版本。它可以对连续取值属性进行增量式聚类。它为每个节点中的每个属性保存相应的连续正态分布(均值与方差)，并利用一个改进的分类能力描述方法，即不像 COBWEB 那样计算离散属性(取值)，而是对连续属性求积分。

本书将主要介绍基于划分的方法和基于层次的方法。

近年来，随着计算机技术和数据挖掘技术的不断发展，聚类分析技术逐渐应用在生产生活的各个领域，并且其应用范围和深度还在快速扩张中，主要体现在以下几个方面。

(1) 商业：聚类分析被用来发现不同的客户群，并且通过购买模式刻画不同的客户群的特征。聚类分析是细分市场的有效工具，同时也可用于研究消费者行为，寻找新的潜在市场、选择实验的市场，并作为多元分析的预处理。

(2) 生物：聚类分析被用来对动植物分类和对基因进行分类，获取对种群固有结构的认识。

(3) 保险行业：聚类分析可通过一个高的平均消费来鉴定汽车保险单持有者的分组，同时也可根据住宅类型、价值、地理位置来鉴定一个城市的房产分组。

(4) 互联网：聚类分析在网上被用来进行文档归类及修复信息。

(5) 电子商务：聚类分析在电子商务的网站建设数据挖掘中也是很重要的一个方面，通过分组聚类出具有相似浏览行为的客户，并分析客户的共同特征，可以更好地帮助电子商务的用户了解自己的客户，向客户提供更合适的服务。

3.3.2 聚类中的相异度计算

在聚类分析中，样本之间的相异度通常采用样本之间的距离来表示。两个样本之间的距离越大，表示两个样本越不相似，差异性越大；两个样本之间的距离越小，表示两个样本越相似，差异性越小；两个样本之间的距离为零时，表示两个样本完全一样，无差异。

样本之间的距离是在样本的描述属性(特征)上进行计算的。在不同应用领域,样本的描述属性的类型可能不同,因此,相似性的计算方法也不尽相同。例如:①连续型属性(如重量、高度、年龄等);②二值离散型属性(如性别、考试是否通过等);③多值离散型属性(如收入分为高、中、低等);④混合类型属性(上述类型的属性至少同时存在两种)。

下面我们将简单介绍这几种不同的计算方法。

1. 连续型属性的相似性计算方法

对于连续型属性,我们假设将两个样本 X_i 和 X_j 分别表示为如下形式:

$$X_i=(x_{i1}, x_{i2}, \cdots, x_{id})$$
$$X_j=(x_{j1}, x_{j2}, \cdots, x_{jd})$$

它们都是 d 维的特征向量,并且每维特征都是一个连续型数值。对于连续型属性,样本之间的相似性通常采用如下三种距离公式进行计算。

(1) 欧氏距离(Euclidean distance)也称欧几里得度量,是一个普遍采用的距离定义,指在 m 维空间中两个点之间的真实距离,或者向量的自然长度(即该点到原点的距离)。在二维和三维空间中的欧氏距离就是两点之间的实际距离。公式如下:

$$d_{ij} = \sqrt{(x_{i1} - x_{j1})^2 + (x_{i2} - x_{j2})^2 + \cdots + (x_{ip} - x_{jp})^2}$$
$$= \left[\sum_{k=1}^{p} (x_{ik} - x_{jk})^2 \right]^{1/2}$$

(2) 曼哈顿距离(Manhattan distance),正式意义为 $L1$-距离或城市区块距离,也就是在欧几里得空间的固定直角坐标系上两点所形成的线段对轴产生的投影的距离总和。公式如下:

$$d(x_i, x_j) = \sum_{k=1}^{d} \left| x_{ik} - x_{jk} \right|$$

(3) 闵可夫斯基距离(Minkowski distance)也称闵氏距离,是欧氏空间中的一种测度,被看作是欧氏距离的一种推广,欧氏距离是闵可夫斯基距离的一种特殊情况。闵可夫斯基距离公式中,当 $p=2$ 时,即为欧氏距离;当 $p=1$ 时,即为曼哈顿距离;当 $p \to \infty$ 时,即为切比雪夫距离。公式如下:

$$d(x_i, x_j) = \left(\sum_{k=1}^{d} \left| x_{ik} - x_{jk} \right|^q \right)^{1/q}$$

2. 二值离散型属性的相似性计算方法

二值离散型属性只有 0 和 1 两个取值。其中:0 表示该属性为空,1 表示该属性存在。

例如,描述学生是否有计算机的属性,取值为 1 表示学生有计算机,取值 0 表示学生没有计算机。假设将两个样本 X_i 和 X_j 分别表示成如下形式:

$$X_i=(x_{i1}, x_{i2}, \cdots, x_{ip})$$
$$X_j=(x_{j1}, x_{j2}, \cdots, x_{jp})$$

它们都是 p 维的特征向量,并且每维特征都是一个二值离散型数值。假设二值离散型属性的两个取值具有相同的权重,则可以得到一个两行两列的可能性矩阵 X_i/X_j:

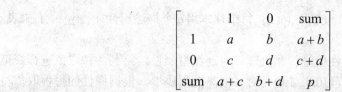

$$\begin{bmatrix} & 1 & 0 & \text{sum} \\ 1 & a & b & a+b \\ 0 & c & d & c+d \\ \text{sum} & a+c & b+d & p \end{bmatrix}$$

其中 a、b、c、d 分别表示 X_i、X_j 处于 4 种 01 组合的统计数量。

如果样本的属性都是对称的二值离散型属性，则样本间的距离可用简单匹配系数 (Simple Matching Coefficients, SMC) 计算，其公式为

$$\text{SMC} = (b+c)/(a+b+c+d)$$

对称的二值离散型属性是指属性取值为 1 或者 0 同等重要。例如，左右就是一个对称的二值离散型属性，即用 1 表示左边，用 0 表示右边；或者用 0 表示左边，用 1 表示右边。两者是等价的，属性的两个取值没有主次之分。

如果样本的属性都是不对称的二值离散型属性，则样本间的距离可用 Jaccard 系数计算 (Jaccard Coefficients, JC)，其公式为

$$\text{JC} = (b+c)/(a+b+c)$$

其中，不对称的二值离散型属性是指属性取值为 1 或者 0 不是同等重要。

例如，病毒的检查结果是不对称的二值离散型属性。阳性结果的重要程度高于阴性结果，因此通常用 1 来表示阳性结果，而用 0 来表示阴性结果。

3. 多值离散型属性的相似性计算方法

多值离散型属性是指取值个数大于 2 的离散型属性。例如，成绩可以分为优、良、中、及格、不及格。假设一个多值离散型属性的取值个数为 N，给定数据集：

$$X=\{x_i \mid i=1,2,\cdots,\text{total}\}$$

其中，每个样本 x_i 可用一个 d 维特征向量描述，并且每维特征都是一个多值离散型属性，即：

$$x_i = (x_{i1}, x_{i2}, \cdots, x_{id})$$

对于给定的两个样本 $x_i = (x_{i1}, x_{i2}, \cdots, x_{id})$ 和 $x_j = (x_{j1}, x_{j2}, \cdots, x_{jd})$，计算它们相异度的方法有两种。

(1) 简单匹配法。公式如下：

$$d(x_i, x_j) = \frac{d-u}{d}$$

其中，d 为数据集中的属性个数，u 为样本 x_i 和 x_j 取值相同的属性个数。

(2) 先将多值离散型属性转换成多个二值离散型属性，然后再使用 Jaccard 系数计算样本之间的距离。

对有 N 个取值的多值离散型属性，可依据该属性的每种取值分别创建一个新的二值离散型属性，这样可将多值离散型属性转换成多个二值离散型属性。

4. 混合类型属性的相似性计算方法

在实际中，数据集中数据的描述属性通常不止一种类型，而是各种类型的混合体。对于这种数据，通常的方法是将混合类型属性放在一起处理，进行一次聚类分析。

假设给定的数据集$X=\{x_i \mid i=1,2,\cdots,total\}$，每个样本用$d$个描述属性$A_1, A_2, \cdots, A_d$来表示，属性$A_j(1 \leq j \leq d)$包含多种类型。

在聚类之前，对样本的属性值进行预处理。对连续型属性，将其各种取值进行规范化处理，使得属性值规范化到区间[0.0, 1.0]；对多值离散型属性，根据属性的每种取值将其转换成多个二值离散型属性。预处理之后，样本中只包含连续型属性和二值离散型属性。

如此，给定的两个样本$x_i = (x_{i1}, x_{i2}, \cdots, x_{id})$和$x_j = (x_{j1}, x_{j2}, \cdots, x_{jd})$之间的距离为

$$d(x_i, x_j) = \frac{\sum_{k=1}^{d} \delta_{ij}^{(k)} d_{ij}^{(k)}}{\sum_{k=1}^{d} \delta_{ij}^{(k)}}$$

$d_{ij}^{(k)}$表示x_i和x_j在第k个属性上的距离。$\delta_{ij}^{(k)}$表示第k个属性对计算x_i和x_j距离的影响。当第k个属性为连续型时，使用如下公式来计算$d_{ij}^{(k)}$：

$$d_{ij}^{(k)} = |x_{ik} - x_{jk}|$$

当第k个属性为二值离散型时，如果$x_{ik}=x_{jk}$，则$d_{ij}^{(k)}=0$；否则$d_{ij}^{(k)}=1$。

(1) 如果x_{ik}或x_{jk}缺失(即：样本x_i或样本x_j没有第k个属性的度量值)，则$\delta_{ij}^{(k)}=0$。

(2) 如果$x_{ik}=x_{jk}=0$，且第k个属性是不对称的二值离散型，则$\delta_{ij}^{(k)}=0$。

(3) 除了上述(1)和(2)之外的其他情况下，则$\delta_{ij}^{(k)}=1$。

3.3.3 基于划分的聚类

基于划分的聚类分析原理是：给定n个样本的数据集以及要生成的簇的数目k，划分方法将样本组织为k个划分($k \leq n$)，每个划分代表一个簇。

划分准则：同一个簇中的样本尽可能接近或相似，不同簇中的样本尽可能远离或不相似。以样本间的距离作为相似性度量。

典型的划分方法包括：①k-means算法(k-均值法)，由簇中样本的平均值来代表整个簇。②k-medoids算法(k-中心点法)，由处于簇中心区域的某个样本代表整个簇。

下面分别介绍这两种典型方法。

1. k-means算法

接受输入量k，然后将n个数据对象划分为k个聚类以便使得所获得的聚类满足：同一聚类中的对象相似度较高，而不同聚类中的对象相似度较小。聚类相似度是利用各聚类中对象的均值所获得一个"中心对象"(引力中心)来进行计算的。

k-means算法的基本步骤如下。

(1) 从n个数据对象任意选择k个对象作为初始聚类中心。

(2) 根据每个聚类对象的均值(中心对象)，计算每个对象与这些中心对象的距离，并根据最小距离重新对相应对象进行划分。

(3) 重新计算每个(有变化)聚类的均值(中心对象)。

(4) 计算标准测度函数，当满足一定条件，如函数收敛时，则算法终止；如果条件不

满足则回到步骤(2)。

一般都采用均方差作为标准测度函数。k 个聚类具有以下特点：各聚类本身尽可能的紧凑，而各聚类之间尽可能的分开。均方差公式如下：

$$E = \sum_{i=1}^{k} \sum_{p \in C_i} |p - m_i|^2$$

其中，参数 k 代表簇的个数，参数 p 代表簇 C_i 中的样本，参数 m_i 是簇 C_i 的平均值。误差平方和达到最优(小)时，可以使各聚类的类内尽可能紧凑，而使各聚类之间尽可能分开。对于同一个数据集，由于 k-means 算法对初始选取的聚类中心敏感，因此可用该准则评价聚类结果的优劣。通常，对于任意一个数据集，k-means 算法无法达到全局最优，只能达到局部最优。

算法的时间复杂度上界为 $O(n*k*t)$，其中 t 是迭代次数。

k-means 法的缺点也很明显：簇数目 k 需要事先给定，但非常难以选定；初始聚类中心的选择对聚类结果有较大的影响；不适合于发现非球状簇；对噪声和离群点数据敏感，不利于泛化。

2. k-medoids 算法

为解决 k-means 算法对离群点数据敏感的问题，1987 年提出了 PAM(Partitioning Around Medoids, 围绕中心点的划分)算法。

k-medodis 看起来和 k-means 比较相似，但是 k-medoids 和 k-means 是有区别的，不一样的地方在于中心点的选取。在 k-means 中，我们将中心点取为当前 cluster 中所有数据点的平均值，在 k-medoids 算法中，我们将从当前 cluster 中选取这样一个点(它到其他所有(当前 cluster 中的)点的距离之和最小)作为中心点。

k-medoids 算法的具体流程如下。

(1) 任意选取 k 个对象作为 medoids($O_1, O_2, \cdots, O_i, \cdots, O_k$)。

(2) 将余下的对象分到各个类中(根据与 medoids 最相近的原则)。

(3) 对于每个类(O_i)中，顺序选取一个 O_r，计算用 O_r 代替 O_i 后的消耗—$E(O_r)$。选择 E 最小的那个 O_r 来代替 O_i。这样 k 个 medoids 就改变了。

(4) 重复(2)、(3)步直到 k 个 medoids 固定下来。

当存在噪声和离群点时，k-medoids 算法比 k-means 算法更加稳定。这是因为中心点不像均值那样易被极端数据(噪声或者离群点)影响。

k-medoids 算法的执行代价比 k-means 算法要高。

k-means 算法的代价：$O(nkt)$。

k-medoids 算法的代价：$O(k(n-k)2)$。

当 n 与 k 较大时，k-medoids 算法的执行代价很高，所以 k-medoids 算法更加适合于数据量较小的运算。两种方法都需要事先指定簇的数目 k。

3.3.4 基于层次的聚类

层次聚类就是对给定的数据集按照某种方法进行层次分解，直到满足某种条件为止。按照分类原理的不同，可以分为凝聚和分裂两种方法。

(1)　凝聚的层次聚类是一种自底向上的策略，首先将每个对象作为一个簇，然后合并这些原子簇为越来越大的簇，直到所有的对象都在一个簇中，或者某个终结条件被满足。绝大多数层次聚类方法属于这一类，它们只是在簇间相似度的定义上有所不同。

(2)　分裂的层次聚类与凝聚的层次聚类相反，采用自顶向下的策略，首先将所有对象置于同一个簇中，然后逐渐细分为越来越小的簇，直到每个对象自成一簇，或者达到了某个终止条件。

层次凝聚的代表是 AGNES 算法，层次分裂的代表是 DIANA 算法。

1. AGNES 算法

AGNES 最初将每个对象作为一个簇，然后这些簇根据某些准则被一步一步地合并。例如，在簇 A 中的一个对象和簇 B 中的一个对象之间的距离如果是所有属于不同簇的对象之间最小的，AB 可能被合并。这是一种单链接方法，其每一个簇都可以被簇中所有对象代表，两个簇间的相似度由这两个簇中距离最近的数据点的相似度来确定。聚类的合并过程反复进行直到所有的对象最终合并形成一个簇。在聚类中，用户能定义希望得到的簇数目作为一个结束条件。

AGNES 算法的流程是：①将数据集中的每个样本作为一个簇；②根据某些准则将这些簇逐步合并；③合并的过程反复进行，直至不能再合并或者达到结束条件为止。

其中，合并准则是每次找到距离最近的两个簇进行合并。两个簇之间的距离由这两个簇中距离最近的样本点之间的距离来表示。

AGNES 算法的伪代码如下。

输入：包含 n 个样本数据的数据集，终止条件簇的数目 k。

输出：k 个簇，达到终止条件规定的簇的数目。

(1)　初始时，将每个样本当成一个簇。

(2)　REPEAT 根据不同簇中最近样本间的距离找到最近的两个簇；合并这两个簇，生成新的簇的集合。

(3)　UNTIL 达到定义的簇的数目。

在 AGNES 算法中，需要使用单链接(Single-Link)方法和相异度矩阵。单链接方法用于确定任意两个簇之间的距离，相异度矩阵用于记录任意两个簇之间的距离(它是一个下三角矩阵，即主对角线及其上方元素全部为零)。

AGNES 算法原理简单，但有可能遇到合并点选择困难的情况；一旦不同的簇被合并，就不能被撤销；算法的时间复杂度为 $O(n2)$，因此不适用处理 n 很大的数据集。

2. DIANA 算法

DIANA(Divisive Analysis)算法属于分裂的层次聚类，首先将所有的对象初始化到一个簇中，然后根据一些原则(比如最邻近的最大欧氏距离)将该簇分类，直到到达用户指定的簇数目或者两个簇之间的距离超过了某个阈值。

DIANA 算法中用到如下两个定义。

(1)　簇的直径：在一个簇中的任意两个数据点都有一个欧氏距离，这些距离中的最大值是簇的直径。

(2) 平均相异度(平均距离):

$$d_{avg}(C_i, C_j) = \frac{1}{n_i n_j} \sum_{x \in C_i} \sum_{y \in C_j} |x - y|$$

DIANA 算法的伪代码如下。

输入：包含 n 个对象的数据库，终止条件簇的数目 k。

输出：k 个簇，达到终止条件规定簇数目。

(1) 将所有对象整个当成一个初始簇。

(2) For (i=1;i!=k;i++) Do Begin。

(3) 在所有簇中挑选出具有最大直径的簇。

(4) 找出所挑出簇里与其他点平均相异度最大的一个点放入 splinter group，剩余的放入 old party 中。

(5) Repeat。

(6) 在 old party 里找出到 splinter group 中点的最近距离不大于 old party 中点的最近距离的点，并将该点加入 splinter group。

(7) Until 没有新的 old party 的点被分配给 splinter group。

(8) Splinter group 和 old party 为被选中的簇分裂成的两个簇，与其他簇一起组成新的簇集合。

(9) END。

算法的缺点是已做的分裂操作不能撤销，类之间不能交换对象。如果在某步没有选择好分裂点，可能会导致低质量的聚类结果。大数据集不太适用。

3.4 决策树分析

3.4.1 信息论的基本原理

1. 信息论的产生和发展

信息论是运用概率论与数理统计的方法研究信息、信息熵、通信系统、数据传输、密码学、数据压缩等问题的应用数学学科。信息系统就是广义的通信系统，泛指某种信息从一处传送到另一处所需的全部设备所构成的系统。

信息论是 20 世纪 40 年代后期从长期通信实践中总结出来的一门学科，是专门研究信息的有效处理和可靠传输的一般规律的科学。

切略(E.C.Cherry)曾写过一篇早期信息理论史，他从石刻象形文字起，经过中世纪启蒙语言学，直到 16 世纪吉尔伯特(E.N.Gilbert)等人在电报学方面的工作。

20 世纪 20 年代奈奎斯特(H.Nyquist)和哈特莱(L.V.R.Hartley)最早研究了通信系统传输信息的能力，并试图度量系统的信道容量。现代信息论开始出现。

1948 年克劳德·香农(Claude Shannon)发表的论文"通信的数学理论"是世界上首次将通信过程建立数学模型的论文，这篇论文和 1949 年发表的另一篇论文一起奠定了现代信息论的基础。

2. 信息论的概念

由于现代通信技术飞速发展和其他学科的交叉渗透，信息论的研究已经从香农当年仅限于通信系统的数学理论的狭义范围扩展开来，而成为现在称之为信息科学的庞大体系。

传统的通信系统，如电报、电话、邮递分别是传送电文信息、语声信息和文字信息的；而广播、遥测、遥感和遥控等系统也是传送各种信息的，只是信息类型不同，所以也属于信息系统。有时，信息必须进行双向传送，这类双向信息系统实际上是由两个信息系统构成。例如，电话通信要求双向交谈，遥控系统要求传送控制用信息和反向的测量信息等。

信息论涵盖了以下概念。

(1) 信源：信息的源泉或产生待传送的信息的实体。例如，电话系统中的讲话者，对于电信系统来说还应包括话筒，它输出的电信信号作为含有信息的载体。

(2) 信宿：信息的归宿或接收者。在电话系统中这就是听者和耳机，后者把接收到的电信信号转换成声音，供听者提取所需的信息。

(3) 信道：传送信息的通道。例如，电话通信中包括中继器在内的同轴电缆系统，卫星通信中地球站的收发信机、天线和卫星上的转发器等。

(4) 编码器：在信息论中泛指所有变换信号的设备，实际上就是终端机的发送部分。它包括从信源到信道的所有设备，如量化器、压缩编码器、调制器等，使信源输出的信号转换成适于信道传送的信号。

(5) 译码器：是编码器的逆变换设备，把信道上送来的信号转换成信宿能接受的信号，可包括解调器、译码器、数模转换器等。

当信源和信宿已给定、信道也已选定后，决定信息系统性能的关键就在于编码器和译码器。设计一个信息系统时，除了选择信道和设计其附属设施外，主要工作也就是设计编译码器。一般情况下，信息系统的主要性能指标是它的有效性和可靠性。有效性就是在系统中传送尽可能多的信息；而可靠性是要求信宿收到的信息尽可能地与信源发出的信息一致，或者说失真尽可能小。最佳编译码器就是要使系统最有效和最可靠。但是，可靠性和有效性往往是相互矛盾的。有效常导致不可靠，反之也是如此。从定量意义上说，应使系统在规定的失真或基本无失真的条件下，传送最大的信息率；或者在规定信息率的条件下，失真最小。计算这最大信息率并证明达到或接近这一值的编译码器是存在的，就是信息论的基本任务。只讨论这样问题的理论可称为香农信息论，一般认为信息论的内容应更广泛一些，即包括提取信息和保证信息安全的理论。后者就是估计理论、检测理论和密码学。

信息论是在概率论基础上形成的，也就是从信源符号和信道噪声的概率特性出发的。这类信息通常称为语法信息。其实，信息系统的基本规律也应包括语义信息和语用信息。语法信息是信源输出符号的构造或其客观特性表现，与信宿的主观要求无关；而语义则应考虑各符号的意义，同样一种意义，可用不同语言或文字来表示，各种语言所包含的语法信息可以是不同的。一般来说，语义信息率可小于语法信息率，电报的信息率可低于表达同一含义的语声的信息率就是一个例子。更进一步，信宿或信息的接收者往往只需要对他有用的信息，他听不懂的语言虽然是有意义的，但对他是无用的。所以语用信息，即对信宿有用的信息一般又小于语义信息。倘若只要求信息系统传送语义信息或语用信息，效率显然会更高一些。在目前情况下，关于语法信息，已在概率论的基础上建立了系统化的理论，形成一个学科；而语义和语用信息尚不够成熟。因此，关于后者的论述通常称为信息科学或广义信息论，不属于一般信息论的范畴。概括来讲，信息系统的基本规律应包括信息的度量、信源特性和信源编码、信道特性和信道编码、检测理论、估计理论以及密码学。

3. 信息论的研究范围

信息论的研究范围极为广泛。一般把信息论分成以下三种不同类型。

(1) 狭义信息论是一门应用数理统计方法来研究信息处理和信息传递的科学。它是研究在通信和控制系统中普遍存在的信息传递的共同规律，以及如何提高各信息传输系统的有效性和可靠性的一门通信理论。

(2) 一般信息论主要是研究通信问题，但还包括噪声理论、信号滤波与预测、调制与信息处理等问题。

(3) 广义信息论不仅包括狭义信息论和一般信息论的问题，而且还包括所有与信息有关的领域，如心理学、语言学、神经心理学、语义学等。

4. 信息论中的决策树分析

在决策树分析中，我们重点关注的是信息论中先验概率、信息量、先验熵、后验概率、后验熵、条件熵的概念。

(1) 设有先验概率 $P(x_i)$：在事件 X 发生前，猜测结果 x_i 的可能性。

那么结果 x_i 所含信息量 $I(x_i)$ 有以下公式：

$$I(x_i) = -\log_2 P(x_i)$$

则事件 X 的平均信息量，也称先验熵，其计算公式如下。熵越大，不确定性就越大，正确估计其值的可能性就越小。

$$H(X) = -\sum_{i=1}^{N} P(x_i)\log_2 P(x_i)$$

(2) 设有后验概率 $P(x_i|y_j)$：在辅助条件 y_j 下猜测事件结果为 x_i 的可能性。

则在后验概率的基础下事件 X 的平均信息量，也称后验熵，其计算公式如下

$$H(X|y_j) = -\sum_{i=1}^{N} P(X_i|y_j)\log_2 P(X_i|y_j)$$

在得知事件 X 的全部可能辅助条件 Y 的情况下，条件熵 $H(X|Y)$ 的计算公式为

$$H(X|Y) = \sum_{j=1}^{M} P(y_j)\sum_{i=1}^{N} P(x_i|y_j)\log_2 P(x_i|y_j)$$

互信息量 $I(X,Y)$，也称信息增益，是接收端获得的信息量。信息增益的计算公式为

$$I(X,Y) = H(X) - H(X|Y)$$

基于信息增益的计算公式，就有了决策树分析算法 ID3，进而有 ID3 算法的改进 C4.5 算法。

3.4.2　ID3 算法

1. ID3 算法的产生

ID3 算法是一种贪心算法，用来构造决策树。ID3 算法起源于概念学习系统(CLS)，以

信息熵的下降速度为选取测试属性的标准，即在每个节点选取还尚未被用来划分的具有最高信息增益的属性作为划分标准，然后继续这个过程，直到生成的决策树能完美分类训练样例。

ID3算法最早是由罗斯昆(J. Ross Quinlan)于1975年在悉尼大学提出的一种分类预测算法，算法的核心是"信息熵"。ID3算法通过计算每个属性的信息增益，认为信息增益高的是好属性，每次划分选取信息增益最高的属性为划分标准，重复这个过程，直至生成一个能完美分类训练样例的决策树。

决策树对数据进行分类，以此达到预测的目的。该决策树方法先根据训练集数据形成决策树，如果该树不能对所有对象给出正确的分类，那么选择一些例外加入训练集数据中，重复该过程一直到形成正确的决策集。决策树代表着决策集的树形结构。

决策树由决策节点、分支和叶子组成。决策树中最上面的节点为根节点，每个分支是一个新的决策节点，或者是树的叶子。每个决策节点代表一个问题或决策，通常对应待分类对象的属性。每一个叶子节点代表一种可能的分类结果。沿决策树从上到下遍历的过程中，在每个节点都会遇到一个测试，对每个节点上问题的不同的测试输出导致不同的分支，最后会到达一个叶子节点，这个过程就是利用决策树进行分类的过程，利用若干个变量来判断所属的类别。

ID3算法主要针对属性选择问题，是决策树学习方法中最具影响和最为典型的算法。该方法使用信息增益度选择测试属性。

当获取信息时，将不确定的内容转为确定的内容，因此信息伴着不确定性。从直觉上讲，小概率事件比大概率事件包含的信息量大。如果某件事情是"百年一见"则肯定比"习以为常"的事件包含的信息量大。

2. ID3算法的内容

香农1948年提出的信息论理论。事件 a_i 的信息量 $I(a_i)$，可如下度量：

$$I(a_i) = p(a_i)\log_2\frac{1}{p(a_i)}$$

其中 $p(a_i)$ 表示事件 a_i 发生的概率。假设有 n 个互不相容的事件 $a_1, a_2, a_3, \cdots, a_n$，它们中有且仅有一个发生，则其平均的信息量可如下度量：

$$I(a_1, a_2, \cdots, a_n) = \sum_{i=1}^{n}I(a_i) = \sum_{i=1}^{n}p(a_i)\log_2\frac{1}{p(a_i)}$$

上式，对数底数可以为任何数，不同的取值对应了熵的不同单位。通常取 2，并规定当 $p(a_i)=0$ 时 $I(a_i) = p(a_i)\log_2\frac{1}{p(a_i)} =0$。

在决策树分类中，假设 S 是训练样本集合，$|S|$ 是训练样本数，样本划分为 n 个不同的类 $C_1, C_2, \cdots, C_n$，这些类的大小分别标记为 $|C_1|, |C_2|, \cdots, |C_n|$。则任意样本 S 属于类 C_i 的概率为

$$p(S_i) = \frac{|C_i|}{|S|}$$

$$\text{Entropy}(S,A) = \sum_{v \in Value(A)}\frac{|S_v|}{|S|}\text{Entropy}(S_v)$$

$\sum$ 是属性 A 的所有可能的值 v，S_v 是属性 A 有 v 值的 S 子集，$|S_v|$ 是 S_v 中元素的个数；$|S|$ 是 S 中元素的个数。

Gain(S,A) 是属性 A 在集合 S 上的信息增益，计算公式为

$$\text{Gain}(S,A)= \text{Entropy}(S)-\text{Entropy}(S,A)$$

Gain(S,A) 越大，说明选择测试属性对分类提供的信息越多。

3. ID3 算法的流程

ID3 决策树建立算法流程如下所述。

(1) 决定分类属性。

(2) 对目前的数据表，建立一个节点 N。

(3) 如果数据库中的数据都属于同一个类，N 就是树叶，在树叶上标出所属的类。

(4) 如果数据表中没有其他属性可以考虑，则 N 也是树叶，按照少数服从多数的原则在树叶上标出所属类别。

(5) 否则，根据平均信息期望值 E 或 GAIN 值选出一个最佳属性作为节点 N 的测试属性。

(6) 节点属性选定后，对于该属性中的每个值：从 N 生成一个分支，并将数据表中与该分支有关的数据收集形成分支节点的数据表，在表中删除节点属性那一栏，如果分支数据表非空，则运用以上算法从该节点建立子树。

ID3 算法有很多变种，但基本思想不变。它很可能需要多次遍历数据库，效率不高。

3.4.3 C4.5 算法

1. C4.5 算法的产生

C4.5 是一系列用在机器学习和数据挖掘的分类问题中的算法。它的目标是监督学习：给定一个数据集，其中的每一个元组都能用一组属性值来描述，每一个元组属于一个互斥的类别中的某一类。C4.5 的目标是通过学习，找到一个从属性值到类别的映射关系，并且这个映射能用于对新的类别未知的实体进行分类。

C4.5 是由 J.Ross Quinlan 在 ID3 的基础上提出的。

2. C4.5 算法的优缺点

C4.5 算法继承了 ID3 算法的优点，并在以下几方面对 ID3 算法进行了改进。

(1) 用信息增益率来选择属性，克服了用信息增益选择属性时偏向选择取值多的属性的不足。

(2) 在树构造过程中进行剪枝。

(3) 能够完成对连续属性的离散化处理。

(4) 能够对不完整数据进行处理。

C4.5 算法的缺点是：在构造树的过程中，需要对数据集进行多次的顺序扫描和排序，因而导致算法的低效。此外，C4.5 只适合于能够驻留于内存的数据集，当训练集大得无法在内存容纳时程序无法运行。

3. C4.5 算法的具体步骤

C4.5 算法的具体步骤如下。

(1) 创建节点 N；

(2) 如果训练集为空，在返回节点 N 标记为 Failure；

(3) 如果训练集中的所有记录都属于同一个类别，则以该类别标记节点 N；

(4) 如果候选属性为空，则返回 N 作为叶节点，标记为训练集中最普通的类；

(5) for each 候选属性 attribute_list；

(6) if 候选属性是连续的 then；

(7) 对该属性进行离散化；

(8) 选择候选属性 attribute_list 中具有最高信息增益率的属性 D；

(9) 标记节点 N 为属性 D；

(10) for each 属性 D 的一致值 d；

(11) 由节点 N 长出一个条件为 D=d 的分支；

(12) 设 s 是训练集中 D=d 的训练样本的集合；

(13) if s 为空；

(14) 加上一个树叶，标记为训练集中最普通的类；

(15) else 加上一个有 C4.5(R - {D},C，s)返回的点。

3.5　其他分析方法

除了上文中介绍的回归分析、关联规则(购物篮分析)、聚类分析、决策分析之外，还有很多其他的数据挖掘分析方法。

1. 基于历史的 MBR 分析

基于历史的 MBR 分析方法(Memory-Based Reasoning，MBR)最主要的概念是用已知的案例(case)来预测未来案例的一些属性(attribute)，通常找寻最相似的案例来做比较。

MBR 分析方法中有两个主要的要素，分别为距离函数(distance function)和结合函数(combination function)。距离函数的用意在于找出最相似的案例；结合函数则将相似案例的属性结合起来，以供预测之用。记忆基础推理法的优点是它容许各种形态的数据，这些数据不需服从某些假设。另一个优点是其具备学习能力，它能借由旧案例的学习来获取关于新案例的知识。令人诟病的是它需要大量的历史数据，有足够的历史数据方能做良好的预测。此外记忆基础推理法在处理上也较为费时，不易发现最佳的距离函数与结合函数。其可应用的范围包括欺骗行为的侦测、客户反应预测、医学诊疗、反应的归类等方面。

2. 遗传算法

遗传算法(Genetic Algorithm)，用以学习细胞演化的过程，细胞间可经由不断的选择、复制、交配、突变产生更佳的新细胞。遗传算法的运作方式也很类似，它必须预先建立好一个模式，再经由一连串类似产生新细胞过程的运作，利用适合函数(fitness function)决定所产生的后代是否与这个模式吻合，最后仅有最吻合的结果能够存活，这个程序一直运作直到此函数收敛到最佳解。遗传算法在群集(cluster)问题上有不错的表现，一般可用来辅助记忆基础推理法与类神经网络的应用。

3. 连接分析

连接分析(Link Analysis)是以数学中图形理论(graph theory)为基础，借由记录之间的关系发展出一个模式，它以关系为主体，由人与人、物与物或是人与物的关系发展出相当多的应用。例如，电信服务业可借由连接分析收集到顾客使用电话的时间与频率，进而推断出顾客使用偏好，提出有利于公司的方案。除了电信业之外，愈来愈多的营销业者也利用连接分析做有利于企业的研究。

4. OLAP 分析

严格来说，OLAP(On-Line Analytic Processing，OLAP)分析并不算特别的一个数据挖掘技术，但是透过在线分析处理工具，使用者能更清楚地了解数据所隐藏的潜在意义。如同一些视觉处理技术一般，透过图表或图形等方式显现，对一般人而言，感觉会更友善。这样的工具也能辅助将数据转变成信息的目标。

5. 神经网络

神经网络(Neural Networks)是以重复学习的方法，将一串例子交与学习，使其归纳出一个足以区分的样式。若面对新的例证，神经网络即可根据其过去学习的成果归纳后，推导出新的结果，属于机器学习的一种。数据挖掘的相关问题也可采用神经学习的方式，其学习效果十分正确并可做预测功能。

6. 判别分析

当所遭遇问题的因变量为定性(categorical)、自变量(预测变量)为定量(metric)的情况时，判别分析(Discriminant Analysis)就非常适合解决分类的问题。若因变量由两个群体构成，称之为双群体判别分析 (Two-Group Discriminant Analysis)；若由多个群体构成，则称之为多元判别分析(Multiple Discriminant Analysis;MDA)。具体步骤如下所述。

(1) 找出预测变量的线性组合，使组间变异相对于组内变异的比值为最大，而每一个线性组合与先前已经获得的线性组合均不相关。

(2) 检定各组的重心是否有差异。

(3) 找出哪些预测变量具有最大的区别能力。

(4) 根据新受试者的预测变量数值，将该受试者指派到某一群体。

7. 罗吉斯回归分析

当判别分析中群体不符合正态分布假设时，罗吉斯回归分析(Logistic Analysis)是一个很好的替代方法。罗吉斯回归分析并非预测事件(event)是否发生，而是预测该事件的概率。它将自变量与因变量的关系假定是 S 行的形状，当自变量很小时，概率值接近零；当自变量值慢慢增加时，概率值沿着曲线增加，增加到一定程度时，曲线协率开始减小，故概率值介于 0 与 1 之间。

在以上的分析方法中，发展出了大量的算法。国际权威的学术组织 the IEEE International Conference on Data Mining (ICDM) 2006 年 12 月评选出了数据挖掘领域的十大经典算法为：C4.5, k-Means, SVM, Apriori, EM, PageRank, AdaBoost, kNN, Naïve Bayes, CART。

不仅仅是选中的十大算法，实际上参加评选的 18 种算法随便拿出一种来都可以称得上是经典算法，它们在数据挖掘领域都产生了极为深远的影响。

第 4 章　用 Excel 2010 进行数据分析

Excel 使用非常广泛，它可以进行各种数据的处理、统计分析和辅助决策操作，甚至可使用 VBA 进行程序的编写。但是很多人不知道的是，Excel 配合 SQL Server Analysis Services，可以进行强大的数据分析和预测。

本章将介绍 Excel 2010 为不具备数据挖掘和统计学知识背景的数据挖掘初学者提供数据分析和预测的功能。在其简单易用的操作界面下，屏蔽了复杂的技术。

本章要介绍的是安装和设置 SQL Server 2012 的表分析工具插件，在 Excel 2010 中使用 SQL Server 2012 的数据挖掘技术，对 Excel 2010 电子表格中数据进行更复杂的分析，主要包括：分析一个数据列中的值如何受其他数据列的值的影响，在时序上进行预测，根据所提供的几个例子，用值自动填充一列，检测有类似特征的行集合，找出与大多数行不同的行，进行场景分析，创建强大的预测计算器，进行购物篮分析，寻找交叉销售机会。

4.1　安装前的准备

4.1.1　下载表分析工具

在 Microsoft 官方网站上可以下载 Microsoft SQL Server 2012 Office 2010 数据挖掘外接程序，此数据挖掘外接程序适用于 SQL Server 2012 和 SQL Server 2014 版本。Microsoft 官方网站下载地址是 https://www.microsoft.com/zh-cn/download/details.aspx?id=29061。该数据挖掘外接程序有 32 位和 64 位两个版本，32 位文件名为 CHS\x86\SQL_AS_DMAddin.msi，64 位文件名为 CHS\x64\SQL_AS_DMAddin.msi，根据自己计算机的操作系统体系结构选择下载，如图 4.1 所示。

选择您要下载的程序

文件名	大小
CHS\x86\SQL_AS_DMAddin.msi	16.8 MB
CHS\x64\SQL_AS_DMAddin.msi	17.1 MB

图 4.1　32 位和 64 位数据挖掘外接程序

4.1.2　系统要求

1. 操作系统及.NET 要求

该数据挖掘外接程序只能在以下操作系统上运行：Windows 7，Windows Server 2008

R2，Windows Server 2008 Service Pack 2，Windows Vista Service Pack 2。要求系统已安装 Microsoft .NET Framework 4.0。

2. Office 软件要求

如果安装 Excel 表分析工具或数据挖掘客户端，则需要附带 .NET 可编程性支持组件的 Microsoft Office 2010。支持的 Office 2010 版本包括：Professional、Professional Plus、Ultimate、Enterprise。

如果安装 Visio 数据挖掘模板，则需要附带.NET 可编程性支持组件的 Microsoft Visio Professional 2010。

3. 磁盘空间要求

该数据挖掘外接程序需要 40MB 可用硬盘空间。

4. SQL Server Analysis Services 要求

数据挖掘外接程序要求与以下 SQL Server 2012 Analysis Services 或者 SQL Server 2012 Analysis Services 版本之一连接：企业版、商业智能、标准版。

4.2　安装表分析工具

安装表分析工具的步骤如下所述。

(1) 运行下载的 SQL_AS_DMAddin.msi，在弹出的"安全警告"对话框中，单击"运行"按钮，如图 4.2 所示。

图 4.2　"安全警告"对话框

(2) 在弹出的"安装程序"对话框中单击"下一步"按钮，如图 4.3 所示。

(3) 在弹出的"许可协议"对话框中，选中"我同意许可协议中的条款"选项，单击"下一步"按钮，如图 4.4 所示。

(4) 在弹出的"功能选择"对话框中，"Excel 表分析工具"和"服务器配置实用工具"是默认选项，使用 Excel 进行数据分析，也只需要这两个工具，如图 4.5 所示。

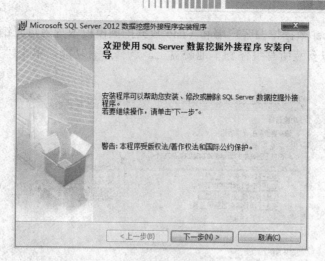

图 4.3　"安装程序"对话框

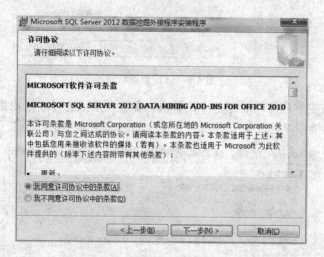

图 4.4　"许可协议"对话框

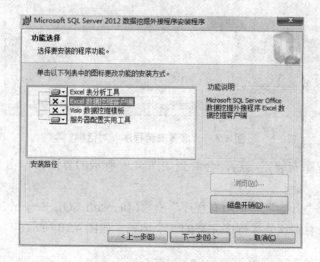

图 4.5　"功能选择"对话框

(5) 因为 Excel 数据挖掘客户端和 Visio 数据挖掘模板本身磁盘开销较小，并且在第 5 章也会用到，所以安装所有组件到本地硬盘上。选择所有功能，单击"下一步"按钮，如图 4.6 所示。

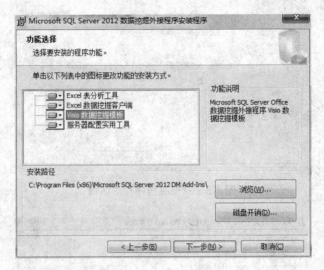

图 4.6 选择全部功能

(6) 在"准备安装程序"对话框中，单击"安装"按钮进行数据挖掘外接程序的安装，如图 4.7 所示。外接程序的安装会花费几分钟时间，如图 4.8 所示。

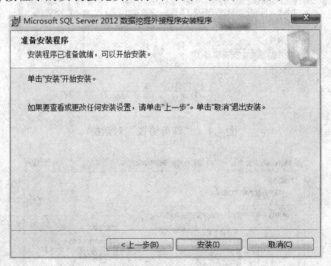

图 4.7 "准备安装程序"对话框

(7) 当外接程序安装完成后，会看到如图 4.9 所示的界面，单击"完成"按钮结束安装。

(8) 依次选择"开始"→"所有程序"→"Microsoft SQL Server 2012 数据挖掘外接程序"命令，可以看到该外接程序完整的 5 个选项，如图 4.10 所示。

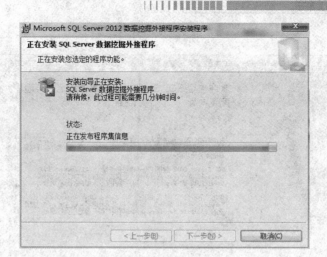

图 4.8　正在安装界面

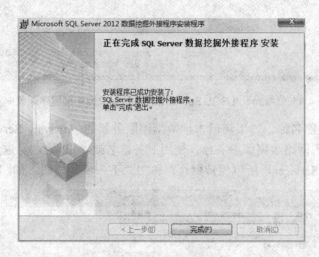

图 4.9　安装完成界面

图 4.10　Microsoft SQL Server 2012 数据挖掘外接程序选项

4.3　配置表分析工具

配置表分析工具的操作如下。

（1）选择"开始"→"所有程序"→"Microsoft SQL Server 2012 数据挖掘外接程序"
→"服务器配置实用工具"命令，启动服务器配置实用工具，配置一个 SQL Server 2012
Analysis Service 实例，为后面使用 Excel 进行数据分析做准备，单击"下一步"按钮，如

图 4.11 所示。

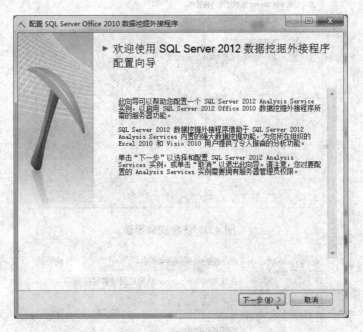

图 4.11　Microsoft SQL Server 2012 数据挖掘外接程序配置向导

　　(2)　设置服务器名称。如果访问本地数据库服务器的 Analysis Services，使用默认值 localhost；如果配置网络数据库服务器，使用服务器名或者 IP 地址。这里使用本地数据库服务器的 Analysis Services，所以保持默认，单击"下一步"按钮，如图 4.12 所示。

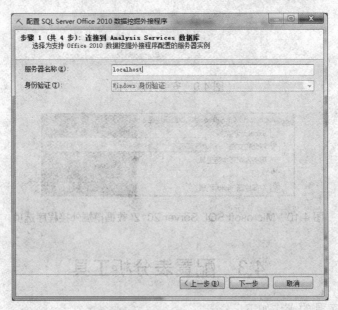

图 4.12　数据挖掘外接程序配置 Analysis Services 服务器

　　(3)　选中"允许创建临时挖掘模型"复选框，单击"下一步"按钮，如图 4.13 所示。如果未连接到允许创建临时模型的 SQL Server 2012 Analysis Services 实例，则 Excel 2010

表分析工具外接程序无法工作。当用户关闭连接后,临时模型将从实例中删除。

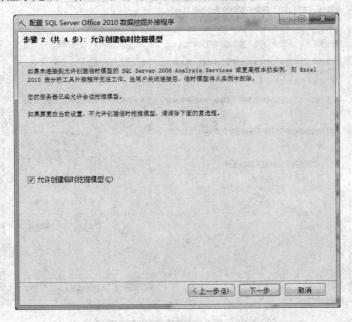

图 4.13 数据挖掘外接程序允许创建临时挖掘模型

(4) 为外接程序用户创建数据库,使用系统默认值 DMAddinsDB,单击"下一步"按钮,如图 4.14 所示。

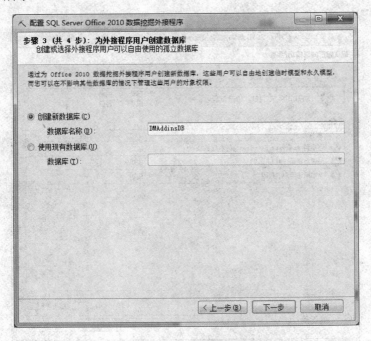

图 4.14 数据挖掘外接程序创建新数据库

(5) 将相应权限授予外接程序用户,选择系统管理员用户,单击"完成"按钮,如图 4.15 所示。

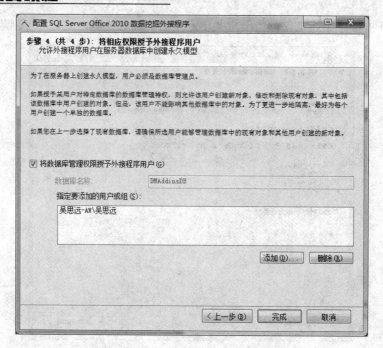

图 4.15　数据挖掘外接程序权限授予

(6)　进入"确认配置向导成功/失败"对话框，根据操作系统、计算机体系结构的不同，看到的成功数量不一定与本书相同。单击"关闭"按钮，完成数据挖掘外接程序的配置，如图 4.16 所示。

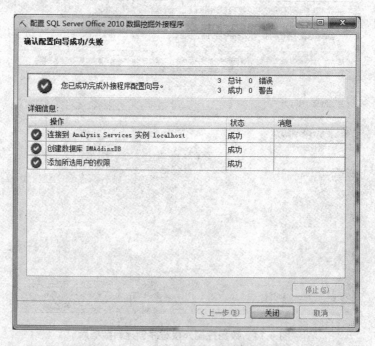

图 4.16　数据挖掘外接程序确认配置向导成功

4.4　使用表分析工具的要求

表分析工具只能在 Excel 的表对象上使用。在 Excel 中，任何数据范围都可以转换为一个表，操作方式也非常简单，只需要选择范围中的所有数据，如图 4.17 所示。

(1) 切换到"插入"选项卡，在"表格"组中单击"表格"按钮，如图 4.18 所示，插入表格。

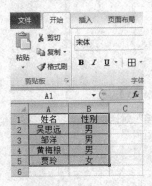

图 4.17　选中 Excel 数据

图 4.18　插入 Excel 表格

(2) 在弹出的"创建表"对话框中选择数据来源，如果数据范围的第一行包含列名，应选中"表包含标题"复选框，如图 4.19 所示。

(3) 单击"创建表"对话框中的"确定"按钮，将选中的数据转换为表中的数据，这样就可以进行数据分析的操作了，如图 4.20 所示。

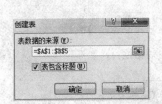

图 4.19　"创建表"对话框

图 4.20　选中的数据已转换为表

(4) 在图 4.20 中，可以看到"连接"组中的按钮当前显示为"无连接"，这是因为我们是第一次使用表分析工具插件。单击该按钮，配置一个到 Analysis Services 的连接，如图 4.21 所示。

(5) 单击"Analysis Services 连接"对话框中的"新建"按钮，打开"连接到 Analysis Services"对话框，如图 4.22 所示。

(6) 在"服务器名称"文本框中，如果访问本地数据库服务器的 Analysis Services，请输入 localhost；如果连接使用的是 Analysis Services HTTP 端点功能，请输入 URL 地址(以 http://或者 https://开头)。本章使用本地服务器，所以输入 localhost。"登录凭据"选择"使用 Windows 身份验证"，"目录名称"选择 DMAddinsDB，"友好名称"可自动生成，如

图 4.23 所示。

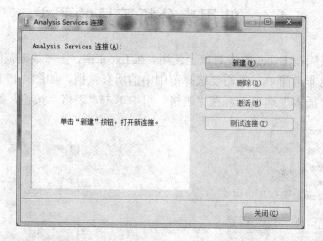

图 4.21　"Analysis Services 连接"对话框

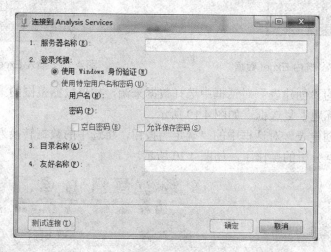

图 4.22　"连接到 Analysis Services"对话框

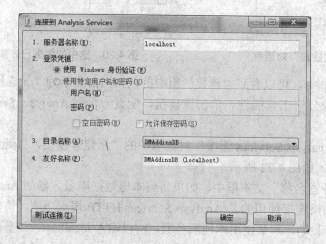

图 4.23　连接到 Analysis Services 的配置

(7) 单击"连接到 Analysis Services"对话框左下角的"测试连接"按钮,测试一下 Excel 到本地 Analysis Services 的配置是否能够正常工作,如图 4.24 所示。

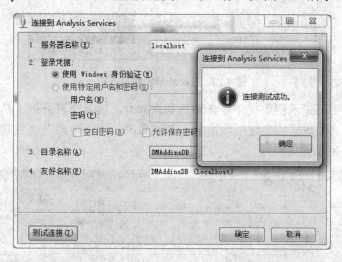

图 4.24 连接到 Analysis Services 测试成功

(8) 单击显示"连接测试成功"的对话框中的"确定"按钮,关闭该对话框,再单击 "连接到 Analysis Services"对话框中的"确定"按钮,完成当前连接到 Analysis Services 的配置,如图 4.25 所示。

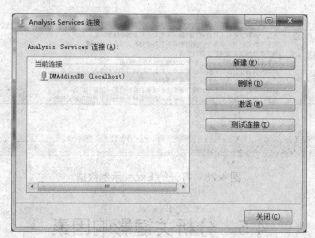

图 4.25 连接到 Analysis Services 配置成功

(9) 单击"关闭"按钮,返回 Excel 操作页面,此时"连接"组中的按钮已经从"无连接"变为 DMAddinsDB(localhost)了,如图 4.26 所示。

(10) 至此,我们可以正常使用 Excel 中的数据分析插件了。在进行数据分析前,请使用作者翻译后的 DMAddins SampleData.xlsx 替换 C:\Program Files (x86)\Microsoft SQL Server 2012 DM Add-Ins 下的原始英文数据文件。选择"开始"

图 4.26 Excel 中连接情况

→ "所有程序" → "Microsoft SQL Server 2012 数据挖掘外接程序" → "Excel 示例数据"
命令，如图 4.27 所示。

图 4.27　Excel 示例数据入口

　　(11) 打开的 Excel 示例数据中包含示例数据简介，以及"表分析工具示例""预测"
"从示例填充""源数据""定型数据""测试数据""新客户""关联与购物篮"等工
作表，如图 4.28 所示。

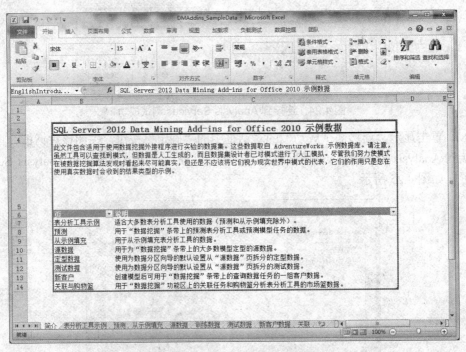

图 4.28　打开的 Excel 示例数据

4.5　分析关键影响因素

　　分析关键影响因素工具采用贝叶斯算法，在应用于某个表列时会检测其他列对目标列
值的影响。该工具会在单独的工作表中生成一个影
响因素报表，根据关键影响因素的重要性对它们进
行排名。客户可以继续进行分析，生成可以比较目
标列中每对非重复值的关键影响因素的报表。

分析关键
影响因素

　　在 Excel 示例数据中，选择"表分析工具示例"
工作表，再单击"分析"选项卡中的"分析关键影
响因素"按钮，如图 4.29 所示。

图 4.29　"分析关键影响因素"按钮

打开如图 4.30 所示的"分析关键影响因素"对话框，选择"职业"选项作为分析关键因素的目标列。

在默认情况下，该工具会分析选择的目标列和表中其他列的相关性。如果不希望分析所有列，而是只分析指定的列，可以单击"选择分析时要使用的列"超链接，在弹出的"高级列选择"对话框的"选择分析时要使用的列"列表框中手工指定要分析的列。在本节中，因 ID 列为每行数据的唯一标识，不包含数据的任何相关信息，故不作为影响因素进行分析，因此取消选中 ID 复选框，如图 4.31 所示。

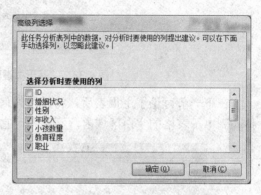

图 4.30　"分析关键影响因素"对话框　　　图 4.31　"高级列选择"对话框

单击"确定"按钮，关闭"高级列选择"对话框，单击"运行"按钮进行分析。分析会在几秒钟内完成，出现如图 4.32 所示的主报表，并显示如图 4.33 所示的"基于关键影响因素的对比"对话框。

	A	B	C	D
1		"职业"的关键影响因素报表		
2				
3		关键影响因素及其对"职业"的值的影响		
4	按"列"或"倾向于"筛选以查看各列如何影响"职业"			
5	列	值	倾向于	相对影响
6	年收入	39050 – 71062	技术工人	
7	地区	北美地区	技术工人	
8	上班距离	5-10 英里	技术工人	
9	汽车数量	2	技术工人	
10	年龄	< 37	技术工人	
11	小孩数量	1	技术工人	
12	教育程度	高中	技术工人	
13	年收入	< 39050	职员	
14	地区	欧洲	职员	
15	上班距离	0-1 英里	职员	
16	汽车数量	0	职员	
17	教育程度	专科	职员	
18	教育程度	职业高中	职员	
19	年龄	>= 65	职员	
20	上班距离	10+ 英里	专业技术人员	
21	年收入	39050 – 71062	专业技术人员	
22	上班距离	2-5 英里	专业技术人员	
23	汽车数量	4	专业技术人员	
24	年收入	71062 – 97111	专业技术人员	
25	地区	北美地区	专业技术人员	
26	小孩数量	5	专业技术人员	
27	年龄	46 – 55	专业技术人员	
28	汽车数量	3	专业技术人员	
29	小孩数量	4	专业技术人员	

图 4.32　"职业"的关键影响因素主报表

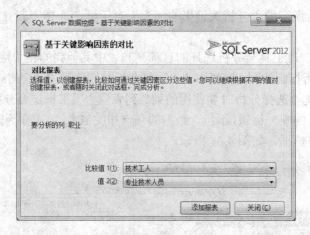

图 4.33　"基于关键影响因素的对比"对话框

在下一节讨论了主报表后，将学习如何使用这个对比对话框。现在将这个对比对话框移动到电子表格的空白区域内，不要关闭它，如图 4.34 所示。

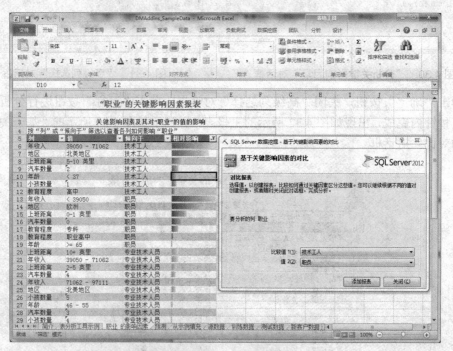

图 4.34　关键影响因素主报表与"基于关键影响因素的对比"对话框

4.5.1　影响因素主报表

影响因素主报表包含"列""值""倾向于""相对影响"4 列。这个主表由多个部分构成，主要通过"相对影响"列的不同颜色和"值"列中的不同值来区分，每个部分都表示目标列的一个值的关键影响因素。从图 4.32 中的报表可以看出，其他列中的哪些因素对目标列("倾向于"列)中的"技术工人"值有怎样的影响。

技术工人部分的报表可以进行如下解释：年收入(主报表中的"列"列)在 39 050～71 062 范围内(主报表中的"值"列)的顾客，很可能在"倾向于"列中有技术工人的值，"相对影响"列的颜色块长度越多，说明可能性越大。因此，年收入在 39 050～71 062 范围内，是技术工人最大的影响因素。下一个较大的影响因素是地区为北美地区，它比年收入相对影响颜色块要短，所以地区为北美地区的影响比年收入在 39 050～71 062 范围的影响略小。其他的影响因素还包括上班距离在 5～10 英里、汽车数量为 2、年龄低于 37 岁、小孩数量为 1 以及教育程度为高中等，影响因素的程度依次降低，且影响程度总体均不高。

职员部分的报表可以进行如下解释：年收入(主报表中的"列"列)低于 39 050 范围内(主报表中的"值"列)的顾客，很可能在"倾向于"列中有职员的值。因此，年收入低于 39 050，是职员最大的影响因素。下一个较大的影响因素是地区为欧洲，它比年收入相对影响颜色块要短，所以地区为欧洲的影响比年收入在 39 050 范围内的影响略小。其他的影响因素还包括上班距离在 0～1 英里、汽车数量为 0、教育程度为专科或者为职业高中以及年龄大于等于 65，影响因素的程度依次降低，且影响程度总体均不高。

专业技术人员部分的报表，可以参照技术工人部分和职员部分的报表解释方式分析。

与表分析工具生成的大多数报表一样，影响因素的主报表为 Excel 表，因此，可以应用各种 Excel 表的特征来进行查看。例如，可以根据列来进行过滤，给影响因素主报表提供一些有趣功能。首先单击"列"标题旁边的下拉按钮，如图 4.35 所示。

图 4.35　列标题过滤

过滤页面中，显示了所有的影响因素。为了查看年收入对"倾向于"列中值的影响，这里只选取"年收入"，单击"确定"按钮，如图 4.36 所示。

年收入过滤后的结果如图 4.37 所示。可以明显地看到年收入对技术工人、职员、普通工人的相对影响较大。

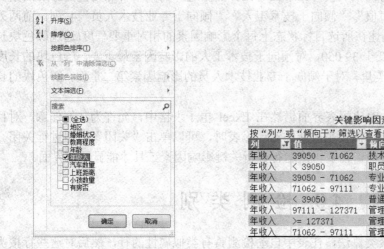

关键影响因素及其对"职业"的值的影响

按"列"或"倾向于"筛选以查看各列如何影响"职业"

列	值	倾向于	相对影响
年收入	39050 - 71062	技术工人	
年收入	< 39050	职员	
年收入	39050 - 71062	专业技术人员	
年收入	71062 - 97111	专业技术人员	
年收入	< 39050	普通工人	
年收入	97111 - 127371	管理人员	
年收入	>= 127371	管理人员	
年收入	71062 - 97111	管理人员	

图 4.36　过滤年收入　　　　　图 4.37　过滤年收入的结果

过滤功能可以应用于报表中的任意列，便于我们深入地研究和查看某个影响因素对目标列值的影响。

4.5.2 影响因素对比报表

在图 4.37 中，我们注意到年收入在 39 050～71 062 范围是“倾向于”目标列中的值为技术工人和专业技术人员的一个重要影响因素，也就是说，此年收入范围在这两个职业中，比其他职业更加常见。分析关键影响因素工具还提供如图 4.38 所示的对比报表，允许选择目标列中的任意两个状态为每对目标状态生成一个对比报表。将职业作为要分析的列，选择技术工人作为比较值 1，专业技术人员作为比较值 2，单击图 4.34 中“基于关键影响因素中对比”对话框的“添加报表”按钮，得到如图 4.38 所示的报表。

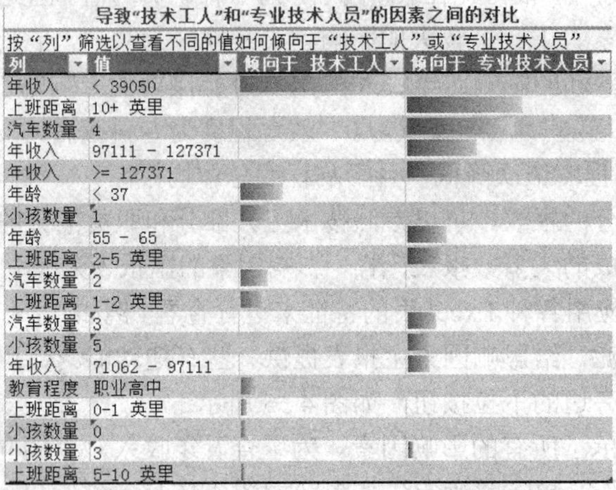
导致“技术工人”和“专业技术人员”的因素之间的对比

按“列”筛选以查看不同的值如何倾向于“技术工人”或“专业技术人员”

列	值	倾向于 技术工人	倾向于 专业技术人员
年收入	< 39050		
上班距离	10+ 英里		
汽车数量	4		
年收入	97111 - 127371		
年收入	>= 127371		
年龄	< 37		
小孩数量	1		
年龄	55 - 65		
上班距离	2-5 英里		
汽车数量	2		
上班距离	1-2 英里		
汽车数量	3		
小孩数量	5		
年收入	71062 - 97111		
教育程度	职业高中		
上班距离	0-1 英里		
小孩数量	0		
小孩数量	3		
上班距离	5-10 英里		

图 4.38 技术工人和专业技术人员对比报表

以这种方式添加的对比报表仅对比了在对比界面中选择的两个目标列值的影响因素。对比报表也包含“列”“值”“倾向于技术工人”“倾向于专业技术人员”4 列。前两列描述影响因素，后两列描述在所选目标状态上每个影响因素的相对重要程度(通过颜色块长度体现)。例如，年收入低于 39 050，对倾向于技术工人的影响因素最重要，颜色块的长度最长。上班距离高于 10 英里，对于倾向于专业技术人员的影响因素第二重要，颜色块的长度次之。

在生成对比报表后，对比报表界面仍然在 Excel 电子表格中，允许为其他任意一对目标列状态生成后续报表。不需要生成新的对比报表时，可以单击“关闭”按钮进行关闭。但一旦关闭了这个对比界面，需要再次运行分析关键影响因素工具才能显示该界面。

4.6 检 测 类 别

检测类别工具采用聚类算法，在表中自动检测具有类似属性的行，然后对这些行按类别进行分组。该工具会生成一个详细工作表，描述所发现的类别。还可以用相应的类别名称标记每一行。

(1) 在 Excel 示例数据中，选择“表分析工具示例”工作表，再单击“分析”选项卡中的 “检测类别”按钮，如图 4.39 所示。

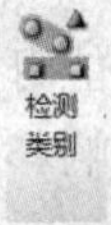

图 4.39 “检测类别”按钮

(2) 打开如图 4.40 所示的"检测类别"对话框,选择除 ID 列以外的其他列,最大类别数可以在 2~10 中选择,也可以自动检测数据中的自然类别数量。选中"将一个类别列追加到原始 Excel 表"复选框。

图 4.40 "检测类别"对话框

(3) 单击"运行"按钮进行类别检测。该工具会花数秒时间来完成类别检测任务,新生成一个分类报表,如图 4.41 所示。该分类报表分为三个部分:第一部分显示类别和每个类别的行数;第二部分描述每个类别的特征;第三部分采用数据透视表,显示了每个类别中的列值数据,并且在原始表最后追加了一列,标注了类别。

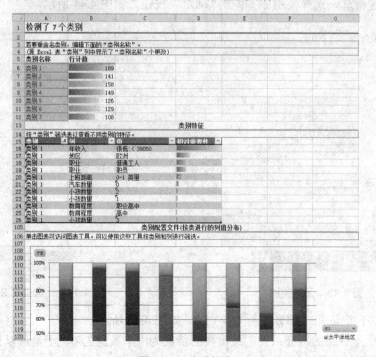

图 4.41 分类报表

(4) 分类报表的第一部分，"类别名称"列是可以编辑的，这个名称的变化，会在报表的其他部分得到反映。例如，在分类报表的第二部分，通过查看类别特征，类别1的显著特征是收入非常低，低于39 050。于是我们可以把类别1标记为"收入很低"，如图4.42所示。

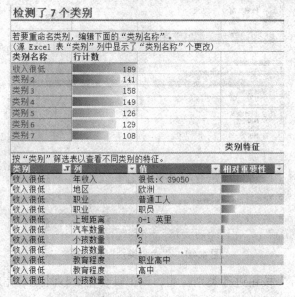

图 4.42　类别 1 标记为"收入很低"

(5) 在分类报表的第二部分，单击"类别"右侧的筛选按钮筛选类别，如图4.43所示。

(6) 通过筛选，选择类别2，单击"确定"按钮，如图4.44所示。

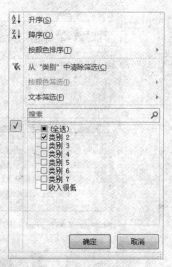

类别　　🔽

图 4.43　筛选类别　　　　　　图 4.44　筛选类别 2

(7) 分类报表的第二部分更新为类别2，如图4.45所示。

(8) 查看类别2的特征，发现最重要的特征为汽车数量为0，于是可以把类别2标记为"无车一族"，如图4.46所示。

类别特征

按"类别"筛选表以查看不同类别的特征。

类别	列	值	相对重要性
类别 2	汽车数量	0	
类别 2	教育程度	研究生	
类别 2	年收入	低:39050 - 71062	
类别 2	上班距离	0-1 英里	
类别 2	购买自行车情况	已经购买	
类别 2	年龄	低:37 - 46	
类别 2	年龄	很低:< 37	
类别 2	职业	技术工人	
类别 2	小孩数量	1	
类别 2	有房否	有	
类别 2	婚姻状况	已婚	

图 4.45　类别 2 特征

类别名称	行计数
收入很低	189
无车一族	141
类别 3	158
类别 4	149
类别 5	126
类别 6	129
类别 7	108

类别特征

按"类别"筛选表以查看不同类别的特征。

类别	列	值	相对重要性
无车一族	汽车数量	0	
无车一族	教育程度	研究生	
无车一族	年收入	低:39050 - 71062	
无车一族	上班距离	0-1 英里	
无车一族	购买自行车情况	已经购买	
无车一族	年龄	低:37 - 46	
无车一族	年龄	很低:< 37	
无车一族	职业	技术工人	
无车一族	小孩数量	1	
无车一族	有房否	有	
无车一族	婚姻状况	已婚	

图 4.46　类别 2 标记为"无车一族"

(9)　通过筛选，选择其他类别，读者可以自行观察类别特征，并按特征对类别 3～7 进行标记。

(10) 分类报表的第三部分为类别配置文件，如图 4.47 所示。

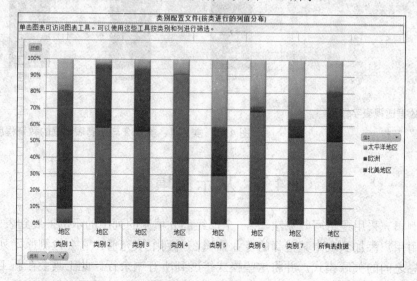

图 4.47　类别配置文件

类别配置文件通过数据透视表，显示了某个特征在所有类别中的分布情况，即数据行的个数。图 4.47 显示的是不同类别的地区分布情况，彩色条的长度是当前组中某个属性数据行数的比例。

数据透视表是 Excel 提供的一个非常强大的功能，在本例中，可以按类别和特征分割数据，清晰地显示特征值在所检测类别上的分布情况。当然也可以交互操作，在数据透视表字段列表中，调整类别和列的值，如图 4.48 所示。

类别的值选择"类别 1""类别 2""所有表数据"，列的值选择"教育程度"，结果如图 4.49 所示。

图 4.48 "数据透视表字段列表"窗格

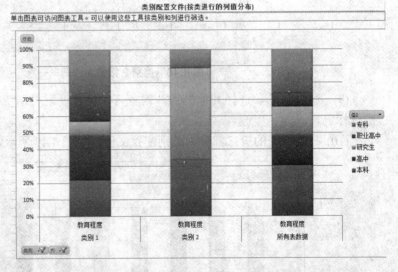

图 4.49 类别 1、类别 2 与所有表数据的教育程度

4.7 从示例填充

从示例填充采用逻辑回归算法，将一个已经部分填充的列中的示例扩展到表中所有行。此工具使用用户添加到表中某些行的专业知识在新列中填充值。它会检测原始列值和用户添加的信息之间的关联模式，并将这些模式扩展到所有剩余行。此工具会在新工作表中生成模式报表，以说明检测到的模式。通过添加更多专业知识并重新运行此工具，可以完善

这些模式。

(1)　在 Excel 示例数据中，选择"从示例填充"工作表，再单击"分析"选项卡的"从示例填充"按钮，如图 4.50 所示。

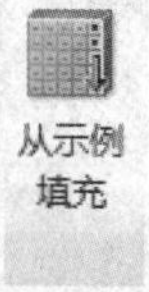

(2)　打开如图 4.51 所示的"从示例填充"对话框，选择"高价值客户"作为从示例填充的目标列。

图 4.50　"从示例填充"按钮

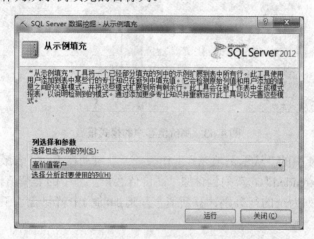

图 4.51　"从示例填充"对话框

(3)　在默认情况下，该工具会分析选择的目标列和表中其他列的相关性，如果不希望分析所有列，而是只分析指定的列，可以在对话框中选择"选择分析时要使用的列"链接，在打开的对话框中手工指定要分析的列。在本节中，因 ID 列为每行数据的唯一标识，不包含数据的任何相关信息，故不作为影响因素进行分析，去掉 ID 前面的勾选，如图 4.52 所示。

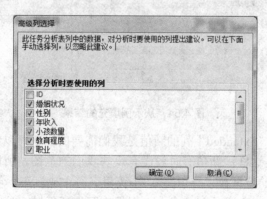

图 4.52　"高级列选择"对话框

(4)　单击"确定"按钮，关闭"高级列选择"对话框，单击"运行"按钮进行分析。分析会在几秒钟内完成，出现如图 4.53 所示的模式报表。

图 4.53 的模式报表，解释工具计算得到的规律。例如，上班距离 2～5 英里、小孩数量为 5 个的、所在地区为欧洲的顾客，购买自行车的可能性更高。

图 4.53　高价值客户的模式报表

(5)　返回 Excel 中的"从示例填充"工作表，工具自动在 Excel 表最后面追加了一个新列"高价值客户_Extended"。新列包含原"高价值客户"列中的非空值，如果原列是空白，工具为表中每个原列为空的行分别计算新值，新追加的列中就包含了工具计算出的值，如图 4.54 所示。

图 4.54　从示例填充的结果

如果"高价值客户_Extended"列的新值是我们需要的，就可以结束从示例填充工具的运行。但实际往往不是这样，新值有时候没有反映我们的意图，所以需要对工具计算结果进行微调。例如 18 行的数据，上班距离 0～1 英里、有 1 辆汽车、年收入在 60 000 的技术工人，工具把他标记为一个高价值客户，但根据实际生活经验，他是高价值客户的可能性不大，所以修改电子表格中的高价值客户列为"否"，如图 4.55 所示。

(6)　接着再运行从示例填充工具。第二次运行工具的时候，会考虑新的信息，生成新的模式，根据新的模式重新计算"高价值客户_Extended"列的值。一般情况下，反复这个过程几次，就可以得到满意的结果。

填充的示例数据。

ID	婚姻状况	性别	年收入	小孩数量	教育程度	职业	有否	汽车数量	上班距离	地区	年龄	高价值客户	高价值客户_Extended
12496	已婚	女性	40000	1	本科	技术工人	有	0	0-1 英里	欧洲	42	是	是
24107	已婚	男性	30000	3	专科	职员	有	1	0-1 英里	欧洲	43	是	是
14177	已婚	男性	80000	5	专科	专业技术人员	有	2	2-5 英里	欧洲	60	是	是
24381	未婚	男性	70000	0	本科	专业技术人员	有	1	5-10 英里	太平洋地区	41	否	否
25597	未婚	男性	30000	0	本科	职员	无	0	0-1 英里	欧洲	36	是	否
13507	已婚	女性	10000	2	专科	普通工人	有	0	1-2 英里	欧洲	55	否	否
27974	未婚	男性	160000	2	高中	管理人员	有	4	0-1 英里	太平洋地区	33	否	否
19364	已婚	男性	40000	1	本科	技术工人	有	2	0-1 英里	欧洲	43	是	否
22155	已婚	男性	20000	2	职业高中	职员	有	2	5-10 英里	太平洋地区	58	否	否
19280	已婚	男性	20000	2	专科	普通工人	有	1	0-1 英里	欧洲	48	是	否
22173	已婚	女性	30000	3	高中	技术工人	无	2	1-2 英里	太平洋地区	54		否
12697	已婚	女性	90000	0	本科	专业技术人员	有	4	10+ 英里	太平洋地区	36		否
11434	已婚	男性	170000	5	专科	专业技术人员	有	1	0-1 英里	欧洲	55		否
25323	已婚	女性	40000	2	专科	职员	有	1	1-2 英里	欧洲	35		是
23542	未婚	男性	60000	1	专科	技术工人	无	1	0-1 英里	太平洋地区	45	否	
20870	未婚	女性	10000	2	高中	普通工人	有	0	0-1 英里	欧洲	38		是
23316	未婚	男性	30000	3	专科	职员	无	2	0-1 英里	太平洋地区	59		是
12610	已婚	女性	30000	1	本科	职员	有	0	0-1 英里	欧洲	47		否
27183	未婚	女性	40000	2	本科	职员	有	1	1-2 英里	欧洲	55		否
25940	未婚	男性	20000	2	职业高中	职员	有	2	5-10 英里	太平洋地区	55		否
25598	已婚	女性	40000	0	研究生	职员	有	0	0-1 英里	欧洲	36		否

图 4.55　微调示例填充工具的结果

4.8　预　　测

预测工具采用时序算法，对选定的表进行预测。预测值会添加到原始表中并突出显示。在单独的工作表中会生成一个图表，并显示序列的当前发展趋势和预测发展趋势。

预测

（1）在 Excel 示例数据中，选择"预测"工作表，再单击"分析"选项卡中的"预测"按钮，如图 4.56 所示。

图 4.56　"预测"按钮

（2）打开如图 4.57 所示的"预测"对话框，选择"欧洲总销量""北美总销量""太平洋地区总销量"作为要预测的列，"要预测的时间单位数"采用默认值 5，"选项"栏也均使用默认值。

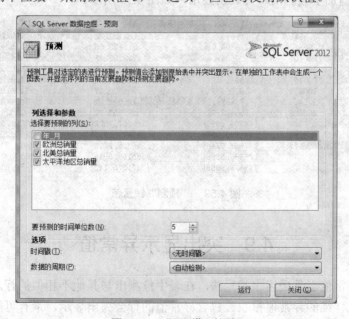

图 4.57　"预测"对话框

(3) 单击"运行"按钮。预测会在几秒钟内完成，出现如图 4.58 所示的预测报表。

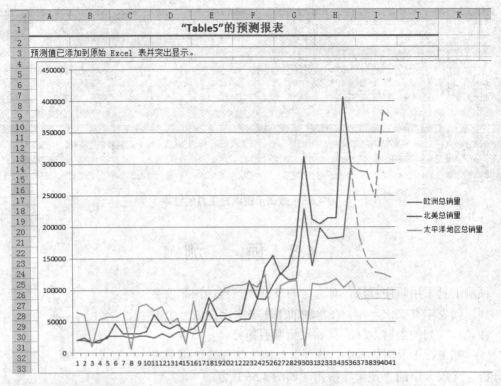

图 4.58　预测报表

预测报表采用实线展示历史演化过程，采用虚线展示预测的未来演化趋势，同时在原始 Excel 表中，追加了预测值，并突出显示，如图 4.59 所示。

年/月	欧洲总销量	北美总销量	太平洋地区总销量
200311	117644.49	182154.21	115374.5
200312	228304.01	311473.65	11524.95
200401	138349.4	212389.08	110734.52
200402	198344.14	205329.11	108539.53
200403	182129.21	214584.07	110859.52
200404	182254.21	214609.07	117619.49
200405	184774.2	405993.24	103849.55
200406	295483.72	297803.71	115249.5
	184306.0352	289657.7502	85701.6478
	144563.065	287474.1943	85885.22423
	127951.9746	246325.1718	85918.73182
	125262.3328	385199.6945	85834.37076
	119828.9556	371575.143	85658.65469

图 4.59　"预测"销量值

4.9　突出显示异常值

突出显示异常值工具采用聚类算法，在表中检测出与其他不相似的行。该工具在单独的工作表中生成详细的异常值报表。包含异常值的行会突出显示，最有可能引发异常值的列值也会着重强调。

(1)　在 Excel 示例数据中，选择"表分析工具示例"工作表，在"分析"选项卡单击"突出显示异常值"按钮，如图 4.60 所示。

(2)　打开如图 4.61 所示的"突出显示异常值"对话框，选择需要进行异常值分析的列。在本节中，因 ID 列为每行数据的唯一标识，不包含数据的任何相关信息，故不作为影响因素进行分析，去掉 ID 前面的勾选值。

图 4.60　"突出显示异常值"按钮

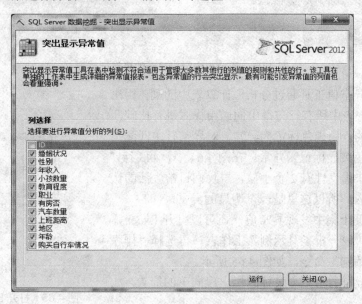

图 4.61　"突出显示异常值"对话框

(3)　单击"运行"按钮进行分析，出现如图 4.62 所示的"突出显示异常值"对话框显示分析进度情况。

突出显示异常值分析工具会比其他工具运行时间略长一些。当分析工具执行完毕后，会出现一个如图 4.63 所示的异常值报表。

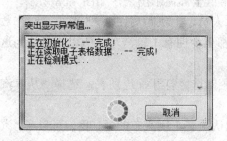

图 4.62　"突出显示异常值"对话框

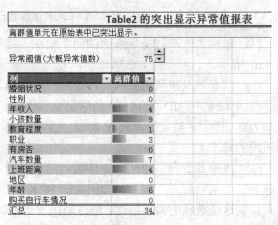

图 4.63　异常值报表

异常值报表的顶部有一个异常阈值设置，默认阈值是 75。通过阈值右侧的按钮，可以调节突出显示更多或者更少的异常值。通常来说，阈值越高，异常值越少；阈值越低，异常值越多。异常值报表的下部列出异常值的对应情况，可以发现小孩数量、汽车数量以及年龄的异常值较多。

(4) 返回原电子表格，包含异常值的行显示为褐色，异常行中导致异常的列突出显示为黄色。图 4.64 显示了其中的部分异常。

439	22174	已婚	男性	30000	3	高中	技术工人	有	2	5-10 英里	太平洋地区	54	已经购买
440	22439	已婚	女性	30000	0	本科	职员	有	0	0-1 英里	欧洲	37	已经购买
441	18012	已婚	女性	40000	1	本科	技术工人	有	0	0-1 英里	欧洲	41	没有购买
442	27582	未婚	女性	90000	2	本科	专业技术人员	无	0	0-1 英里	太平洋地区	36	已经购买
443	12744	未婚	女性	40000	2	专科	职员	有	0	0-1 英里	欧洲	33	没有购买

图 4.64　原始表中突出显示的异常行和列

突出显示异常值工具通过分析、计算表中的列，得出通用的模式，把表中所有行与得出的通用模式进行比较匹配，匹配不上的行用褐色标记为异常，对异常行中匹配不上的列，用黄色突显标记为异常。在图 4.64 中，443 行，ID 为 12744，未婚女性有 2 个小孩，与我们日常生活的认知有明显的出入，所以这里是一个明显的异常。

(5) 为了便于集中发现异常值，还可以打开 Excel 筛选功能。单击"表分析工具示例"工作表，再选择"排序和筛选"→"筛选"命令，如图 4.65 所示。

(6) 筛选功能打开后，表标题栏出现向下的箭头，如图 4.66 所示。

图 4.65　打开 Excel 筛选功能

ID	婚姻状	性别	年收入	小孩数	教育程度	职业	有房	汽车数量	上班距离	地区	年龄	购买自行车情
27969	已婚	男性	80000	0	本科	专业技术人员	有	2	10+ 英里	太平洋地区	29	没有购买
12503	未婚	女性	30000	3	专科	职员	有	0-1 英里	欧洲	27	没有购买
14189	已婚	女性	90000	4	高中	专业技术人员	无	2	2-5 英里	欧洲	54	已经购买
19389	未婚	男性	30000	0	专科	职员	无	1	2-5 英里	欧洲	28	没有购买
12718	未婚	女性	30000	0	专科	职员	有	1	2-5 英里	欧洲	31	没有购买
24738	已婚	女性	40000	1	专科	职员	有	1	1-2 英里	北美地区	51	已经购买
22219	已婚	女性	60000	2	高中	专业技术人员	有	2	5-10 英里	北美地区	49	没有购买

图 4.66　Excel 表标题已具备筛选功能

(7) 单击"汽车数量"旁边的向下箭头，选择"按颜色筛选"选项，再选择黄色，如图 4.67 所示。

(8) 汽车数量按颜色筛选后，会把汽车数量异常值全部显示出来，如图 4.68 所示。

在图 4.68 中，ID 为 19117 的这名女性专业技术人员，上班距离在 2~5 英里，汽车数量却为 0，而大多数上班距离在 2~5 英里的顾客，都至少拥有 1 辆汽车，所以工具认为这里出现了异常。

(9) 汽车数量异常值处理完毕后，可以清除颜色筛选。打开筛选列表，选择"从'汽车数量'中清除筛选"选项，如图 4.69 所示。

假设这里是我们输入错误，通过与顾客沟通，确认她有 1 辆汽车的话，我们可以在"汽车数量"列将 0 修正为 1，重新运行突出异常值工具进行异常值标识。再次运行工具的时候，会看到如图 4.70 所示提示，单击"确定"按钮运行工具。

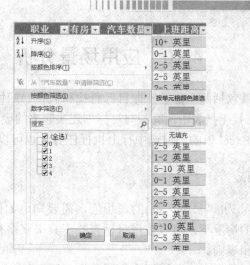

图 4.67 汽车数量按颜色筛选

用于分析关键影响因素、检测类别、突出显示异常值和应用场景分析的示例数据。

ID	婚姻状况	性别	年收入	小孩数	教育程度	职业	有房	汽车数量	上班距离	地区	年龄	购买自行车情况
26452	未婚	男性	50000	3	研究生	管理人员	有	2	10+ 英里	北美地区	69	没有购买
13749	已婚	男性	80000	4	研究生	技术工人	有	0	1-2 英里	北美地区	47	没有购买
24958	未婚	女性	40000	1	高中	专业技术人员	无	3	2-5 英里	北美地区	60	已经购买
25954	已婚	男性	60000	0	专科	技术工人	有	2	1-2 英里	北美地区	31	没有购买
19217	已婚	男性	30000	2	高中	技术工人	有	2	1-2 英里	北美地区	49	没有购买
17337	未婚	男性	40000	0	高中	技术工人	有	1	5-10 英里	北美地区	31	没有购买
19117	未婚	女性	60000	1	研究生	专业技术人员	有	0	2-5 英里	北美地区	36	已经购买

图 4.68 汽车数量异常值

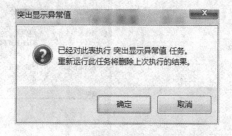

图 4.69 从 "汽车数量" 中清除筛选 图 4.70 重新运行突出显示异常值提示

读者可自行对年收入、教育程度、职业等进行颜色筛选,集中判断异常值。

4.10 应用场景分析

应用场景分析工具包括两个部分，即目标查找和假设。应用场景分析采用逻辑回归算法，先分析表中数据，找出把表中所有列与目标列连接起来的模式。默认情况下，目标查找和假设两个工具都在 Excel 表的当前选中行上执行任务，也可以应用于表中的所有行。

4.10.1 目标查找

在已知当前行中某列("目标"列)的理想值，需要知道如何更改另一列("更改"列)才能使其达到理想值的情况下，可以使用目标查找工具来获得有用的建议。这些建议基于在表中检测到的模式和规则。

(1) 在 Excel 示例数据中，选择"表分析工具示例"工作表，选择电子表格中 ID 为 22155 的单元格，再单击"分析"选项卡 "应用场景分析"下的"目标查找"按钮，如图 4.71 所示。

(2) 打开如图 4.72 所示的目标查找对话框，可以找出"列 X 的值是 Y 时，列 Z 的值应该是什么"这类问题的解。如查找最有可能购买自行车的顾客的上班距离，"目标"选择"购买自行车情况"，"精确"选择"已经购买"，"更改对象"栏中的"更改"选择"上班距离"，"指定行或表"选择"当前行"，单击"运行"按钮进行目标查找。

图 4.71 "应用场景分析"下的"目标查找"按钮

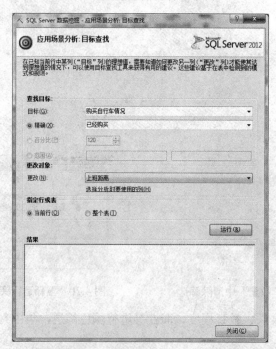

图 4.72 "应用场景分析：目标查找"对话框

（3）运行结果如图 4.73 所示，ID 为 22155 的顾客，现在上班距离 5～10 英里，购买自行车的可能性非常低，在结果里体现为找不到解决方案，置信度低。虽然没找到解决方案，但是信息推荐把上班距离修改为 2～5 英里，这样调整后，顾客最有可能购买自行车。但即使进行调整，也不是顾客 100%会购买自行车。

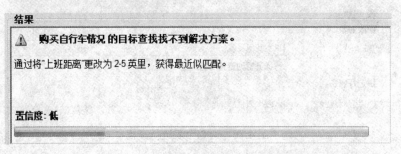

图 4.73　上班距离目标查找分析结果

（4）在"查找目标"栏中的"目标"列表框，选择"年收入"。年收入是一个数值目标，在"百分比"列表框中选择 130。在"更改对象"栏选择"购买自行车情况"，单击"运行"按钮进行目标查找，如图 4.74 所示。

图 4.74　年收入与购买自行车情况目标查找设置

（5）运行结果如图 4.75 所示。ID 为 22155 的顾客虽然找到了解决方案，但是置信度很低，也就是说该顾客购买自行车的可能性较低。

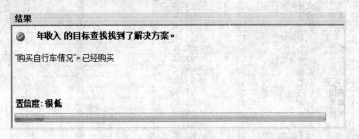

图 4.75　年收入目标查找分析结果

（6）除了能对当前行使用目标查找外，还可以对整个表进行目标查找。若查找最有可能购买自行车的顾客的汽车数量，"目标"选择"购买自行车情况"，"精确"选择"已经购买"，"更改对象"栏中的"更改"选择"汽车数量"，"指定行或表"选择"整个表"，单击"运行"按钮进行目标查找，如图 4.76 所示。

查找目标:

目标(G): 购买自行车情况

⦿ 精确(X): 已经购买

○ 百分比(P): 120

○ 范围(A):

更改对象:

更改(N): 汽车数量

选择分析时要使用的列(H)

指定行或表

○ 当前行(O)　　⦿ 整个表(T)

图 4.76　对整个表进行查找

(7) 目标查找工具会花费十几秒的时间运行。完成后，会出现如图 4.77 所示的提示。

结果

✓ 整个表的目标查找已完成。

图 4.77　目标查找完成

(8) 单击"关闭"按钮，目标查找工具在原始表的最后追加两列，如图 4.78 所示。

汽车数量	上班距离	地区	年龄	购买自行车情况	目标:购买自行车情况=已经购买	建议 汽车数量
0	0-1 英里	欧洲	42	没有购买	✓	1
1	0-1 英里	欧洲	43	没有购买	✓	0
2	2-5 英里	欧洲	60	没有购买	✗	3
1	5-10 英里	太平洋地区	41	已经购买	✓	1
0	0-1 英里	欧洲	36	已经购买	✓	0
0	1-2 英里	欧洲	50	没有购买	✓	3
4	0-1 英里	太平洋地区	33	已经购买	✓	4
0	0-1 英里	欧洲	43	已经购买	✓	0
2	5-10 英里	欧洲	58	没有购买	✓	3
1	0-1 英里	欧洲	48	已经购买	✓	1
2	1-2 英里	太平洋地区	54	已经购买	✓	2
4	10+ 英里	太平洋地区	36	没有购买	✓	0
4	0-1 英里	欧洲	55	没有购买	✓	3
1	1-2 英里	欧洲	35	已经购买	✓	1
1	0-1 英里	太平洋地区	45	已经购买	✓	1
1	0-1 英里	欧洲	38	已经购买	✓	1
2	1-2 英里	太平洋地区	59	已经购买	✓	2
0	0-1 英里	欧洲	47	没有购买	✓	1
1	1-2 英里	欧洲	35	已经购买	✓	1
2	5-10 英里	太平洋地区	55	已经购买	✓	2
0	0-1 英里	欧洲	36	已经购买	✓	0
4	10+ 英里	太平洋地区	35	没有购买	✓	0
0	1-2 英里	欧洲	35	已经购买	✓	0
3	5-10 英里	欧洲	56	没有购买	✗	0
1	0-1 英里	欧洲	34	没有购买	✓	0
0	0-1 英里	欧洲	63	没有购买	✓	1
1	0-1 英里	欧洲	29	已经购买	✓	1
1	5-10 英里	太平洋地区	40	没有购买	✓	0
2	5-10 英里	太平洋地区	44	没有购买	✓	3
2	0-1 英里	欧洲	32	已经购买	✓	2
0	0-1 英里	欧洲	63	没有购买	✗	3

图 4.78　对整个表查找的分析结果

追加到表中的第一列表示运行目标查找操作的状态，绿色的勾表示找到解，已经成功；红色的 X 表示未找到解，已经失败。追加到表中的第二列就是目标查找工具找到的解(第一列是绿色的勾), 或者最可能生成所需结果的值(第一列是红色的 X)。

4.10.2　假设

假设分析工具评估一列中的值更改对另一列的值的影响。影响的评估基于在表中检测到的模式和规则。这种分析可针对当前行或整个表进行。

(1)　在 Excel 示例数据中, 选择"表分析工具示例"工作表, 选择电子表格中 ID 为 24107 的单元格, 再单击"分析"选项卡中"应用场景分析"下的"假设"按钮, 如图 4.79 所示。

(2)　这个 ID 为 24107 的顾客, 年收入 30 000, 专科学历, 从事职员工作。"应用场景"选择"年收入","百分比"设置为 120,"后果"栏的"目标"选择"购买自行车情况", 选中"当前行"单选按钮, 单击"运行"按钮进行假设, 如图 4.80 所示。

图 4.79　"应用场景分析"下的"假设"按钮

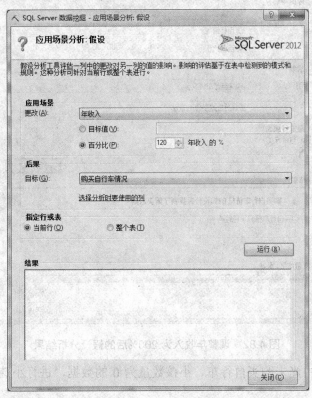

图 4.80　"假设"对话框

(3)　运行结果如图 4.81 所示, ID 为 24107 的顾客, 年收入 30 000, 专科学历, 从事职员工作, 年收入调整到以前的 120%后, 购买自行车的可能性较大。

(4)　继续把年收入调整到 200%, 运行结果如图 4.82 所示, 该名顾客购买自行车的可能性非常大。

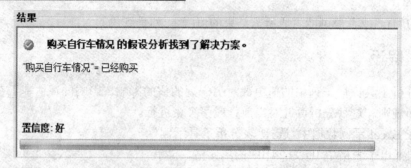

图 4.81　调整年收入为 120%后的假设分析结果

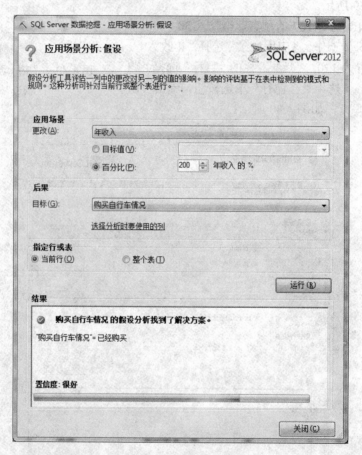

图 4.82　调整年收入为 200%后的假设分析结果

读者可以对表中尚未购买自行车、小孩数量为 0 的数据，进行小孩数量变化后的假设分析。

（5）除了对当前行使用假设外，还可以对整个表进行假设。如假设职业更改为管理人员后，对购买自行车的情况变化，"应用场景"栏的"更改"选择"职业"，"目标值"设置为"管理人员"，"后果"栏的"目标"选择"购买自行车情况"，选中"整个表"单选按钮，单击"运行"按钮进行假设，如图 4.83 所示。

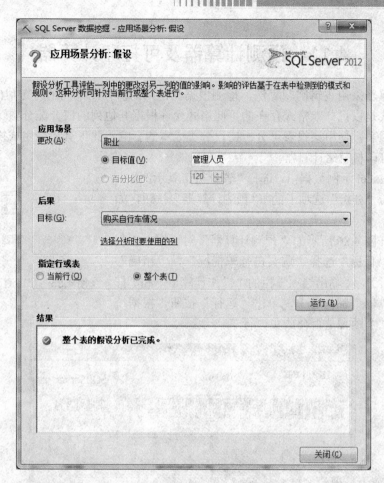

图 4.83　调整职业为管理人员后的假设情况

(6)　单击"关闭"按钮，假设工具在原始表的最后追加两列，如图 4.84 所示。

购买自行车情况	新建 购买自行车情况	置信度
没有购买	已经购买	
没有购买	没有购买	
没有购买	没有购买	
已经购买	已经购买	
已经购买	已经购买	
没有购买	没有购买	
已经购买	已经购买	
已经购买	没有购买	
没有购买	没有购买	
已经购买	没有购买	
已经购买	没有购买	
没有购买	没有购买	
没有购买	没有购买	

图 4.84　调整职业为管理人员后的假设分析结果

追加到表中的第一列包含顾客是否购买自行车的模拟结果，追加到表中的第二列表示第一列的置信度有多高，颜色块越长，表明可能性越大。

4.11　预测计算器及可打印计算器

预测计算器采用逻辑回归算法，检测根据其他列的值预测某列的特定值(目标值)的模式。这些模式是以记分卡格式存在的，此格式允许根据其他列的值分配分数。此工具将生成分数分析报表，使用该报表可分析错误分类成本的影响。此工具还会生成操作性的预测计算器以及打印机就绪计算器。

(1)　在 Excel 示例数据中，选择"表分析工具示例"工作表，再单击"分析"选项卡的 "预测计算器"按钮，如图 4.85 所示。

(2)　打开图 4.86 所示的"预测计算器"对话框， "列选择"栏的"目标"选择"购买自行车情况"， "精确"选"已经购买"， "输出选项"栏的"操作计算器"和"打印机就绪计算器"都勾选上，单击"运行"按钮，根据统计数据预测某个顾客是否会购买自行车。

图 4.85　"预测计算器"按钮

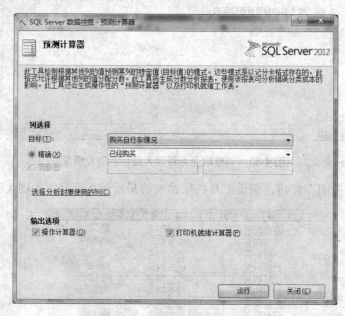

图 4.86　"预测计算器"对话框

(3)　预测计算器运行后，会生成购买自行车情况的预测报表、购买自行车情况的预测计算器和购买自行车情况的可打印计算器 3 页数据。

4.11.1　预测报表

在"购买自行车情况的预测报表"中，分 4 个部分：成本与收益、各种分数阈值的利润、分数细分、各种分数阈值的累计错误分类成本，如图 4.87 所示。

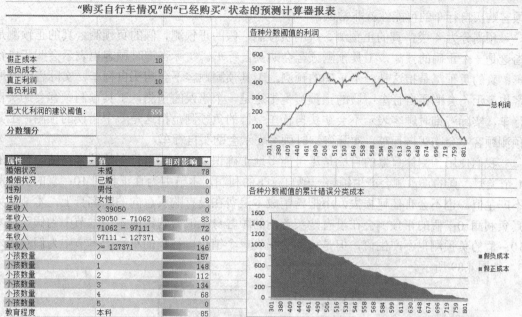

图 4.87　购买自行车情况的预测报表

在分数细分部分，根据统计数据对婚姻状况、性别、年收入、小孩数量、教育程度、职业、有房否、汽车数量、上班距离、地区、年龄按不同的取值赋予不同的值，如图 4.88 所示。

属性	值	相对影响
婚姻状况	未婚	78
婚姻状况	已婚	0
性别	男性	0
性别	女性	8
年收入	＜ 39050	0
年收入	39050 － 71062	83
年收入	71062 － 97111	72
年收入	97111 － 127371	40
年收入	＞= 127371	146
小孩数量	0	157
小孩数量	1	148
小孩数量	2	112
小孩数量	3	134
小孩数量	4	68
小孩数量	5	0
教育程度	本科	85
教育程度	高中	81
教育程度	研究生	40
教育程度	职业高中	0
教育程度	专科	51
职业	管理人员	71
职业	技术工人	0
职业	普通工人	45
职业	职员	12
职业	专业技术人员	73
有房否	无	0
有房否	有	2

图 4.88　预测报表的分数细分部分

在预测报表的分数细分部分，如果一个顾客的总分大于或者等于建议阈值，预测就是正的，顾客购买自行车的可能性就大。如果顾客得到的总分小于建议阈值，预测就是负的，顾客购买自行车的可能性就非常低。

预测分为 4 类：真的正预测、真的负预测、假的正预测、假的负预测。真的正预测是指这是一个正确的预测，工具预测顾客会购买自行车，实际咨询时顾客也表示会购买自行车；真的负预测是指这是一个正确的预测，工具预测顾客不会购买自行车，实际咨询时顾客也表示不会购买自行车；假的正预测是指这是一个错误的预测，工具预测顾客会购买自行车，实际咨询时顾客表示不会购买自行车；假的负预测是指这是一个错误的预测，工具预测顾客不会购买自行车，实际咨询时顾客表示会购买自行车。

我们使用预测计算器的目标是尽可能多地正确识别会购买自行车的顾客。结合预测的 4 个类型，真的正预测会产生销售一辆自行车的利润，本节中为真正利润 10；真的负预测不产生值，也不会有任何损失，不把营销成本浪费在没有购买意向的顾客身上，本节中为真负利润 0；假的正预测会在没有购买意向的顾客身上浪费营销成本，本节中为假正成本 10；假的负预测也不产生值，但是可能会损失一个销售自行车的机会，本节中为假负成本 0，如图 4.89 所示。

假正成本	10
假负成本	0
真正利润	10
真负利润	0
最大化利润的建议阈值：	555

图 4.89　预测报表的成本与收益部分

4.11.2　预测计算器

在购买自行车情况的预测计算器中，主要有属性和值部分、根据顾客实际情况，调整婚姻状况、性别、年收入、小孩数量、教育程度、职业、有房否、汽车数量、上班距离、地区、年龄等值，根据各个分项计算汇总的值，如果汇总的值少于建议阈值，则购买预测为 FALSE，即顾客购买自行车的可能性很小，如图 4.90 所示。

"购买自行车情况"的"已经购买"状态的预测计算器		
最大化利润的建议阈值：	555	
属性	值	相对影响
婚姻状况	已婚	0
性别	男性	0
年收入	< 39050	0
小孩数量	0	157
教育程度	本科	85
职业	普通工人	45
有房否	有	2
汽车数量	2	72
上班距离	0-1 英里	110
地区	北美地区	0
年龄	< 37	35
汇总		506
"已经购买"的预测		FALSE

图 4.90　预测计算器为 FALSE 示例

再次调整婚姻状况、性别、年收入、小孩数量、教育程度、职业、有房否、汽车数量、上班距离、地区、年龄等值，根据各个分项计算汇总的值，如果汇总的值大于或者等于建议阈值，则购买预测为 TURE，即顾客购买自行车的可能性较大，如图 4.91 所示。

"购买自行车情况"的"已经购买"状态的预测计算器		
最大化利润的建议阈值：	555	

属性	值	相对影响
婚姻状况	未婚	78
性别	男性	0
年收入	97111 - 127371	40
小孩数量	0	157
教育程度	本科	85
职业	管理人员	71
有房否	有	2
汽车数量	2	72
上班距离	0-1 英里	110
地区	欧洲	33
年龄	37 - 46	48
汇总		696

"已经购买"的预测		TRUE

图 4.91　预测计算器为 TRUE 示例

4.11.3　可打印计算器

在购买自行车情况的可打印计算器中，我们可以看到一个记分卡。可打印计算器是预测计算器的打印版本，供脱机用户使用，把各个属性值得分手工相加，与建议阈值进行比较，为工作在一线的销售人员提供一个科学的判定手段，预测顾客是否会购买自行车，如图 4.92 所示。

"购买自行车情况"的"已经购买"状态的预测计算器

每个属性检查一个值。
在"分数"框中输入关联点。
对所有属性的分数求和以确定总分数。

属性	值	点		分数
婚姻状况				
	未婚	78	☐	
	已婚	0	☐	
性别				
	男性	0	☐	
	女性	8	☐	
年收入				
	< 39050	0	☐	
	39050 - 71062	83	☐	
	71062 - 97111	72	☐	
	97111 - 127371	40	☐	
	>= 127371	146	☐	
小孩数量				
	0	157	☐	
	1	148	☐	
	2	112	☐	
	3	134	☐	
	4	68	☐	
	5	0	☐	

图 4.92　可打印计算器

4.12   购物篮分析

购物篮分析采用关联规则算法，简化了交叉销售的分析过程，可对包含事务的表应用该工具。该工具将识别应同时出现的项组，并识别可在建议中使用的规则。如果表包含与每个事务中的每一项都关联的"值"列，则该工具还可计算每组以及每个规则的"提升"。"提升"是一种度量值，表示相应的项或组的值在该工具标识的模式上下文中的增加幅度。

(1)   在 Excel 示例数据中，选择"关联"工作表，再单击"分析"选项卡中的"购物篮分析"按钮，如图 4.93 所示。

图 4.93   "购物篮分析"按钮

(2)   打开图 4.94 所示的"购物篮分析"对话框，"事物 ID"选择"订单编号"，"项"选择"产品"，"项值"选择"价格"，单击"运行"按钮。

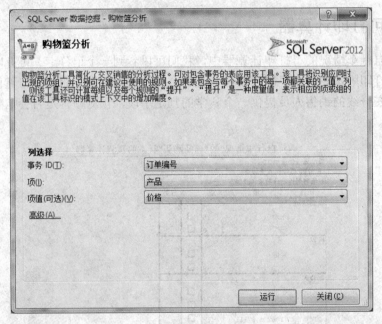

图 4.94   "购物篮分析"对话框

(3)   购物篮分析工具运行时间会比其他工具略长。当分析工具执行完成后，会生成"购物篮捆绑销售商品"和"购物篮推荐"两页数据。

4.12.1   购物篮捆绑销售商品

"购物篮捆绑销售商品"页描述了用户订单中经常一起出现的项目，每个组项在一行中体现，如图 4.95 所示。

捆绑商品	捆绑大小	销售数量	销售平均值	捆绑销售总值
Fender Set - Mountain, Mountain-200	2	438	2341.97	1025782.86
Mountain Bottle Cage, Mountain-200	2	430	2329.98	1001891.4
Mountain-200, Sport-100	2	407	2373.98	966209.86
Touring-1000, Sport-100	2	344	2438.06	838692.64
Mountain Bottle Cage, Mountain-200, Water Bottle	3	344	2334.97	803229.68
Mountain-200, Water Bottle	2	344	2324.98	799793.12
HL Mountain Tire, Mountain-200	2	314	2354.99	739466.86
Mountain-200, Patch kit	2	209	2884.98	602960.82
Touring-1000, Road Bottle Cage	2	216	2393.06	516900.96
Road-350-W, Sport-100	2	206	2497.34	514452.04
HL Mountain Tire, Mountain-200, Mountain Tire Tube	3	204	2359.98	481435.92
Mountain-200, Mountain Tire Tube	2	204	2324.98	474295.92
Touring-1000, Road Bottle Cage, Water Bottle	3	195	2398.05	467619.75
Touring-1000, Water Bottle	2	195	2389.06	465866.7
Road-550-W, Sport-100	2	264	1754.98	463314.72
Road-750, Road Bottle Cage	2	323	1129.48	364822.04

图 4.95 购物篮捆绑销售商品

图 4.95 所示的表中第一列为"捆绑商品",包含一个组项中的商品,用逗号进行分割。第二列为"捆绑大小",指组项中的商品数量。第三列为"销售数量",指多少个订单里面包含组项中的所有商品。第四列和第五列为"销售平均值"和"捆绑销售总值",描述了组项的价值。

4.12.2 购物篮推荐

"购物篮推荐"基于多数顾客一起购买商品的模式,为我们提供了一个很好的操作方式。我们可以根据购物篮的推荐信息,改进商品的摆放,以促进交叉销售,如图 4.96 所示。

购物篮推荐

所选商品	推荐	所选商品的销售情况	关联销售	关联销售的百分比	推荐的平均值	关联销售总值
Mountain Tire Tube	Sport-100	1782	749	42.03%	22.69276655	40438.51
All-Purpose Bike Stand	Patch kit	130	54	41.54%	234.6881538	30509.46
Half-Finger 手套	Sport-100	849	352	41.46%	22.38454653	19004.48
Touring-1000	Sport-100	811	344	42.42%	22.90081381	18572.56
Touring Tire Tube	Touring Tire	897	507	56.52%	16.38565217	14697.93
Road-550-W	Sport-100	618	264	42.72%	23.06368932	14253.36
Mountain Bottle Cage	Water Bottle	1201	998	83.10%	4.146561199	4980.02
Touring-2000	Sport-100	211	86	40.76%	22.00540284	4643.14
Road Bottle Cage	Water Bottle	1005	897	89.25%	4.453761194	4476.03
ML Road Tire	Road Tire Tube	533	363	68.11%	6.122645403	3263.37
LL Road Tire	Road Tire Tube	608	334	54.93%	4.938585526	3002.66
HL Road Tire	Road Tire Tube	463	326	70.41%	6.329892009	2930.74
HL Mountain Tire	Mountain Tire Tube	816	552	67.65%	3.375588235	2754.48
Touring Tire	Touring Tire Tube	582	507	87.11%	4.346958763	2529.93
ML Mountain Tire	Mountain Tire Tube	661	435	65.81%	3.283888048	2170.65
LL Mountain Tire	Mountain Tire Tube	499	277	55.51%	2.77	1382.23

图 4.96 购物篮推荐

图 4.96 所示的表中第一行,我们可以解读为购买 Mountain Tire Tube(山地自行车胎内胎)的顾客通常会购买 Sport-100(型号为 Sport-100 的头盔),在 1782 个购买所选商品的顾客中,有 749 个购买了推荐的产品,关联销售的百分比为 42.03%,推荐的平均值和关联销售总值为 749 个订单中产生的平均值和总值。系统自动按关联销售总值降序排列。

4.12.3　高级参数设置

购物篮分析工具会查找一起销售的商品,当然也可以用这个工具分析Web服务器日志,找出同一个浏览会话中频繁访问的网页。工具会查找重要商品的组项数和推荐品目,并能使用相应的阈值对其进行调整。在"购物篮分析"对话框中,可以单击项值下方的"高级"链接,打开"高级参数设置"对话框,如图4.97所示。

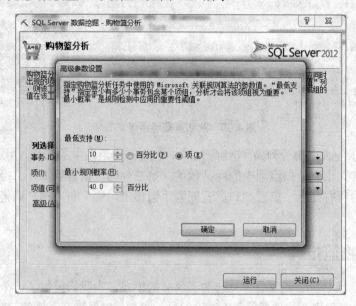

图 4.97 　"高级参数设置"对话框

第一个阈值"最低支持"是指,至少在10%或者在10个订单中都同时出现的商品,才作为组项。系统默认值10,可以根据实际情况进行调整。

第二个阈值"最小规则概率"是指,购买A商品的订单中至少有40%的顾客也购买了B商品,这样系统才会把商品A和B作为推荐信息进行计算。

第 5 章 用 Excel 2010 进行数据挖掘

我们在第 4 章学习了 Excel 的表分析工具，这个工具是为非数据挖掘人员设计的，他们不需要具有数据挖掘和统计学知识的专业背景，就可以较好地了解手中的数据。

本章介绍的 Excel 数据挖掘和 Visio 数据挖掘模板是为中级数据挖掘人员和具有相关专业背景的信息工作者设计的数据挖掘高级工具。

本章要介绍的是数据准备、数据建模、准确性和验证、模型用法、管理和连接，具体内容包括：用 Excel 2010 进行数据挖掘的全部过程，把数据提取到 Excel 2010 的不同方法以及如何为数据挖掘准备数据，创建模型和结构，验证模型的准确性，应用、浏览和管理模型，用 Visio 数据挖掘模板创建可共享的交互的模型操作界面，用跟踪功能开始 DMX 编程。

5.1 数据挖掘简介

数据挖掘项目中，最常见的模型是 CRISP-DM(CRoss-Industry Standard Process for Data Mining)模型。CRISP-DM 过程模型从商业的角度给出对数据挖掘方法的理解。目前数据挖掘系统的研制和开发大都遵循 CRISP-DM 标准，将典型的挖掘和模型的实施紧密结合。任何一个项目都需要一个完整的过程，但同一个人不一定要执行所有的步骤。CRISP-DM 模型如图 5.1 所示。

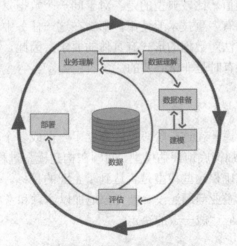

图 5.1 CRISP-DM 模型

5.1.1 业务理解

在第一个阶段我们必须从商业的角度了解项目的要求和最终目的是什么，并将这些目的与数据挖掘的定义以及结果结合起来。

业务理解的主要工作包括：确定商业目标，发现影响结果的重要因素，从商业角度描绘客户的首要目标，评估形势，查找所有的资源、局限、设想以及在确定数据分析目标和项目方案时考虑到的各种其他的因素，包括风险和意外、相关术语、成本和收益等，接下来确定数据挖掘的目标，制订项目计划。

5.1.2 数据理解

数据理解阶段开始于数据的收集工作，接下来就是熟悉数据的工作，具体内容包括：检测数据的质量，对数据有初步的理解，探测数据中比较有趣的数据子集，进而形成对潜在信息的假设；收集原始数据，对数据进行装载，描绘数据，并且探索数据特征，进行简单的特征统计，检验数据的质量，包括数据的完整性、正确性、缺失值的填补等。

5.1.3 数据准备

数据准备阶段涵盖了从原始粗糙数据中构建最终数据集的全部工作。数据准备工作有可能被实施多次，而且其实施顺序并不是预先规定好的。这一阶段的任务主要包括：制表，记录，数据变量的选择和转换，以及为适应建模工具而进行的数据清理等；根据与挖掘目标的相关性、数据质量以及技术限制，选择作为分析使用的数据，并进一步对数据进行清理转换，构造衍生变量，整合数据，并根据工具的要求，格式化数据。

5.1.4 建立模型

在这一阶段，各种各样的建模方法将被加以选择和使用，通过建造、评估模型，其参数将被校准为最为理想的值。比较典型的是，对于同一个数据挖掘的问题类型，可以有多种方法被选择使用。如果有多重技术要使用，那么在这一任务中，对于每一个使用的技术要分别对待。一些建模方法对数据的形式有具体的要求，因此，在这一阶段，重新回到数据准备阶段执行某些任务有时是非常必要的。

5.1.5 评价

从数据分析的角度考虑，在这一阶段已经建立了一个或多个高质量的模型。但在进行最终的模型实施之前，更加彻底地评估模型，回顾在构建模型过程中所执行的每一个步骤，是非常重要的，这样可以确保这些模型是否达到了企业的目标。一个关键的评价指标就是看是否仍然有一些重要的企业问题还没有被充分地加以注意和考虑。在这一阶段结束之时，有关数据挖掘结果的使用应达成一致的决定。

5.1.6 实施

根据需求的不同，实施阶段可以是仅仅像写一份报告那样简单，也可以像在企业中进行可重复的数据挖掘程序那样复杂。在许多案例中，往往是客户而不是数据分析师来执行实施阶段。然而，尽管数据分析师不需要处理实施阶段的工作，但对于客户而言，预先了解需要执行的活动从而正确地使用已构建的模型是非常重要的。

5.1.7　Excel 的数据挖掘过程

在 Excel 中进行数据挖掘的过程，比 CRISP-DM 模型简单，可以分为数据准备、数据建模、准确性和验证、模型用法、管理、连接几个部分，如图 5.2 所示。

图 5.2　Excel 数据挖掘功能菜单

图 5.2 所示的功能菜单中，每一组按钮都表示数据挖掘过程的一步。虽然过程简单，但对于读者初步理解数据挖掘和进行实际操作来说是由浅入深的关键所在。但在进行数据准备前，先看 Excel 提供的获取外部数据。

5.2　获取外部数据

Excel 为工作表中还没有数据的用户提供了获取外部数据的几种方式。可以直接从 Access、网站、文本、其他来源中获取外部数据。这个功能位于 Excel 数据菜单的第一个块中，如图 5.3 所示。

其他来源包括 SQL Server、Analysis Services、XML 文件、数据连接向导和 Microsoft Query，选择"自其他来源"的下拉按钮，弹出如图 5.4 所示的选项。

图 5.3　Excel 获取外部数据功能菜单

图 5.4　外部数据其他来源

Excel 把连接和映射信息保存在工作表中，当源数据发生变化的时候，可以刷新工作表来更新数据，不需要再次执行导入过程。但是由于 Excel 本身的限制，导入的数据限制在 65535 行以内。

5.3 数据准备

Excel 的数据准备包含浏览数据、清除数据(含离群值和重新标记)、示例数据,如图 5.5 所示。

5.3.1 浏览数据

浏览数据是数据挖掘过程中非常重要的一步,通过浏览数据,便于我们理解数据,通过构造数据,生成与解决实际问题相关的数据。而 Excel 环境非常适合我们对数据进行分析、处理。

图 5.5 数据准备功能菜单

(1) 打开课件压缩包中的示例文件 Chapter5.xlsx,如图 5.6 所示。

	A	B	C	D	E	F
1						
2	CustomerID	Age	Education Leve	Gender	Home Ownership	Internet Connecti
3	877687	33	Doctorate	Male	Own	Dial-Up
4	877723	47	Doctorate	Male	Own	DSL
5	877757		Doctorate	Male	Own	DSL
6	877792	35	Bachelor's Degree	Male	Own	Cable Modem
7	877840	32	Bachelor's Degree	Male	Own	Cable Modem
8	878821	32	Master's Degree	Male	Own	DSL
9	878822	32	Bachelor's Degree	Male	Rent	DSL
10	878842	33	Master's Degree	Male	Own	Cable Modem
11	878855	44	Master's Degree	Male	Own	Cable Modem
12	878871	39	Master's Degree	Male	Own	Cable Modem
13	878908	41	Doctorate	Male	Own	Dial-Up
14	878912	44	Doctorate	Female	Own	DSL
15	878919	59	Master's Degree	Male	Own	DSL
16	878974	45	Bachelor's Degree	Male	Own	Cable Modem
17	878977	32	Bachelor's Degree	Male	Own	DSL
18	878993	32	Bachelor's Degree	Male	Rent	DSL
19	879011	28	Master's Degree	Male	Rent	Cable Modem
20	879017	28	Master's Degree	Male	Own	Cable Modem
21	879020	40	Associate's Degree	Male	Own	DSL
22	879033	39	Bachelor's Degree	Male	Own	DSL
23	879055	28	Master's Degree	Female	Rent	Cable Modem
24	879061	31	Bachelor's Degree	Male	Rent	Other
25	879072	26	Master's Degree	Female	Own	Cable Modem
26	879232	33	Bachelor's Degree	Female	Own	Dial-Up
27	879264	28	Bachelor's Degree	Male	Own	Dial-Up
28	879306	25	Bachelor's Degree	Male	Rent	Cable Modem
29	879310	29	Bachelor's Degree	Male	Own	Cable Modem
30	879403	31	Bachelor's Degree	Male	Own	DSL
31	879453	45	Master's Degree	Male	Own	Dial-Up
32	879454	42	Master's Degree	Male	Own	DSL
33	879500	48	Master's Degree	Male	Own	Dial-Up
34	879535	33	Bachelor's Degree	Male	Own	DSL

Sheet2 / Customers / New Customers / Hobbies / Wine Sales / Sheet1

图 5.6 Chapter5.xlsx 示例文件

(2) 选择"Customers"工作表,单击数据准备功能区中的"浏览数据"按钮,打开如图 5.7 所示的"浏览数据"界面。

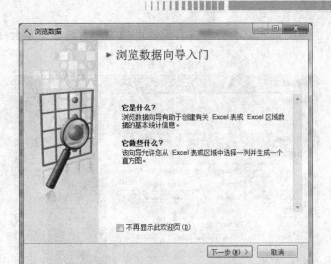

图 5.7　"浏览数据"窗口

(3) 单击"下一步"按钮，出现"选择源数据"界面，在"表"下拉列表框中选择'Customers'!'Customers'选项，如图 5.8 所示。

图 5.8　"选择源数据"界面

(4) 单击"下一步"按钮，出现"选择列"界面。在选择列下拉列表框中可以根据我们的查看需要，选择任意一个列进行查看。因教学需要，这里我们先选择 Internet Connection，对上网方式进行浏览，如图 5.9 所示。

(5) 单击"下一步"按钮，出现查看 Internet Connection 的结果，由高到低接入 Internet 的顺序为：DSL、Cable Modem、Dial-Up、No Internet Connection、Other、IDSN，如图 5.10 所示。

6 种 Internet Connection，主要集中在前 4 种，其他两种的计数量都很少。在我们进行查看的时候，就可以考虑在后续的数据处理中将数量极少的 Other、IDSN 剔除掉。因为在数据挖掘中，只有少量支持的值不会生成有价值的模型，有时候甚至会成为噪音数据，降低模型的整体质量。

图 5.9　选择列 Internet Connection 界面

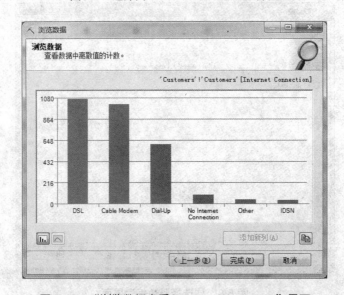

图 5.10　"浏览数据查看 Internet Connection" 界面

(6)　单击"上一步"按钮返回选择列，这次我们选择 Age，对年龄进行查看，如图 5.11 所示。

(7)　单击"下一步"按钮，出现查看 Age 的结果，当存储桶为 4 的时候，30 岁到 41 岁的人最多，20 岁到 30 岁的人次之，41 岁到 52 岁的人第三，最少的分布是 52 岁到 62 岁的人，还有极少数的人年龄为空值(null)，如图 5.12 所示。

图 5.11　选择列 Age 界面

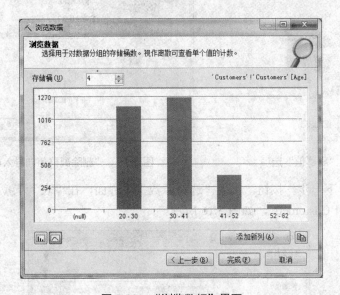

图 5.12　"浏览数据"界面

(8) 存储桶的数量可以调整，存储桶数量越大，年龄的划分就越细，读者可以自行进行尝试。单击"添加新列"按钮，会在原始工作表中添加一个表示范围的列，如图 5.13 所示。

在数据挖掘的很多时候，处理数值的范围比处理连续的数值更为方便快捷。这样我们在处理年龄的时候，可以不把年龄当作一个具体的数值，而把年龄作为一个数值范围来进行处理。在实际的数据挖掘工作中，我们必须逐一查看所有的列。但本书限于篇幅，对浏览数据就介绍到这里。读者可

Age	Age2
33	30 - 41
47	41 - 52
35	30 - 41
32	30 - 41
32	30 - 41
32	30 - 41
33	30 - 41
44	41 - 52
39	30 - 41

图 5.13　"添加新列"结果

以继续返回上一步，查看其他的列。查看结束后，单击"完成"按钮关闭查看界面。

5.3.2 清除数据

1. 离群值

(1) 选择"Customers"工作表，单击"数据准备"选项卡中的"清除数据"按钮，在打开的下拉列表中选择"离群值"选项，如图 5.14 所示。

(2) 打开图 5.15 所示的删除离群值向导入门界面，在这个向导中，可以对 Excel 表或者区域中选定的列首先计算阈值，然后对低于和高于阈值的值进行更改或者删除处理。

图 5.14 "离群值"选项

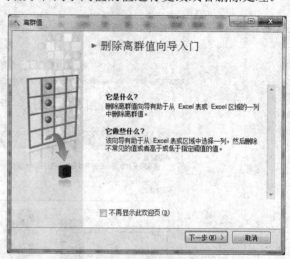

图 5.15 "删除离群值向导入门"界面

(3) 单击"下一步"按钮，出现"选择源数据"界面，在"表"下拉列表框中，我们选择'Customers'!'Customers'，如图 5.16 所示。

图 5.16 "选择源数据"界面

(4) 单击"下一步"按钮，出现"选择列"界面，在"选择列"下拉列表框中，可以根据我们的数据挖掘需要，选择任意一个列进行离群值的处理。因教学需要，这里我们选择 City，对城市进行离群值处理，如图 5.17 所示。

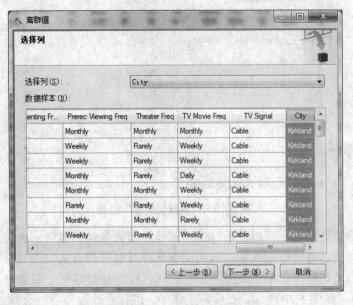

图 5.17　"选择列"界面

(5) 单击"下一步"按钮，出现指定阈值界面，我们将一个城市顾客数的最小值设置为 30，即顾客数在 30 人及以下的城市，执行后续操作，如图 5.18 所示。

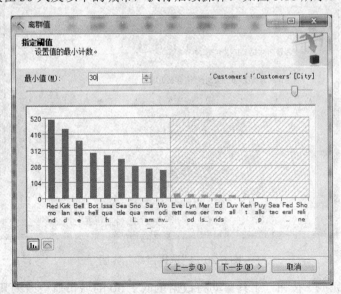

图 5.18　"指定阈值"界面

(6) 单击"下一步"按钮，出现"离群值处理"界面，如图 5.19 所示。

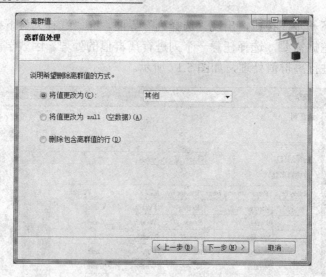

图 5.19　"离群值处理"界面

(7)　在离群值处理上,可以使用一组"其他"值去替换离群值,也可以更改为空值,还可以删除离群值,可以根据数据挖掘的工作选择具体处理方式。因教学需要,这里我们选择将值更换为"其他",单击"下一步"按钮,在"选择目标"界面中,选中"就地更改数据"选项框,如图 5.20 所示。在实际工作中,进行更改操作前,请务必要先备份数据。

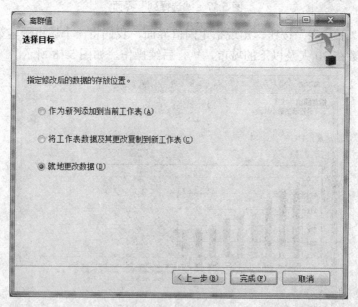

图 5.20　"选择目标"界面

(8)　单击"完成"按钮,工具自动将数据量低于 30 的城市值更改为其他。我们可以再次使用前面的浏览数据对城市进行查看,我们发现那些顾客数量很少的城市,统一更改为了其他,并且数量上也超过了 104,有利于我们后期的数据挖掘,如图 5.21 所示。

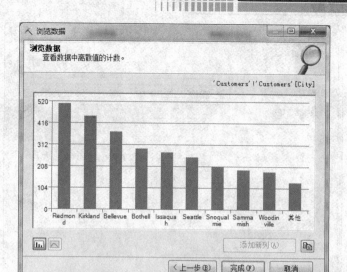

图 5.21　"浏览数据"界面

2. 重新标记

(1) 选择"Customers"工作表，选择数据准备功能区中的"清除数据"下的"重新标记"选项，如图 5.22 所示。

(2) 打开图 5.23 所示的"重新标记数据向导入门"界面，在这个向导中，可以更改 Excel 表或者区域中选定的列的值。

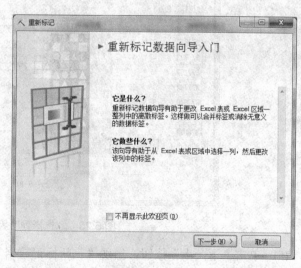

图 5.22　"重新标记"选项　　　　图 5.23　"重新标记数据向导入门"界面

(3) 单击"下一步"按钮，出现"选择源数据"界面。在表下拉列表框中，我们选择'Customers'!'Customers'，如图 5.24 所示。

(4) 单击"下一步"按钮，出现"选择列"界面，如图 5.25 所示。在选择列下拉列表框中，可以根据我们的数据挖掘需要，选择任意一个列进行重新标记的处理。因教学需要，这里我们选择 Education Level，对教育程度进行重新标记。

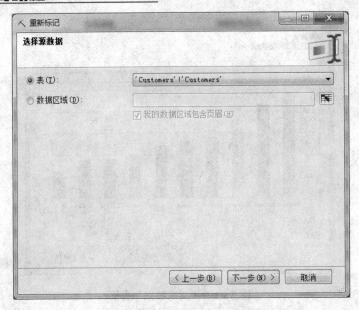

图 5.24 "选择源数据"界面

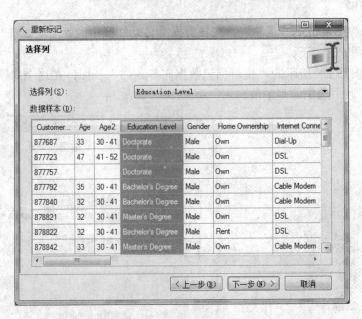

图 5.25 "选择列"界面

(5) 单击"下一步"按钮，出现"重新标记数据"界面，如图 5.26 所示。在多种多样的教育程度面前，如果我们只关心顾客是否受过大学教育，不需要非常详细的教育程度，那么我们可以在新标签处分别输入 College 和 Not college，结果如图 5.27 所示。

(6) 单击"下一步"按钮，在"选择目标"界面选中"就地更改数据"选项，如图 5.28 所示。在实际工作中，进行更改操作前，请务必先备份数据。

(7) 单击"完成"按钮，工具自动按我们设定的规则将教育程度改为 College 和 Not College，如图 5.29 所示。我们可以再次使用前面的浏览数据对教育程度进行查看。

图 5.26 "重新标记数据"界面

图 5.27 "新标签调整"界面

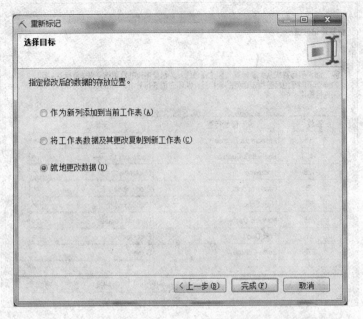

图 5.28　"选择目标就地更改数据"界面

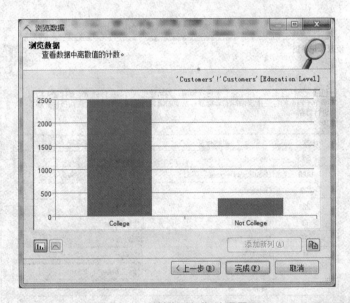

图 5.29　"浏览数据"结果界面

5.3.3　示例数据

(1) 选择"Customers"工作表，单击数据准备功能区中的"示例数据"按钮，如图 5.30 所示。

(2) 打开图 5.31 所示的"示例数据向导入门"界面。在这个向导中可以从源数据抽取按我们设定规则的子数据集。

图 5.30　"示例数据"按钮

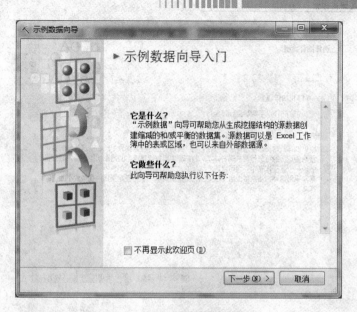

图 5.31 "示例数据向导入门"界面

(3) 单击"下一步"按钮，出现"选择源数据"界面。在"表"下拉列表框中，我们选择'Customers'!'Customers'，如图 5.32 所示。

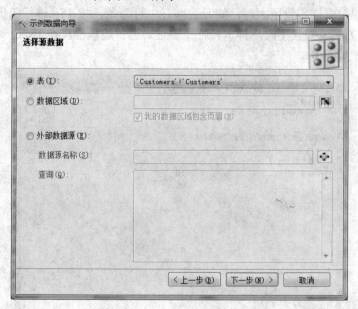

图 5.32 "选择源数据"界面

(4) 单击"下一步"按钮，出现"选择抽样类型"界面。在抽样方法处，可以根据我们对源数据的处理方式进行选择，"随机抽样"主要是针对巨大体量的数据，抽取大小固定的样本子数据集进行分析。而"过度抽样以平衡数据分布"主要是针对源数据中包含的所需数据项非常少时使用。增大这种状态的分布规模往往可以改进挖掘效果。因教学需要，这里我们选择"随机抽样"对源数据进行抽取，如图 5.33 所示。

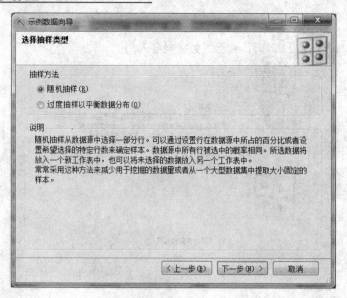

图 5.33　"选择抽样类型"界面

（5）单击"下一步"按钮，出现"随机抽样选项"界面，样本可以按百分比和实际行数进行设定，这里我们选择"百分比"，设置为 15，即源数据中抽取 15%的数据作为样本进行分析。在源数据样本量巨大时，如源数据有 1 百万条，按 15%进行随机抽样后，样本数据就只有 15 万条，并且不破坏样本特征完整性。这种随机抽样在 Excel 的数据挖掘中非常有用，如图 5.34 所示。

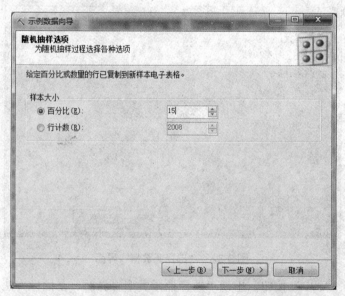

图 5.34　"随机抽样选项"界面

（6）单击"下一步"按钮，出现"示例数据向导完成"界面，设置所选集工作表名称和未选工作表名称，这里统一使用系统默认值，单击"完成"按钮完成抽样过程。如图 5.35 所示。

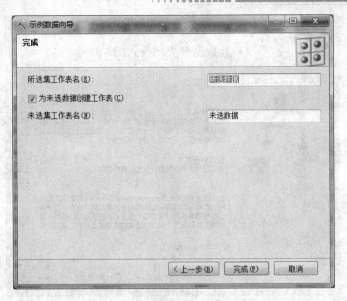

图 5.35　"示例数据向导完成"界面

5.4　数　据　建　模

数据建模是一组工具集，Excel 的数据建模包含分类、估计、聚类分析、关联、预测和高级(含创建挖掘结构和将模型添加到结构)几大任务模块，如图 5.36 所示。

图 5.36　数据建模功能菜单

与本书后面章节讲授的数据建模不同，Excel 的数据建模属于简版的建模，对于初次涉足数据建模领域的读者来说，更容易入手。但同时也牺牲了模型的灵活性和易用性，这方面与后面章节要讲授的数据建模相比，要略逊一筹。

5.4.1　分类

分类任务采用决策树、逻辑回归、贝叶斯和神经网络多个算法对源数据建立分类模型，即根据其他列中的值对某列的值进行预测的一种模型。

(1)　打开本章提供的示例文件 Chapter5.xlsx，选择 "Customers" 工作表，单击数据建模功能区中的 "分类" 按钮，打开如图 5.37 所示的 "为数据分类向导入门" 界面。

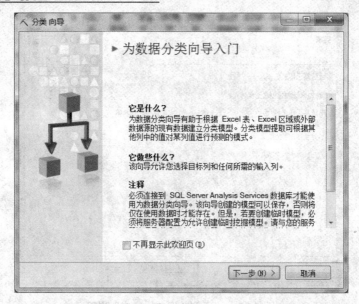

图 5.37 "为数据分类向导入门"界面

(2) 单击"下一步"按钮，出现"选择源数据"界面，在"表"下拉列表框中，我们选择'Customers'!'Customers'，如图 5.38 所示。

图 5.38 "选择源数据"界面

(3) 单击"下一步"按钮，出现"分类"界面，在"要分析的列"的下拉列表框中，可以根据我们的分析需要，选择任意一个列进行分析。因教学需要，这里我们先选择 Theater Freq，对去剧院的频率进行分析。因 CustomerID 为用户编号，没有实际含义，所以去掉 CustomerID 前面的钩，如图 5.39 所示。

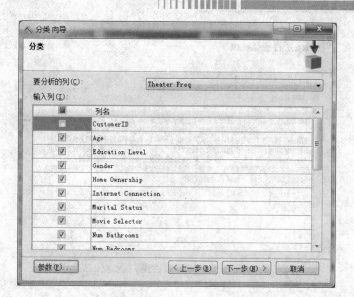

图 5.39　"分类"界面

(4)　单击"参数"按钮，可以对分类任务所用到的 4 种算法参数进行设置，如图 5.40 所示。

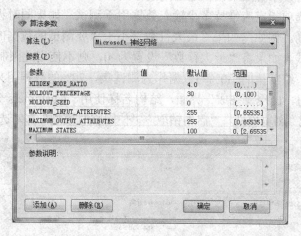

图 5.40　"算法参数"界面

(5)　单击"算法"的下拉列表框，我们可以切换到分类任务所用的任意一种算法，并进行参数的设置，如图 5.41 所示。

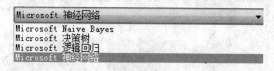

图 5.41　选择分类任务的算法

(6)　初学阶段，这些参数我们都不进行设置，单击"确定"按钮返回图 5.39 所示的"分类"界面，单击"下一步"按钮，出现"将数据拆分为定型集和测试集"界面，如图 5.42 所示。

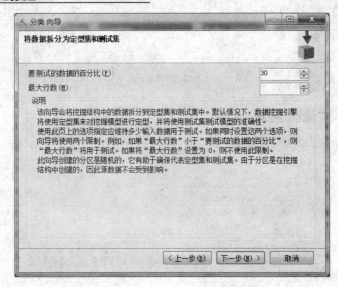

图 5.42 "将数据拆分为定型集和测试集"界面

该向导会将挖掘结构中的源数据拆分成定型和测试两个数据集。在默认情况下，数据挖掘引擎将使用定型集来对挖掘模型进行定型，并将使用测试集测试模型的准确性。

使用此页上的选项指定应维持多少输入数据用于测试。如果同时设置这两个选项，则向导将使用两个限制。例如，如果"最大行数"小于"要测试的数据的百分比"，则"最大行数"将用于测试。如果将"最大行数"设置为 0，则不使用此限制。

这里我们使用系统默认的 30%的数据作为测试集，70%的数据用来进行模型的定型。单击"下一步"按钮，出现"完成"界面，结构名称使用"Customers 分类"，其他项采用默认设置，选项中把"浏览模型""启用钻取""使用临时模型"都勾选上，如图 5.43 所示。

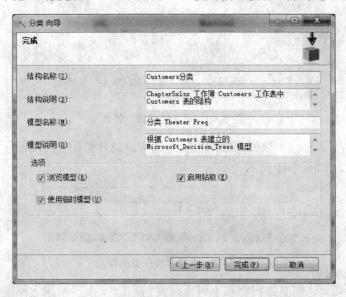

图 5.43 "完成"界面

(7) 单击"完成"按钮，等待数秒后分类处理完成，出现"浏览"窗口，我们发现去剧院的频率与小孩的数量(Num Children)相关，浏览窗口包含"决策树""依赖关系网络"和"挖掘图例"三个界面，如图 5.44 所示。

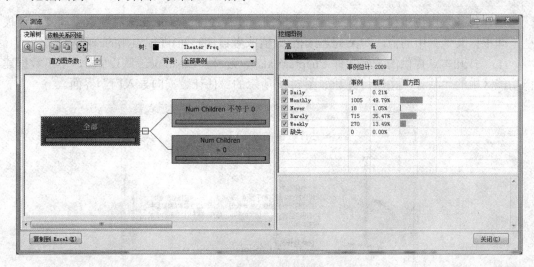

图 5.44 "浏览"窗口

(8) 单击"依赖关系网络"界面，我们可以看到依赖关系网络链接中 Num Children 为决定 Theater Freq 的最主要因素，如图 5.45 所示。

图 5.45 "依赖关系网络"界面

但在分类任务中，分析的结果较少，内容较单一，查看完成后，单击"关闭"按钮结束分类任务。所以说 Excel 的数据建模是简版的，学习后面对应的章节后，大家可以进行体会。

5.4.2 估计

估计任务采用决策树、线性回归、逻辑回归和神经网络多个算法对源数据建立估计模型，即根据其他列中的值，对某列连续值(数值或者日期时间)进行预测的一种模型。

(1) 打开本章提供的示例文件 Chapter5.xlsx，选择 "Customers" 工作表，单击数据建模功能区中的 "估计" 按钮，打开如图 5.46 所示的 "估计数据向导入门" 界面。

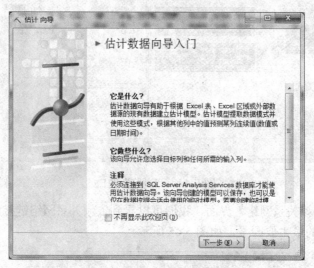

图 5.46 "估计数据向导入门"界面

(2) 单击 "下一步" 按钮，出现 "选择源数据" 界面，在 "表" 下拉列表框中选择 'Customers'!'Customers'，如图 5.47 所示。

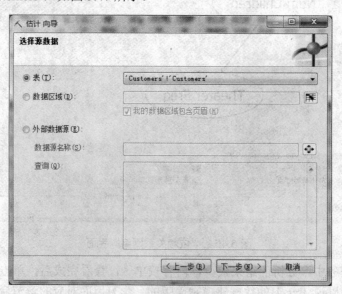

图 5.47 "选择源数据"界面

(3) 单击 "下一步" 按钮，出现 "估计" 的分析界面，在 "要分析的列" 的下拉列表框中可以根据我们的分析需要选择任意一个列进行估计。因教学需要,这里我们先选择 Num Children,对小孩的数量进行估计。因 CustomerID 为用户编号,没有实际含义,所以取消 CustomerID 复选框,如图 5.48(a)所示,选中 Num Children 复选框,如图 5.48(b)所示。

(a)   (b)

图 5.48 "估计"界面

(4) 单击"参数"按钮,可以对分类任务所用到的 4 种算法参数进行设置,如图 5.49 所示。

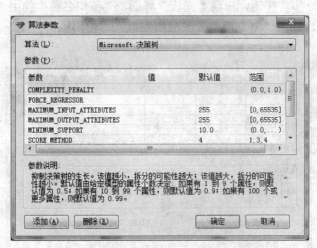

图 5.49 "算法参数"界面

(5) 单击"算法"的下拉列表框,我们可以切换到分类任务所用的任意一种算法中进行参数的设置,如图 5.50 所示。

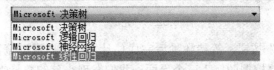

图 5.50 选择分类任务的算法

(6) 初学阶段，这些参数我们都不进行设置，单击"确定"按钮返回图 5.48 所示的"估计"界面，单击"下一步"按钮，出现"将数据拆分为定型集和测试集"界面，如图 5.51 所示。

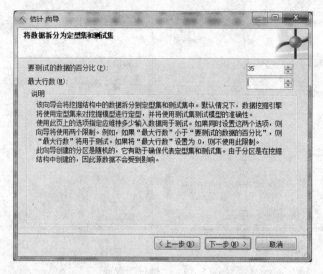

图 5.51 "将数据拆分为定型集和测试集"界面

这里我们使用 35%的数据作为测试集，65%的数据用来进行模型的定型。

(7) 单击"下一步"按钮，出现"完成"界面，"结构名称"使用"Customer 估计"，其他采用默认设置，选中"浏览模型""启用钻取""使用临时模型"复选框，如图 5.52 所示。

图 5.52 "完成"界面

(8) 单击"完成"按钮，等待数秒后完成估计工作，出现浏览窗口，包含"决策树""依赖关系网络"和"挖掘图例"三个界面。我们发现小孩的数量(Num Children)与婚姻状态相关，如图 5.53 所示。

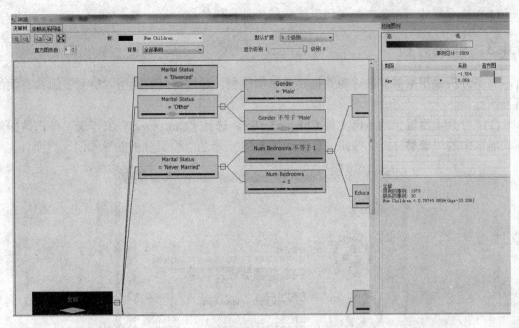

图 5.53　"浏览"窗口

(9) 单击"依赖关系网络"界面，通过调节左侧的从所有链接到最强链接滚动条，我们可以看到依赖关系网络链接中 Marital Status(婚姻状态)和 Num Bedrooms(卧室数量)是决定 Num Children(小孩数量)最主要的两个因素，如图 5.54 所示。

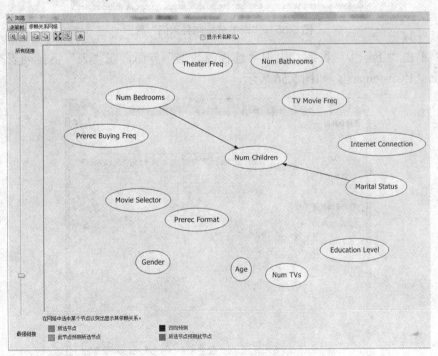

图 5.54　"依赖关系网络"界面

(10) 查看完成后，单击"关闭"按钮结束估计任务。

5.4.3 聚类分析

聚类分析采用聚类算法对源数据建立聚类模型，通过得到的模型，检测多组具有类似特征的行。

(1) 打开本章提供的示例文件 Chapter5.xlsx，选择"Customers"工作表，单击数据建模功能区中的"聚类分析"按钮，打开如图 5.55 所示的"聚类分析向导入门"界面。

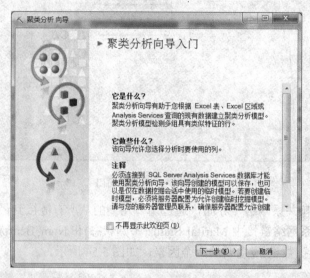

图 5.55 "聚类分析向导入门"界面

(2) 单击"下一步"按钮，出现"选择源数据"界面，在"表"下拉列表框中选择'Customers'!'Customers'，如图 5.56 所示。

图 5.56 "选择源数据"界面

(3)　单击"下一步"按钮，出现"聚类分析"界面，在"段数"中选择根据模型自动检测出的数量。因 CustomerID 为用户编号，没有实际含义，取消 CustomerID 复选框，如图 5.57 所示。

图 5.57　"聚类分析"界面

(4)　单击"参数"按钮，可以对聚类分析算法参数进行设置，如图 5.58 所示。

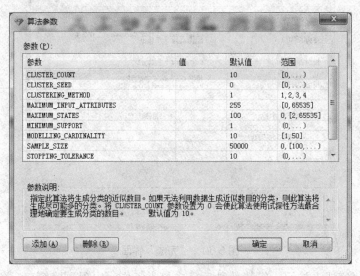

图 5.58　"算法参数"界面

(5)　初学阶段，这些参数我们都不进行设置，单击"确定"按钮返回图 5.57 所示的"聚类分析"界面，单击"下一步"按钮，出现"将数据拆分为定型集和测试集"界面，如图 5.59 所示。

这里我们使用 20%的数据作为测试集，80%的数据用来进行模型的定型。

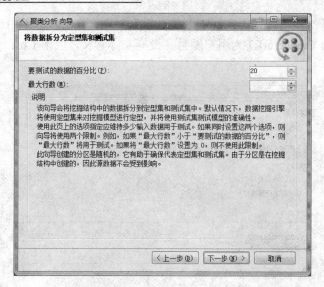

图 5.59　"将数据拆分为定型集和测试集"界面

(6)　单击"下一步"按钮，出现"完成"界面，结构名称使用"Customers 聚类"，其他采用默认设置，选中"浏览模型""启用钻取""使用临时模型"复选框，如图 5.60 所示。

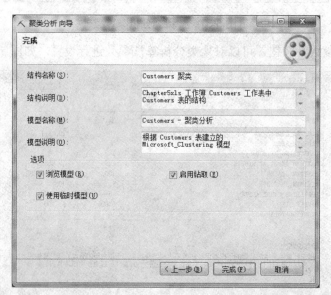

图 5.60　"完成"界面

(7)　单击"完成"按钮，等待数秒后完成聚类工作，出现浏览窗口，包含"分类关系图""分类剖面图""分类特征""分类对比"四个界面，如图 5.61 所示。

(8)　在"分类关系图"界面，我们可以在"明暗度变量"处选择我们关心的任意一个列进行查看。因教学需要，这里我们选择 Home Ownership(房屋所有权)，"状态"处我们选择 Own(自己的)。在 9 个分类中，分类颜色越深，说明比例越大，我们把鼠标移动到分类 1 上悬停，系统显示分类 1 自有房屋所有权的占比为 100%，如图 5.62 所示。

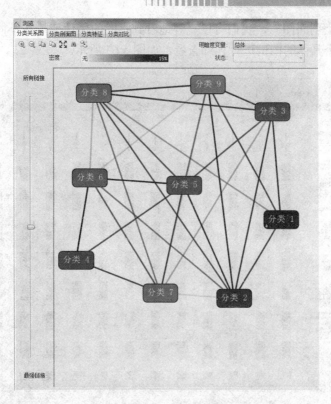

图 5.61　"浏览"窗口

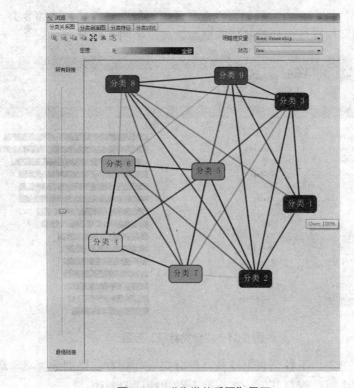

图 5.62　"分类关系图"界面

(9) 在"分类剖面图",我们可以直观地看到不同的属性变量在不同分类中的占比情况,可以单击某个具体的图例进行详细查看,如图 5.63 所示。

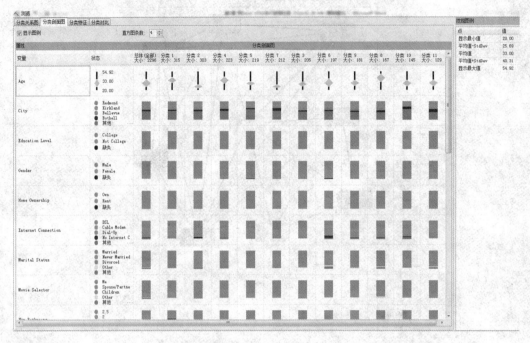

图 5.63 "分类剖面图"界面

(10) 在"分类特征"界面,我们可以查看分类的最明显特征,比如分类 1,最大特征就是有房和已结婚,概率颜色块越长说明概率越高,如图 5.64 所示。

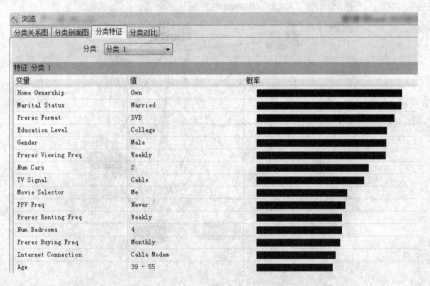

图 5.64 "分类特征"界面

也可以通过"分类"下拉列表框选择其他分类进行查看。比如分类 2,最大特征就是无小孩和租房。读者可自行对其他分类进行查看和特征的归纳。

(11) 在"分类对比"界面(如图 5.65)，我们可以选择性地查看不同分类之间的差异，比如我们查看分类 1 和分类 2 的差异，发现房屋所有权自有倾向于分类 1、租住倾向于分类 2；小孩数量为 0，倾向于分类 2；在婚姻状态上，已婚倾向于分类 1、未婚倾向于分类 2；在年龄层次上，32～62 岁倾向于分类 1、20～31 岁倾向于分类 2。

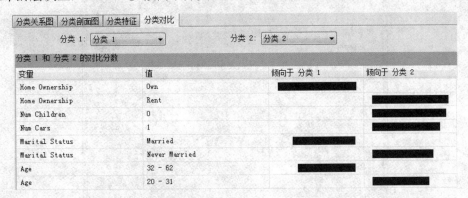

图 5.65　"分类对比"界面

(12) 查看完成后，单击"关闭"按钮结束聚类分析任务。

5.4.4　关联

关联采用关联规则算法对源数据建立关联规则模型，通过得到的模型，检测多个事务中出现的项之间的关联性，用于市场购物篮分析。

(1) 打开本章提供的示例文件 Chapter5.xlsx，选择"Hobbies"工作表，单击数据建模功能区中的"关联"按钮，打开如图 5.66 所示的"关联向导入门"界面。

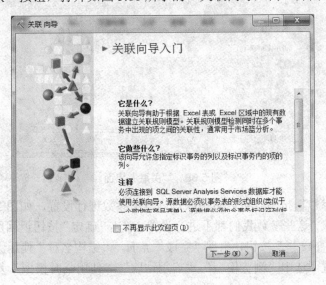

图 5.66　"关联向导入门"界面

(2) 单击"下一步"按钮，出现"选择源数据"界面，在"表"下拉列表框中，我们选择'Hobbies'!' Hobbies'，如图 5.67 所示。

(3) 单击"下一步"按钮，出现"关联"界面，在"事务 ID"下拉列表框中选择 CustomerID，"项"选择 Hobby，"阈值"的设置采用系统默认值，如图 5.68 所示。

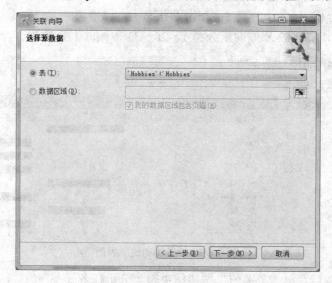

图 5.67   "选择源数据"界面

图 5.68   "关联"界面

(4) 单击"参数"按钮，可以对关联规则算法参数进行设置，如图 5.69 所示。

(5) 初学阶段，这些参数我们都不进行设置，单击"确定"按钮返回图 5.68 所示的"关联"界面，单击"下一步"按钮，出现"完成"界面，"结构名称"使用"Hobbies 关联"，其他采用默认设置，选中"浏览模型""启用钻取""使用临时模型"复选框，如图 5.70 所示。

(6) 单击"完成"按钮，等待数秒后完成关联工作，出现"浏览"窗口，包含"规则""项集""依赖关系网络"三个界面，如图 5.71 所示。

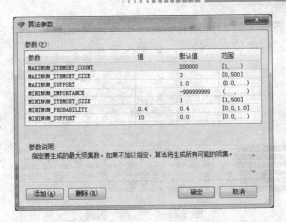

图 5.69 "算法参数"界面

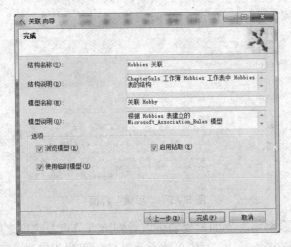

图 5.70 "完成"界面

图 5.71 "浏览"窗口

(7) 在"规则"界面，我们可以看到通过模型计算出的规则描述、重要性和发生的概率，重要性得分越高，规则的质量越好，如图 5.72 所示。

图 5.72　"规则"界面

(8) 在"项集"界面，我们可以看到项集内容、项集大小、出现的次数(支持度)，支持度越高，形成的项集越稳定，如图 5.73 所示。

图 5.73　"项集"界面

(9) 在"依赖关系网络"界面，我们可以看到所有节点及它们之间的相互依赖关系，可以通过调节左边的链接滑动块，对依赖关系和链接的强弱程度进行查看，如图 5.74 所示。

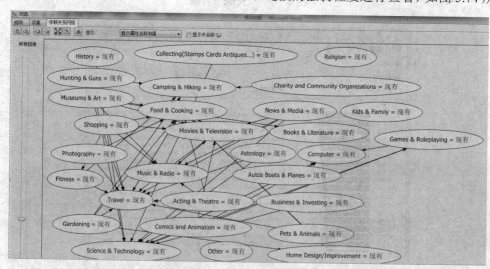

图 5.74　"依赖关系网络"界面

(10) 查看完成后，单击"关闭"按钮结束关联任务。

5.4.5　预测

预测采用时序算法对源数据建立预测模型，通过得到的模型，预测某列或者某几列发展的趋势。

(1)　打开本章提供的示例文件 Chapter5.xlsx，选择"Wine Sales"工作表，单击数据建模功能区中的"预测"按钮，打开如图 5.75 所示的"预测向导入门"界面。

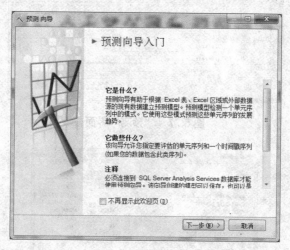

图 5.75　"预测向导入门"界面

(2)　单击"下一步"按钮，出现"选择源数据"界面，在"表"下拉列表框中选择'Wine Sales'!'WineSales'，如图 5.76 所示。

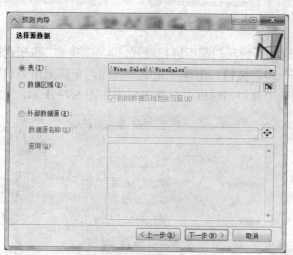

图 5.76　"选择源数据"界面

(3)　单击"下一步"按钮，出现"预测"界面，在"时间戳"处选择 Month，选中"输入列"的所有复选框，如图 5.77 所示。

(4)　单击"参数"按钮，可以对时序算法参数进行设置，如图 5.78 所示。

图 5.77　"预测"界面

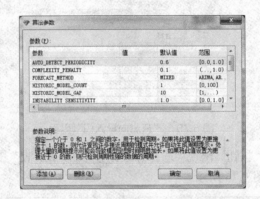

图 5.78　"算法参数"界面

(5)　初学阶段，这些参数我们都不进行设置，单击"确定"按钮返回图 5.77 所示的"预测"界面，单击"下一步"按钮，出现"完成"界面，全部采用系统默认设置，选中"浏览模型""启用钻取""使用临时模型"复选框，如图 5.79 所示。

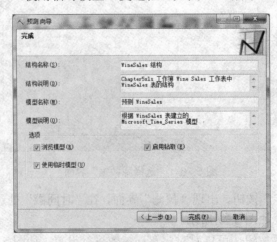

图 5.79　"完成"界面

(6) 单击"完成"按钮，等待数秒后完成关联工作，出现"浏览"窗口，包含"图表""模型"和"挖掘图例"三个界面，如图 5.80 所示。

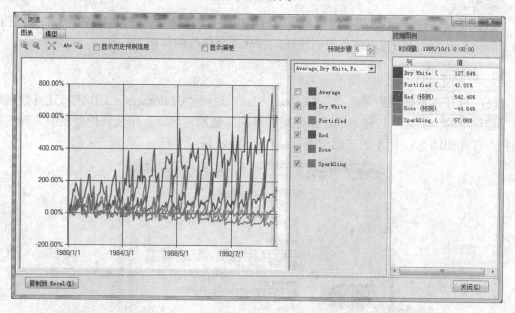

图 5.80 "浏览"窗口

(7) "图表"界面中的实线为历史数据，虚线部分为预测的未来数据，可以单击图表中任意一点，在"挖掘图例"框中会显示历史情况或者预测的未来情况。

(8) 在"模型"中，以决策树方式显示建立的预测模型，并给出 ARIMA(自回归移动平均模型)公式，如图 5.81 所示。

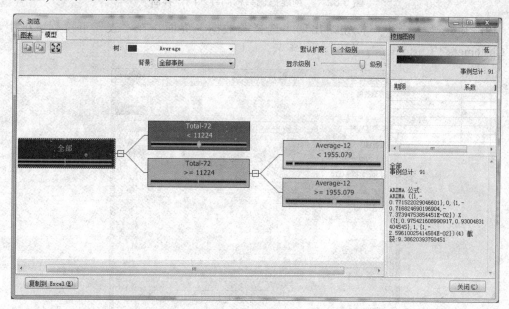

图 5.81 "模型"界面

(9) 查看完成后，单击"关闭"按钮结束预测任务。

5.4.6 高级

Excel 的数据建模还包括高级建模功能，可以进行创建挖掘结构和将模型添加到结构，用于解决 Excel 封装的建模任务限制性较大、缺乏灵活性的问题。

1. 创建挖掘结构

(1) 打开本章提供的示例文件 Chapter5.xlsx，选择"Customers"工作表，选择数据建模功能区中的"高级"按钮下的"创建挖掘结构"选项，建立不带任何挖掘模型的纯挖掘结构，打开如图 5.82 所示的"创建挖掘结构向导入门"界面。

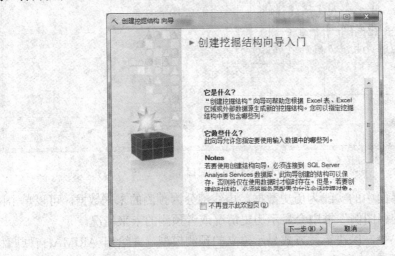

图 5.82　"创建挖掘结构向导入门"界面

(2) 单击"下一步"按钮，出现"选择源数据"界面，在"表"下拉列表框中选择'Customers'!'Customers'，如图 5.83 所示。

图 5.83　"选择源数据"界面

(3)　单击"下一步"按钮，出现创建挖掘结构向导的"选择列"界面，CustomerID 为表主键，系统自动检测其用法为"键"，其他的表列可以根据我们的挖掘结构需要进行用法的选择：需要进入挖掘结构的，选择"包括"；不需要进入挖掘结构的，选择"不使用"；有 Date 类型的表列，且进入挖掘结构的，选择 Key Time，如图 5.84 所示。

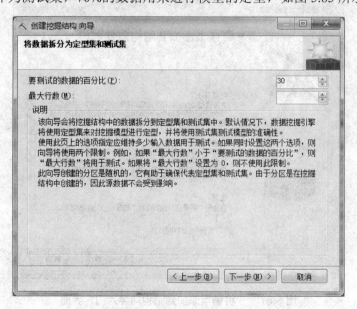

图 5.84　"选择列"界面

(4)　单击"下一步"按钮，出现"将数据拆分为定型集和测试集"界面，这里我们使用 30% 的数据作为测试集，70% 的数据用来进行模型的定型，如图 5.85 所示。

图 5.85　"将数据拆分为定型集和测试集"界面

(5)　单击"下一步"按钮，出现"完成"界面，"结构名称"使用"高级自建结构"，其他采用默认设置，取消 "使用临时结构"复选框，即创建完成后，挖掘结构会一直保存，如图 5.86 所示。单击"完成"按钮，等待数秒的创建挖掘结构工作后，窗口自动消失。

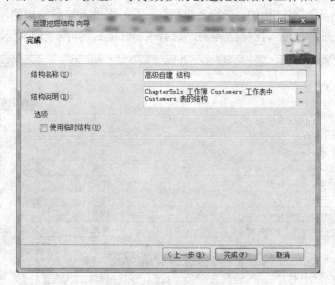

图 5.86   "完成"界面

2. 将模型添加到结构

(1)   选择数据建模功能区中的"高级"按钮下的"将模型添加到结构"选项，给一个挖掘结构添加多个模型，采用不同的算法及参数尝试各种情况，比较挖掘结果。打开如图 5.87 所示的"将模型添加到结构向导入门"界面。

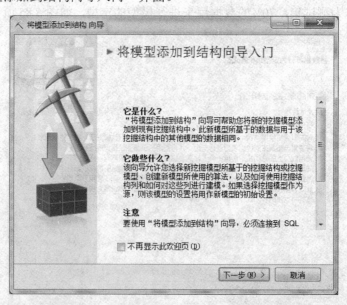

图 5.87   "将模型添加到结构向导入门"界面

(2)   单击"下一步"按钮，出现"选择结构或模型"界面，在"结构和模型"处选择前面刚刚建立的"高级自建结构"，如图 5.88 所示。

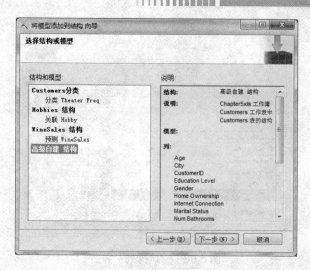

图 5.88　"选择结构或模型"界面

(3)　单击"下一步"按钮，出现"选择挖掘算法"界面，在"算法"处可以通过下拉列表进行选择，包含了 Microsoft 提供的 9 种算法模型及相关参数设置，我们首先选择"Microsoft 决策树"算法，如图 5.89 所示。

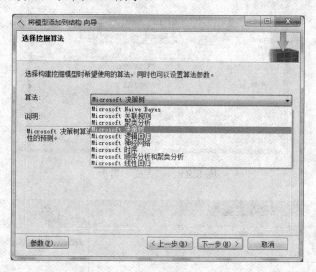

图 5.89　"选择挖掘算法"界面

(4)　单击"下一步"按钮，把 Num Children 用法设置为"输入和预测"，其他列使用系统默认的表列用法，如图 5.90 所示。

(5)　单击"下一步"按钮，出现"完成"界面，模型名称使用"高级自建-决策树"，其他采用默认设置，选中"浏览模型""启用钻取""处理模型"复选框，取消"使用临时模型"复选框，即模型会一直存在，不会随着算法结束而自动删除，如图 5.91 所示。

(6)　单击"完成"按钮，待数秒的决策树算法处理后，出现"浏览"窗口，我们发现小孩的数量(Num Children)与婚姻状态(Marital Status)相关，"浏览"窗口包含"决策树""依赖关系网络"和"挖掘图例"三个界面，如图 5.92 所示。

图 5.90   "选择列"界面

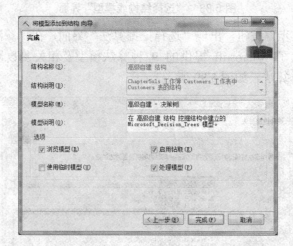

图 5.91   "完成"界面

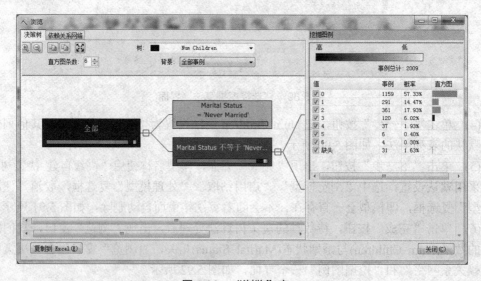

图 5.92   "浏览"窗口

(7) 单击"关闭"按钮，按以下操作顺序，将 Microsoft 聚类算法添加到高级自建结构中。

① 选择数据建模功能区中的"高级"按钮下的"将模型添加到结构"选项；

② 单击"下一步"按钮，出现"选择结构或模型"界面，在"结构和模型"处，选择前面刚刚建立的"高级自建结构"；

③ 单击"下一步"按钮，出现"选择挖掘算法"界面，在"算法"选择"Microsoft 聚类分析"算法；

④ 单击"下一步"按钮，把 Num Children 用法设置为"输入和预测"，其他列使用系统默认的表列用法；

⑤ 单击"下一步"按钮，出现"完成"界面，"模型名称"使用"高级自建-聚类分析"，其他采用默认设置，把"浏览模型""启用钻取""使用临时模型""处理模型"都勾选上；

⑥ 单击"完成"按钮，待数秒的聚类算法处理后，出现"浏览"窗口。"浏览"窗口包含"分类关系图""分类剖面图""分类特征"和"分类对比"。

读者还可以自行将 Microsoft 提供的其他算法(如 Microsoft 神经网络)，添加到我们自己创建的高级自建结构中，"模型名称"命名为"高级自建-神经网络"，并完成算法处理，作为练习。在下一节中将会用到该模型。

5.5　准确性和验证

准确性和验证是一组工具集，Excel 的准确性和验证包含准确性图表、分类矩阵、利润图和交叉验证 4 大任务模块，用以衡量我们创建模型的质量和精确程度，如图 5.93 所示。

图 5.93　准确性和验证功能菜单

当然在具体的数据挖掘工作中，在训练模型时，最好是预先保留一些实际数据，用于测试模型，并逐步修正模型，以达到较好的命中率。

5.5.1　准确性图表

Excel 数据挖掘部分的准确性图表，针对模型进行预测，并且将预测的结果与已知的测试值实际结果进行对比，进而判断模型的质量。根据模型不同，分别生成不同的图。如果模型为分类模型，生成提示图，显示与理想模型对比的模型性能；如果模型为估计模型，则生成散点图，显示测试数据的模型估计值和实际值。

(1) 单击准确性和验证功能区中的"准确性图表"按钮，打开如图 5.94 所示的"准确性图表向导入门"界面。

(2) 单击"下一步"按钮，出现"选择结构或模型"界面，在"结构和模型"处选择前面刚刚建立的"高级自建结构"及其下属的三个模型："高级自建-聚类分析""高级自建-决策树""高级自建-神经网络"，如图 5.95 所示。

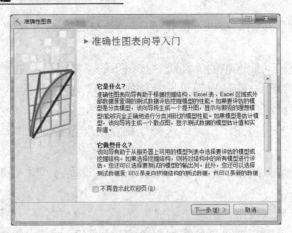

图 5.94 "准确性图表向导入门"界面

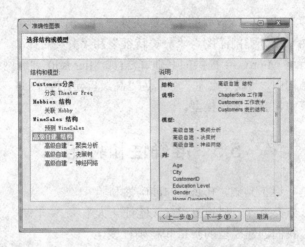

图 5.95 "选择结构或模型"界面

(3) 单击"下一步"按钮,出现"指定要预测的列和要预测的值"界面,在"要预测的挖掘列"选择 Num Children、"要预测的值"选择 1,如图 5.96 所示。

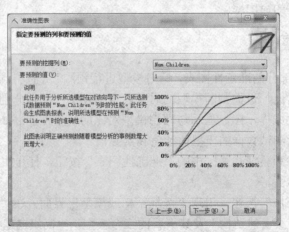

图 5.96 "指定要预测的列和要预测的值"界面

（4）单击"下一步"按钮，出现"选择源数据"界面，选中"来自挖掘结构的测试数据"单选框，如图 5.97 所示。

图 5.97　"选择源数据"界面

（5）单击"完成"按钮，等待数秒的准确性图表运算工作后，出现三种算法模型提升图，如图 5.98 所示。

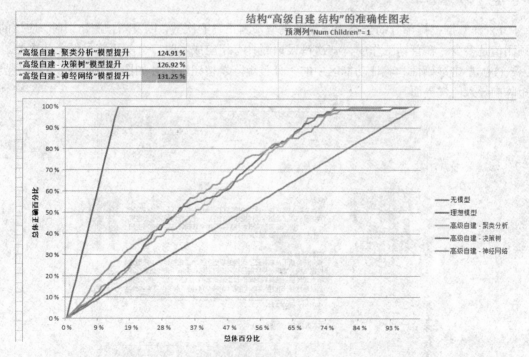

图 5.98　准确性图表提升图

我们可以看到，最左边的是理想模型，使用 15%的数据，就能获取 100%的命中率，如图 5.99 所示。

百分位数	理想模型
0 %	0.00 %
1 %	6.30 %
2 %	12.60 %
3 %	18.90 %
4 %	25.20 %
5 %	31.50 %
6 %	37.80 %
7 %	44.09 %
7 %	50.39 %
8 %	56.69 %
9 %	62.99 %
10 %	69.29 %
11 %	75.59 %
12 %	81.89 %
13 %	88.19 %
14 %	94.49 %
15 %	100.00 %

图 5.99　理想模型

最右边的是无模型状态，即随机正确，50%的正确率，所以提升图为 45 度角的直线。在聚类分析、决策树和神经模型三种模型中，神经网络模型使用 77%的数据，获取 100%的命中率，提升图表现是最好的，模型提升能力也是最强的。在对 Num Children 的数量为1 的预测模型中，最好用的模型为神经网络模型。

5.5.2　分类矩阵

Excel 数据挖掘部分的分类矩阵显示模型预测正确的次数，以及当预测错误时，应该的预测值是多少。在营销工作中，一次错误预测具有相应成本时，分类矩阵显得尤其重要。

(1)　单击准确性和验证功能区中的"分类矩阵"按钮，打开如图 5.100 所示的"分类矩阵向导入门"界面。

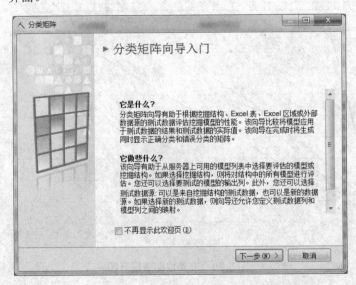

图 5.100　"分类矩阵向导入门"界面

(2)　单击"下一步"按钮，出现"选择结构或模型"界面，在"结构和模型"处选择"Customers 分类"下的"分类 Theater Freq"，如图 5.101 所示。

图 5.101　"选择结构或模型"界面

（3）单击"下一步"按钮，出现"指定要预测的列"界面，在"要预测的挖掘列"的下拉列表框中选择 Theater Freq，如图 5.102 所示。

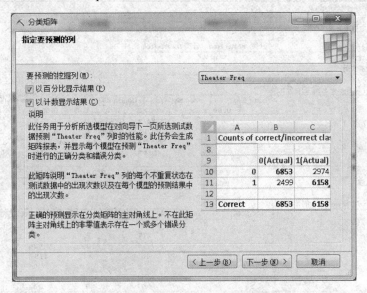

图 5.102　"指定要预测的列"界面

（4）单击"下一步"按钮，出现"选择源数据"界面，选中"来自模型的测试数据"单选框，如图 5.103 所示。

（5）单击"完成"按钮，等待数秒的分类矩阵运算工作后，出现模型的分类矩阵，如图 5.104 所示。

我们可以看到百分比结果和计数结果分别描述了在 Daily、Monthly、Never、Rarely、Weekly 上的实际值与预测值的误差情况。例如，Monthly 实际命中的只有 277 个，161 个被错误地预测成了 Rarely，正确率 63.24%；Never 实际命中的为 0 个，有 6 个被错误地预测成了 Monthly，有 3 个被错误地预测成了 Rarely，错误率 100%。

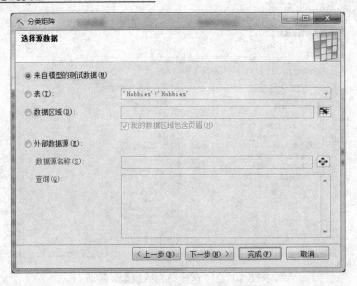

图 5.103 "选择源数据"界面

模型"分类 Theater Freq"的正确/错误分类的计数		
预测列"Theater Freq"		
列对应于实际值		
行对应于预测值		
模型名称:	分类 Theater Freq	分类 Theater Freq
正确总计:	53.02 %	456
错误分类总计:	46.98 %	404

模型"分类 Theater Freq"的百分比结果	Daily(实际)	Monthly(实际)	Never(实际)	Rarely(实际)	Weekly(实际)
Daily	0.00 %	0.00 %	0.00 %	0.00 %	0.00 %
Monthly	100.00 %	63.24 %	66.67 %	39.12 %	82.20 %
Never	0.00 %	0.00 %	0.00 %	0.00 %	0.00 %
Rarely	0.00 %	36.76 %	33.33 %	60.88 %	17.80 %
Weekly	0.00 %	0.00 %	0.00 %	0.00 %	0.00 %
正确	0.00 %	63.24%	0.00%	60.88%	0.00%
分类错误	100.00 %	36.76%	100.00%	39.12%	100.00%

模型"分类 Theater Freq"的计数结果	Daily(实际)	Monthly(实际)	Never(实际)	Rarely(实际)	Weekly(实际)
Daily	0	0	0	0	0
Monthly	1	277	6	115	97
Never	0	0	0	0	0
Rarely	0	161	3	179	21
Weekly	0	0	0	0	0
正确	0	277	0	179	0
分类错误	1	161	9	115	118

图 5.104 模型分类矩阵

在 Theater Freq 分类模型中，平均命中率只有 53.02%，仅比随机概率的 50%略高一点。这个模型无法在实际中进行使用。

5.5.3 利润图

利润图有助于从市场营销的成本角度更好地判断模型的质量。利润图显示与挖掘模型关联的估计利润增长情况，是提升图模拟市场营销行为的一种表现。

(1) 单击"准确性和验证"功能区中的"利润图"按钮，打开如图 5.105 所示的"利润图向导入门"界面。

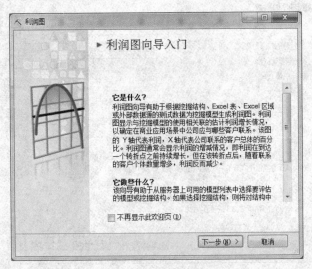

图 5.105　"利润图向导入门"界面

（2）单击"下一步"按钮，出现"选择结构或模型"界面，在"结构和模型"处选择"高级自建结构"及其下属的三个模型："高级自建-聚类分析""高级自建-决策树""高级自建-神经网络"，观察三个模型的利润增加情况，从商业营销场景中，更直观地判断模型的优劣，如图 5.106 所示。

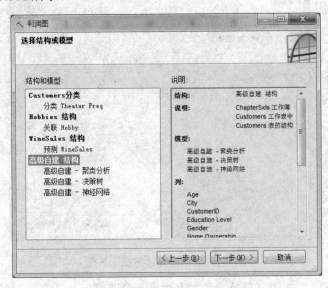

图 5.106　"选择结构或模型"界面

（3）单击"下一步"按钮，出现"指定利润图参数"界面，在"要预测的挖掘列"下拉列表框中选择 Num Children、"要预测的值"选择 1，设定总共有 50 000 个顾客目标，营销固定成本为 5 000 元，每一次预测的单项成本为 3 元，预测成功的单项利润收入为 15 元，如图 5.107 所示。

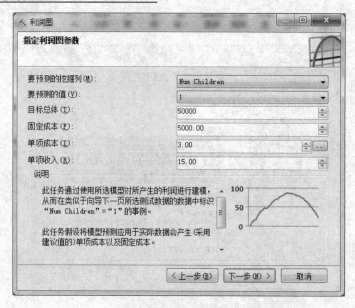

图 5.107　"指定利润图参数"界面

（4）单击"下一步"按钮，出现"选择源数据"界面，选中"来自挖掘结构的测试数据"单选框，如图 5.108 所示。

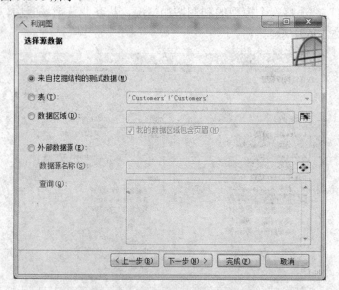

图 5.108　"选择源数据"界面

（5）单击"完成"按钮，等待数秒的利润图运算工作后，出现三种模型的比较列表与利润图，如图 5.109 所示。

我们可以看到，利润图中纵坐标表示利润，双括号表示利润为负，横坐标表示客户的数量。一开始因为有 5000 元的成本，利润为负 5000。客户数量达到 35% 时，神经网络模型整体命中率达到 56.69%，神经网络模型概率阈值为 17.28%，达到神经网络模型最大利润值 4767.44 元。客户数量到达 33% 时，决策树模型整体命中率达到 51.97%，决策树模型阈值概率为 16.83%，达到决策树模型的最大利润值 3720.93 元。聚类分析模型一直为负利润，读者可以自行查看利润图下方的详细利润演算过程。

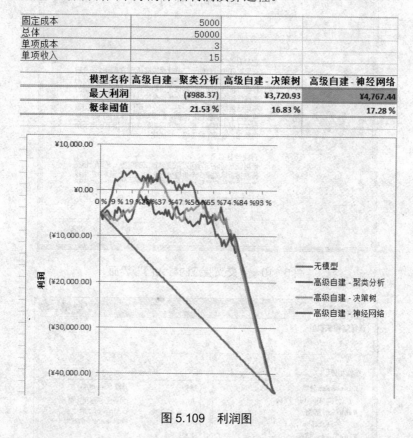

固定成本	5000	
总体	50000	
单项成本	3	
单项收入	15	

模型名称	高级自建 - 聚类分析	高级自建 - 决策树	高级自建 - 神经网络
最大利润	(¥988.37)	¥3,720.93	¥4,767.44
概率阈值	21.53 %	16.83 %	17.28 %

图 5.109　利润图

5.5.4　交叉验证

准确性图表和分类矩阵用于衡量挖掘模型的准确性，交叉验证则用于检测确定模型的训练数据是否合适。交叉验证采用折叠分区技术，将模型的全部或者部分训练数据分成很多小部分，每一部分都包含相近的实例数量。为每一部分构建挖掘模型，当前部分的模型是用其他部分的数据构建，并用当前部分的数据去验证模型的准确性。如果所有部分的准确性都很好，那么则说明整个训练集会得到很好的挖掘模型，反之则得不到很好的挖掘模型。如果各部分的结果相似，那么则说明训练集适合当前任务，反之则说明训练集中的数据量可能不够。

(1) 单击准确性和验证功能区中的"交叉验证"按钮，打开如图 5.110 所示的"交叉验证向导入门"界面。

(2) 单击"下一步"按钮，出现"选择结构或模型"界面，在"结构和模型"处选择"高级自建结构"及其下的三个模型："高级自建-聚类分析""高级自建-决策树""高级自建-神经网络"，如图 5.111 所示。

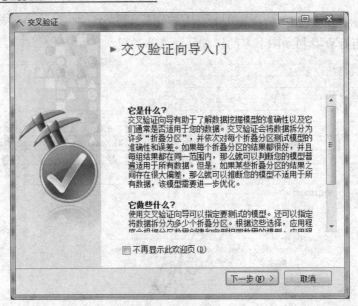

图 5.110   "交叉验证向导入门"界面

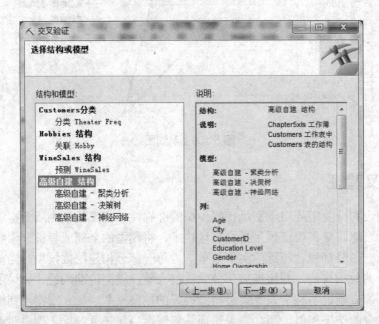

图 5.111   "选择结构或模型"界面

(3) 单击"下一步"按钮，出现"指定交叉验证参数"界面，"折叠计数"设置为 10，将训练数据分成 10 个部分进行交叉验证；"最大行数"设为 0，使用全部数据集；"目标属性"选择 Num Children；"目标状态"选择 1；"目标阈值"不设置，如图 5.112 所示。

(4) 单击"完成"按钮，交叉验证花费的时间明显比之前所有的操作都要长，耐心等待，直到交叉验证报表出现，如图 5.113 所示。

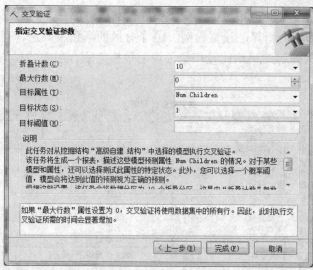

图 5.112 "指定交叉验证参数"界面

"高级自建 结构"的交叉验证报表
针对目标"Num Children = 1"

模型	高级自建 - 聚类分析, 高级自建 - 决策树, 高级自建 - 神经网络
折叠计数	10
最大行数	0
使用的行数	2009
目标属性	Num Children
目标状态	1

真正 的交叉验证摘要

模型名称	平均值	标准偏差
高级自建 - 聚类分析	0.0000	0.0000
高级自建 - 决策树	0.0000	0.0000
高级自建 - 神经网络	7.3977	2.0064

假正 的交叉验证摘要

模型名称	平均值	标准偏差
高级自建 - 聚类分析	0.0000	0.0000
高级自建 - 决策树	0.0000	0.0000
高级自建 - 神经网络	22.0911	4.1566

真负 的交叉验证摘要

模型名称	平均值	标准偏差
高级自建 - 聚类分析	171.8049	1.0773
高级自建 - 决策树	171.8049	1.0773
高级自建 - 神经网络	149.7138	4.8157

假负 的交叉验证摘要

模型名称	平均值	标准偏差
高级自建 - 聚类分析	29.0996	0.2994
高级自建 - 决策树	29.0996	0.2994
高级自建 - 神经网络	21.7018	1.9988

对数评分的交叉验证摘要

模型名称	平均值	标准偏差
高级自建 - 聚类分析	-0.9609	0.0496
高级自建 - 决策树	-0.9602	0.0371
高级自建 - 神经网络	-1.0490	0.0131

提升的交叉验证摘要

模型名称	平均值	标准偏差
高级自建 - 聚类分析	0.2292	0.0424

图 5.113 交叉验证报表

我们可以看到，交叉验证报表中的交叉验证详细信息部分，针对三种算法模型均有非常详细的内容。以聚类分析算法模型为例，10个分区的真正、假正、真负、假负、对数评分、提升、均方根误差等结果均比较相似，说明数据集适合当前的模型任务，如图 5.114 所示。

交叉验证详细信息				
模型名称	分区索引	分区大小	度量值	值
高级自建 – 聚类分析	1	202	真正	0
高级自建 – 聚类分析	2	200	真正	0
高级自建 – 聚类分析	3	200	真正	0
高级自建 – 聚类分析	4	200	真正	0
高级自建 – 聚类分析	5	200	真正	0
高级自建 – 聚类分析	6	200	真正	0
高级自建 – 聚类分析	7	201	真正	0
高级自建 – 聚类分析	8	202	真正	0
高级自建 – 聚类分析	9	202	真正	0
高级自建 – 聚类分析	10	202	真正	0
高级自建-聚类分析	全部	2009	平均值 (真正)	0.0000
高级自建-聚类分析	全部	2009	标准偏差 (真正)	0.0000
高级自建 – 聚类分析	1	202	假正	0
高级自建 – 聚类分析	2	200	假正	0
高级自建 – 聚类分析	3	200	假正	0
高级自建 – 聚类分析	4	200	假正	0
高级自建 – 聚类分析	5	200	假正	0
高级自建 – 聚类分析	6	200	假正	0
高级自建 – 聚类分析	7	201	假正	0
高级自建 – 聚类分析	8	202	假正	0
高级自建 – 聚类分析	9	202	假正	0
高级自建 – 聚类分析	10	202	假正	0
高级自建-聚类分析	全部	2009	平均值 (假正)	0.0000
高级自建-聚类分析	全部	2009	标准偏差 (假正)	0.0000
高级自建 – 聚类分析	1	202	真负	173
高级自建 – 聚类分析	2	200	真负	171
高级自建 – 聚类分析	3	200	真负	170
高级自建 – 聚类分析	4	200	真负	171
高级自建 – 聚类分析	5	200	真负	171
高级自建 – 聚类分析	6	200	真负	171
高级自建 – 聚类分析	7	201	真负	172
高级自建 – 聚类分析	8	202	真负	173
高级自建 – 聚类分析	9	202	真负	173
高级自建 – 聚类分析	10	202	真负	173

图 5.114　聚类分析的交叉验证详细信息

读者可以自行查看决策树算法模型和神经网络算法模型的交叉验证报表详细信息，以确定我们的数据训练集是否适合相应的算法模型。

5.6　模 型 用 法

模型用法是一组工具集，Excel 的模型用法包含"浏览""文档模型""查询"三大任务模块，用于查看、生成模型详细文档，执行查询或者进行预测已创建的模型，还可以通过函数创建交互式的预测工作表，如图 5.115 所示。

5.6.1　浏览

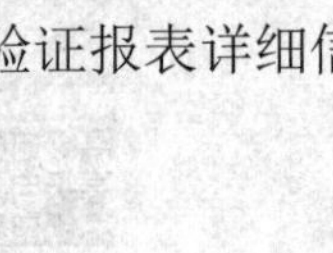

浏览模型可以查看模型数据挖掘的结果，单击模型用法功能区中的"浏览"按钮，打开如图 5.116 所示的"选

图 5.115　模型用法功能菜单

择模型"界面。

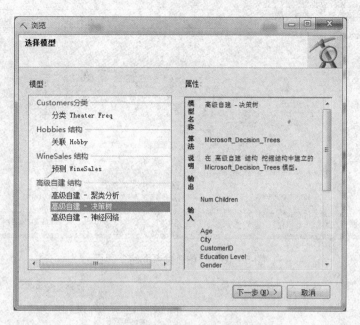

图 5.116　"选择模型"界面

我们选择"高级自建结构"下的决策树模型，单击"下一步"按钮，出现决策树模型的挖掘结果，如图 5.117 所示。

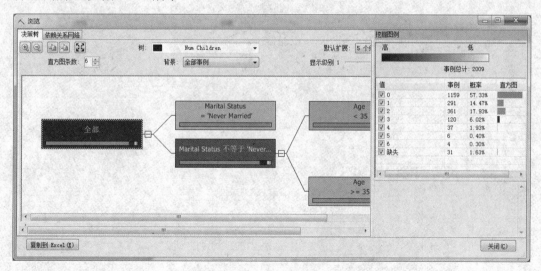

图 5.117　"决策树"界面

可以通过选择"背景"处的下拉列表对全部事例、0 个小孩、1 个小孩、2 个小孩等不同情况进行查看，也可以切换到"依赖关系网络"查看依赖关系情况，如图 5.118 所示。

我们如果需要把图形放到其他地方，可以单击"复制到 Excel"按钮，在原 Excel 表中添加了一个工作表：依赖关系网络。我们可以把工作表中的这个图形继续复制粘贴到 Word 文档或者其他文档中去，如图 5.119 所示。

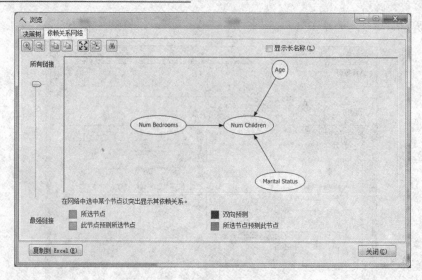

图 5.118   "依赖关系网络"界面

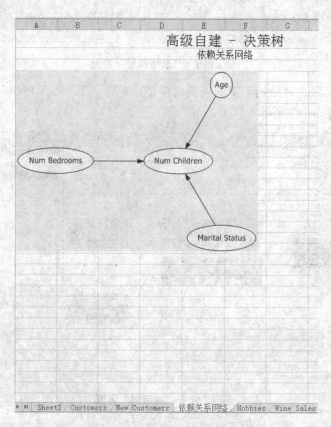

图 5.119   复制到 Excel 工作表

5.6.2   文档模型

文档模型向导有助于捕获现有模型的详细信息以生成文档并进行审核。详细信息包括用于建立模型的列的信息、建模时使用的算法以及可能影响模型性能的相关参数。

(1) 单击模型用法功能区中的"文档模型"按钮，打开如图 5.120 所示的"文档模型向导入门"界面。

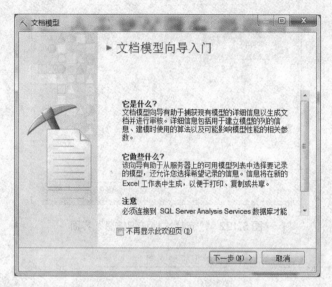

图 5.120　"文档模型向导入门"界面

(2) 单击"下一步"按钮，出现"选择模型"界面，在"模型"处选择"Hobbies 结构"下的"关联 Hobby"，如图 5.121 所示。

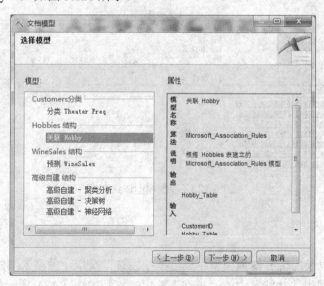

图 5.121　"选择模型"界面

(3) 单击"下一步"按钮，出现"选择文档详细信息"界面，选中 "完整信息"单选框，如图 5.122 所示。

(4) 单击"完成"按钮，出现"关联 Hobby 的挖掘模型文档"，包含模型信息(模型名称、模型说明、算法、上次处理时间、规则数、项集数)以及挖掘模型列和算法参数列表，如图 5.123 所示。

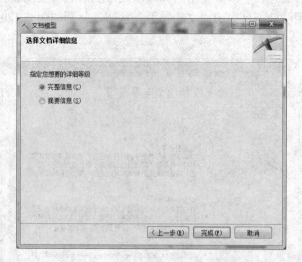

图 5.122　"选择文档详细信息"界面

关联 Hobby 的挖掘模型文档

模型信息	
模型名称	关联 Hobby
模型说明	根据 Hobbies 表建立的 Microsoft_Association_Rules 模型
算法	Microsoft Association Rules
上次处理时间	2016/3/1 19:14
规则数	3242
项集数	3203

挖掘模型列				
列名	用法	数据类型	内容类型	值
CustomerID	输入	Long	键	
Hobby_Table	输入和预测	Table		
Hobby	输入	Text	键	

算法参数	
名称	值
MAXIMUM ITEMSET COUNT	200000
MAXIMUM ITEMSET SIZE	3
MAXIMUM SUPPORT	1
MINIMUM IMPORTANCE	-999999999
MINIMUM ITEMSET SIZE	0
MINIMUM PROBABILITY	0.4
MINIMUM SUPPORT	4.54E-03

图 5.123　挖掘模型详细文档

5.6.3　查询

查询模型可以使用现有挖掘模型生成数据挖掘查询操作,预测未知的内容。

(1)　单击模型用法功能区中的"查询"按钮,打开如图 5.124 所示的"查询模型向导入门"界面。

(2)　单击"下一步"按钮,出现"选择模型"界面,在"模型"处选择"Customers 分类"下的"分类 Theater Freq",如图 5.125 所示。

(3)　单击"下一步"按钮,出现"选择源数据"界面,在"表"下拉列表框中选择'Customers'!'Customers',如图 5.126 所示。

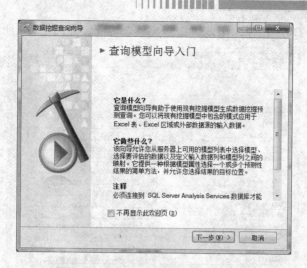

图 5.124 "查询模型向导入门"界面

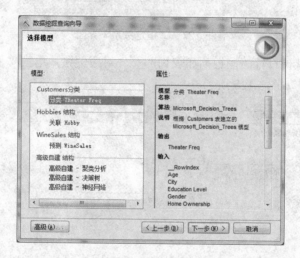

图 5.125 "选择模型"界面

图 5.126 "选择源数据"界面

(4) 单击"下一步"按钮,出现"指定关系"界面,如图 5.127 所示。

图 5.127　"指定关系"界面

(5) 采用系统默认设置的挖掘列和表列的一一对应关系,单击"下一步"按钮,出现"选择输出"界面,如图 5.128 所示。

图 5.128　"选择输出"界面

(6) 单击"添加输出"按钮,在"添加输出"界面中"列函数"选择 PredictProbability,"函数参数"选择 Monthly,如图 5.129 所示。

(7) 单击"确定"按钮,返回图 5.128 所示界面,单击"下一步"按钮,出现"为查询结果选择目标"界面,在选择希望存放查询结果的位置时,选"新工作表",如图 5.130所示。

(8) 单击"完成"按钮,出现查询结果,针对源数据的每一行,预测去剧院频率为

Monthly 的出现概率，如图 5.131 所示。

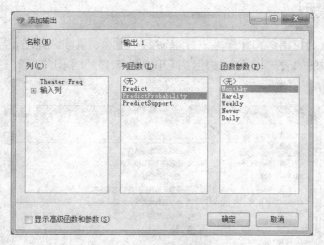

图 5.129　"添加输出"界面

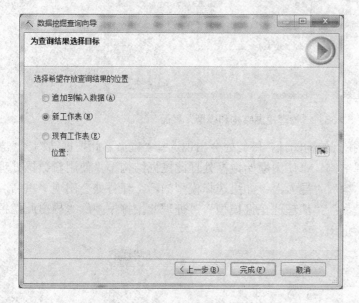

图 5.130　"为查询结果选择目标"界面

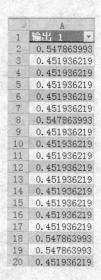

图 5.131　查询结果

5.7　管理和连接

　　管理和连接是两组工具集，管理是针对挖掘结构和模型进行重命名、删除、清除、处理、导出、导入等操作；连接是配置 Excel 到 SQL Server 2012 Analysis Services 的连接，追踪器详细记录数据挖掘插件发送到 Analysis Services 上的命令，基本都是 DMX 语句，如图 5.132 所示。

图 5.132　管理和连接功能菜单

5.7.1 管理模型

管理模型可以对挖掘结构和模型进行重命名、删除、清除、处理、导出、导入等操作，单击管理功能区中的"管理模型"按钮，打开如图 5.133 所示的"管理挖掘结构和模型"界面。

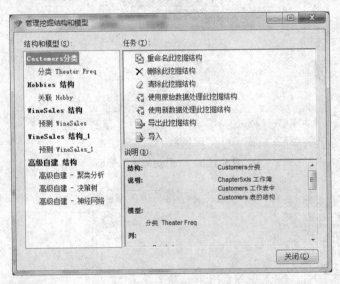

图 5.133 "管理挖掘结构和模型"界面

在"结构和模型"处选择挖掘结构的话，任务处会出现选择"重命名此挖掘结构""删除此挖掘结构""清理此挖掘结构""使用原始数据处理此挖掘结构""使用新数据处理此挖掘结构""导出此挖掘结构""导入"；如果选择模型的话，任务处会出现"重命名此挖掘模型""删除此挖掘模型""清理此挖掘模型""处理此挖掘模型""导出此挖掘模型""导入"，如图 5.134 所示。

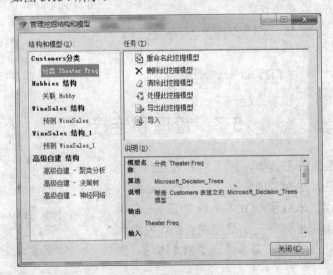

图 5.134 "管理挖掘模型"界面

读者可以对任务进行逐一尝试，删除与清除的区别在于：删除是整个结构都删除，类似于我们 SQL 中的 DROP；清除是清除结构中的数据，类似于我们 SQL 中的 DELETE。因任务比较清晰且简单，限于篇幅，我们就不一一讲解了。

5.7.2　连接与跟踪

1. 连接

配置到 Analysis Services 的连接请读者参看本书第 4 章的 4.4 节。

2. 跟踪

追踪器详细记录数据挖掘插件发送到 Analysis Services 上的命令，基本都是 DMX 语句，如图 5.135 所示。

图 5.135　"跟踪器"界面

第 6 章 SQL Server 2012 数据挖掘

在第 4 章我们学习了 Excel 的数据分析，在第 5 章我们学习了 Excel 的数据挖掘，对挖掘结构、挖掘模型等有了一定的了解。

本章将通过 SSDT-BI 用户界面来讲述如果使用 SQL Server 2012 的 Analysis Services 功能，并详细地介绍操作步骤，如何创建数据源、创建数据源视图、创建挖掘结构、创建挖掘模型、处理挖掘模型、查看挖掘结果等。

本章要介绍的是在 SQL Server Data Tools - Business Intelligence for Visual Studio 2012 中安装和使用 SSDT-BI(SQL Server Data Tools - Business Intelligence)：使用用户界面，创建和修改数据源、数据源视图，创建和修改挖掘结构和挖掘模型，处理模型和评估模型。

6.1 SSDT(SQL Server Data Tools)简介

6.1.1 下载 SSDT

在 Microsoft 官方网站上可以下载 SQL Server Data Tools - Business Intelligence for Visual Studio 2012，此工具程序适用于 Analysis Services、Integration Services 和 Reporting Services 支持的 Visual Studio 2012 的 Microsoft SQL Server Data Tools 商业智能项目模板。Microsoft 官方网站下载地址是 https://www.microsoft.com/zh-CN/download/details.aspx?id=36843。该工具程序只有 32 位一个版本，文件名为 SSDTBI_VS2012_x86_CHS.exe，能在 32 位和 64 位体系结构下运行。

6.1.2 系统要求

1. 操作系统要求

该工具程序只能在以下操作系统上运行：Windows 7 Service Pack 1(32 位和 64 位),Windows 8(32 位和 64 位), Windows Server 2008 R2 SP1(64 位), Windows Server 2012(64 位)。

2. 先决条件要求

(1) Microsoft .NET Framework 4.5。
(2) Microsoft Visual Studio 2012 Shell(独立)Redistributable Package。
(3) Microsoft Visual Studio 2012 Shell(集成)Redistributable Package。
(4) Microsoft Visual Studio Tools for Applications 2012。
(5) Microsoft Report Viewer 2012 运行时。
如果以上组件在安装 SSDT-BI 工具程序时尚未安装的话，安装工具程序时，会自动先安装这些先决条件组件。

3. 硬件要求

(1) 1.6 GHz 或速度更快的处理器。

(2) 1 GB RAM(如果在虚拟机上运行则为 1.5 GB)。

(3) 10 GB 可用硬盘空间(NTFS)。

(4) 支持 DirectX 9 的显卡,在 1024×768 或更高显示分辨率下运行。

6.2 安装 SSDT-BI

(1) 运行下载的 SSDTBI_VS2012_x86_CHS.exe,程序提取安装压缩文件到临时目录,如图 6.1 所示。

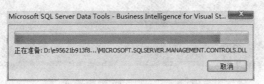

图 6.1 准备安装程序

(2) 安装程序准备完毕后,单击弹出用户账户控制界面中的"是"按钮,出现"产品更新"界面,如果有更新,会出现在 SQL Server 产品更新列表中,如图 6.2 所示。

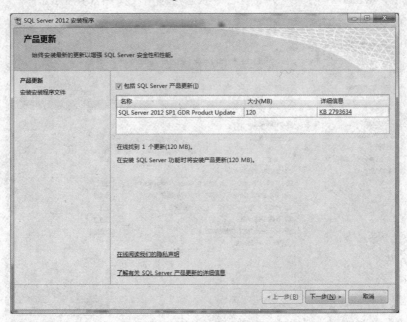

图 6.2 "产品更新"界面

(3) 单击"下一步"按钮,安装程序开始下载和安装更新文件,然后单击"安装"按钮,如图 6.3 所示。

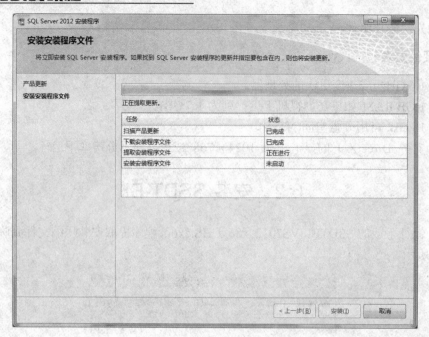

图 6.3　安装更新程序文件

(4)　更新安装完成后，出现"安装程序支持规则"界面，安装程序支持规则检查如果出现不符合的情况，会出现在规则对应的状态处；如果全部都达到先决条件要求，则会显示"已通过"，Windows 防火墙为"警告"状态可忽略，如图 6.4 所示。

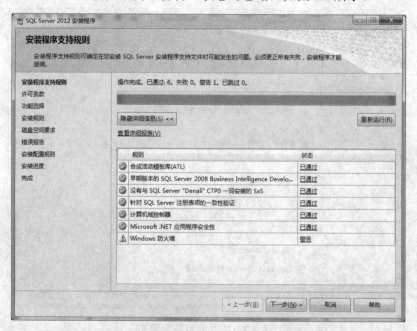

图 6.4　"安装程序支持规则"界面

(5)　单击"下一步"按钮，出现许可条款界面，勾选"我接受许可条款(A)"复选框，如图 6.5 所示。

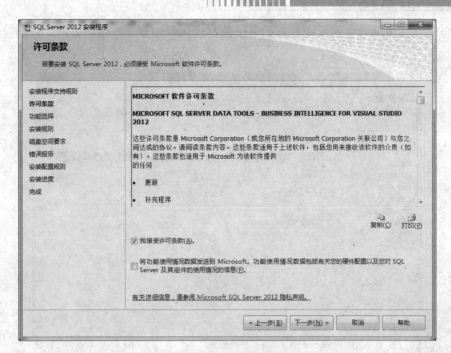

图 6.5　"许可条款"界面

(6) 单击"下一步"按钮，出现"功能选择"界面，勾选共享功能中的 SQL Server Data Tools – Business Intelligence 复选框，如图 6.6 所示。

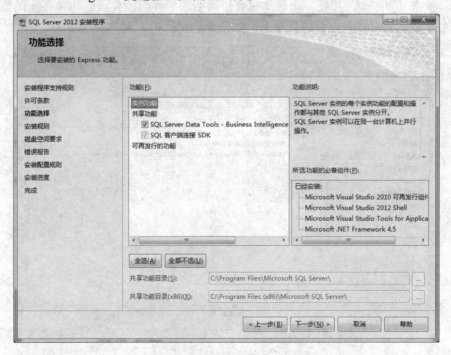

图 6.6　"功能选择"界面

(7) 单击"下一步"按钮，出现"安装规则"界面。安装规则检查如果出现不符合的情况，会出现在规则对应的状态处；如果全部都达到规则要求，则会显示"已通过"，如图 6.7 所示。

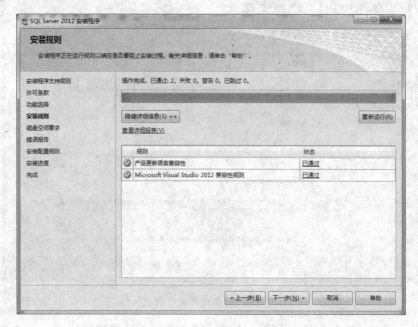

图 6.7 "安装规则"界面

(8) 单击"下一步"按钮，出现"磁盘空间要求"界面，显示驱动器 C 盘的情况，有些系统文件必须要安装到 C 盘的目录上，如图 6.8 所示。

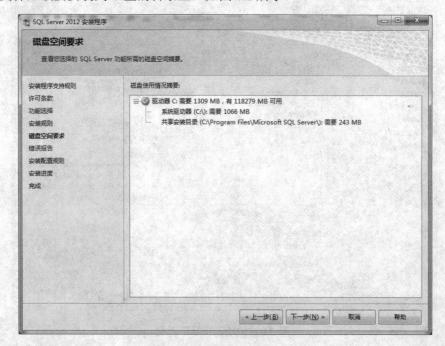

图 6.8 "磁盘空间要求"界面

(9) 单击"下一步"按钮，出现"错误报告"界面，根据自己的情况，勾选或者不选发送错误报告到 Microsoft，如图 6.9 所示。

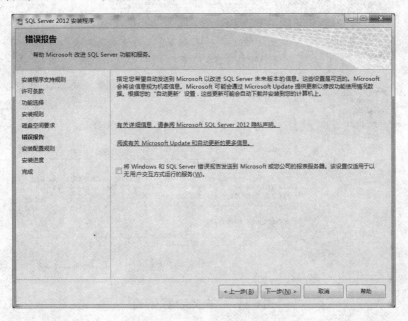

图 6.9　"错误报告"界面

(10) 单击"下一步"按钮，如果安装配置规则无须修改，则单击"下一步"按钮，开始安装 SQL Server Data Tools - Business Intelligence for Visual Studio 2012 工具，如图 6.10所示。

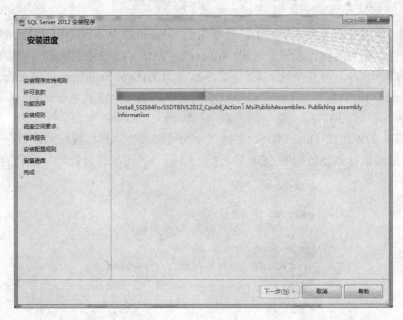

图 6.10　"安装进度"界面

(11) 根据计算机的配置不同，大约需花费几分钟到十几分钟不等的安装时间。安装完成后，出现"安装完成"界面，如图 6.11 所示。

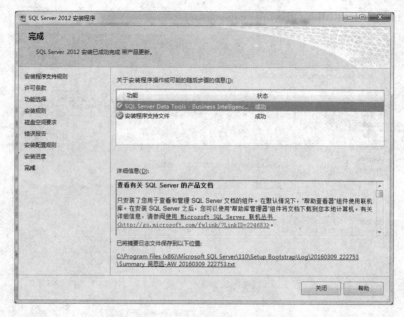

图 6.11 "安装完成"界面

(12) 单击"关闭"按钮，结束 SQL Server Data Tools - Business Intelligence for Visual Studio 2012 工具的安装。

6.3 安装示例数据库

在接下来要进行的一系列学习中，需要用到 Adventure Works DW 2012 示例数据库，这个数据库包含虚构的自行车销售公司 Adventure Works Cycles 的所有客户数据，此示例数据库可以从微软的合作伙伴网站上进行下载，网站地址为：http://msftdbprodsamples.codeplex.com/releases/view/55330。选择网站 DOWNLOADS 列表中的第二个文件 AdventureWorksDW2012 Data File，大小 201M，将其下载到本地，如图 6.12 所示。文件名为 AdventureWorksDW2012_Data.MDF，去掉文件的只读属性，并且授权允许用户完全控制文件，否则在后面执行创建数据库 SQL 的时候，会提示"无法打开物理文件"的错误。

图 6.12 下载示例数据库

启动 SQL Server 2012 Management Studio，如图 6.13 所示。

图 6.13　SQL Server 2012 启动

在"连接到服务器"界面，"服务器类型"选择"数据库引擎"，"身份验证"选择
"Windows 身份验证"，如图 6.14 所示。

图 6.14　SQL Server 2012 连接到服务器

单击"连接"按钮，登录到 SQL Server 2012 服务器上，单击 新建查询(N) 按钮，在查询
窗口中输入如下 SQL 语句，其中驱动器和目录部分按自己下载的文件实际存放地址进行调
整：CREATE DATABASE AdventureWorksDW2012 ON (FILENAME = 'D:\数据挖掘教材出
版\AdventureWorksDW2012_Data.mdf')FOR ATTACH_REBUILD_LOG;单击 执行(X) 按钮，
如图 6.15 所示。

图 6.15　从 MDF 文件创建 AdventureWorksDW2012 示例数据库

在对象资源管理器中，单击 AdventureWorksDW2012 数据库，再单击"表"，可以看到，示例数据库已经创建成功，如图 6.16 所示。

图 6.16　AdventureWorksDW2012 示例数据库

6.4　SSDT-BI 用户界面

SQL Server Data Tools for Visual Studio 2012 是为应用开发人员设计的一款集成开发工具，通过解决方案实现数据挖掘工作。用户界面中有无数的选项和窗口，初学者往往会望而生畏，经过本章的学习后，要创建和分析一个挖掘模型就变得非常简单了。

首先启动 SSDT-BI，选择"开始"→"所有程序"→Microsoft SQL Server 2012→SQL Server Data Tools for Visual Studio 2012 选项，出现如图 6.17 所示的用户界面。

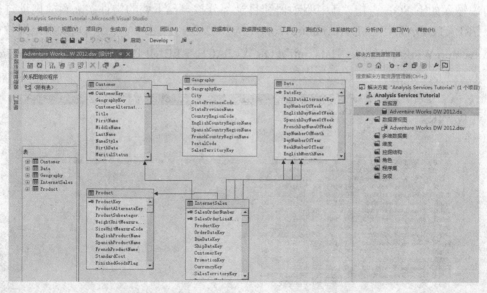

图 6.17　SSDT-BI 用户界面

SQL Server Data Tools for Visual Studio 2012 用户界面包含以下几个主要部分：解决方案资源管理器、窗口选项卡、属性窗口、设计窗口、输出窗口。

(1) 解决方案资源管理器用于管理解决方案和各项目内容，右击某个项目文件夹，选择"新建"，根据向导对话框来创建特定的对象。

(2) 窗口选项卡可以在设计器窗口之间进行切换，在打开的不同设计窗口间自由切换。

(3) 属性窗口列出当前选择项目的各个属性，可以对其进行相应编辑。

(4) 设计窗口可以在挖掘结构、挖掘模型、模型查看器、挖掘准确性图表、挖掘模型预测等设计窗口之间进行切换。

(5) 输出窗口显示构建和部署项目的相关信息，特别是项目有错误的时候，输出错误的描述。

为了使 SSDT-BI 的用户界面更加适合自己的数据挖掘任务，大家可以按自己的喜好定制界面，可以通过单击拖动窗口标题栏到自己喜欢的地方。

6.5　创建挖掘项目

(1) 选择"文件"菜单中的"新建"选项，然后再选择"项目"选项，出现如图 6.18 所示的"新建项目"界面。

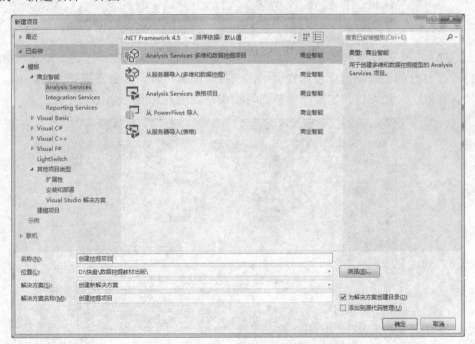

图 6.18　"新建项目"界面

(2) 在模板中单击"商业智能"，选择其中的 Analysis Services 项，在中间类型选择"Analysis Services 多维和数据挖掘项目"，输入名称，选择位置，单击"确定"按钮。在弹出的"解决方案资源管理器"中选择已经建好的"创建挖掘项目"，右击，弹出下拉菜单，选择底部的"属性"选项，如图 6.19 所示。

图 6.19　"创建挖掘项目"属性

(3)　在打开的创建挖掘项目属性页中，选择"部署"项，服务器选择 localhost，部署在当前计算机上，还可以指定数据库和部署模式，如图 6.20 所示。

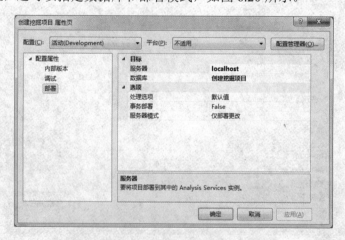

图 6.20　"创建挖掘项目 属性页"对话框

(4)　部署的目标和选项设置完毕后，单击"确定"按钮，接下来要进行数据挖掘，则要先设置数据源。

6.6　设置数据源

在 SQL Server 的 Analysis Services 中要进行数据挖掘必须先有数据，所以第一步就是设置数据源。数据源包含一个连接字符串和描述如何连接的附加信息。

（1）在"解决方案资源管理器"中，选中"数据源"文件夹，右击，弹出图 6.21 所示的菜单。

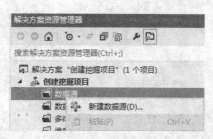

图 6.21　"新建数据源"菜单

（2）选择"新建数据源"选项，出现"数据源向导"界面，单击"下一步"按钮，出现"选择如何定义连接"界面，如图 6.22 所示。

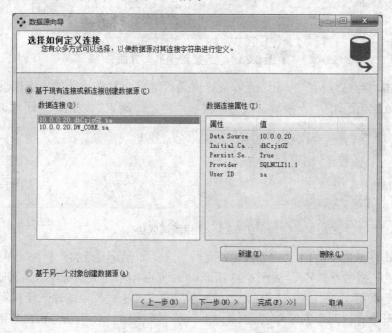

图 6.22　"选择如何定义连接"界面

（3）单击"新建"按钮，创建一个新的数据源。在出现的"连接管理器"界面中，"服务器名"设置为 localhost，"登录到服务器"选择"使用 Windows 身份验证"，"连接到数据库"选择 AdventureWorksDW2012 数据库，如图 6.23 所示。

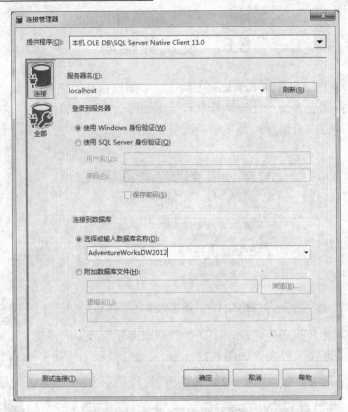

图 6.23　"连接管理器"界面

(4)　单击"测试连接"按钮，查看数据库是否能够正常访问。如果连接没问题的话，会出现如图 6.24 所示的"连接测试成功"提示，单击"确定"按钮，关闭对话框。

图 6.24　连接测试成功

(5)　单击图 6.23 中的"确定"按钮，返回"选择如何定义连接"界面，单击"下一步"按钮，出现"模拟信息"界面(如图 6.25 所示)，此界面用于定义 Analysis Services 使用何种凭据来连接到数据源。"使用特定的 Windows 用户名和密码"要求输入操作系统的用户名和密码，该用户有访问数据源和 Analysis Services 的权限；"使用服务账户"使得对这些数据的访问都使用该账户，使用这次凭据主要用于测试，不用于实际项目的部署；"使用当前用户的凭据"是最安全的一种方式，也是本书采取的一种方式，Analysis Services 就使用当前我们登录用户的凭据访问远程的数据；如果使用继承方式，Analysis Services 将使用为数据库指定的模拟信息。

选择使用当前用户的凭据，单击"下一步"按钮。

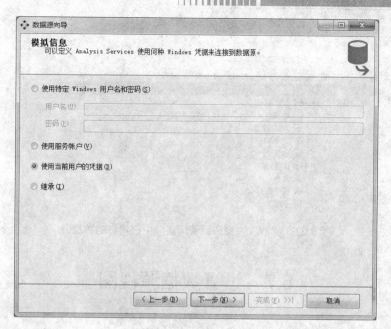

图 6.25　"模拟信息"界面

(6)　在"完成向导"界面(如图 6.26 所示)，完成数据源名称的设置。这里我们使用 AdventureWorksDW2012 作为数据源的名称，预览部分出现连接字符串。单击"完成"按钮，完成数据源的设置。

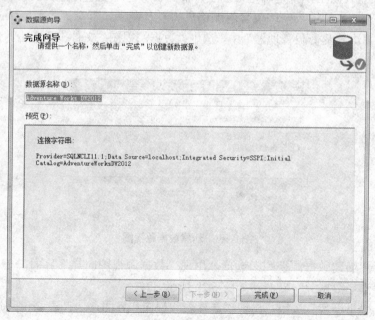

图 6.26　"完成向导"界面

(7)　数据源设置完成后，在"解决方案资源管理器"中的"数据源"目录下会出现数据源的图标，如图 6.27 所示。

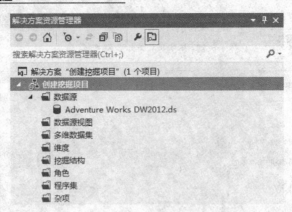

图 6.27 "解决方案资源管理器"中已建好的数据源

6.7 设置数据源视图

6.7.1 新建数据源视图

数据源视图(Data Source View，DSV)是数据库中具体要用到的表或者视图中的数据抽象视图，在数据源视图中，可以选择、浏览、操作数据源中的数据。为进行数据挖掘，创建 DSV 时，最重要的工作就是确定事例表，事例表中包含要进行分析的事例。此外，还可以根据挖掘工作的需要引入一些包含附加信息的嵌套表。

(1) 在"解决方案资源管理器"中，选中"数据源视图"文件夹，右击，弹出如图 6.28 所示的菜单。

图 6.28 新建数据源视图

(2) 选择"新建数据源视图"选项，出现"数据源视图向导"界面，单击"下一步"按钮，出现"选择数据源"界面，如图 6.29 所示。

(3) 单击"下一步"按钮，出现"选择表和视图"界面，选择表 ProspectiveBuyer、视图 vTargetMail，如图 6.30 所示。

(4) 单击"下一步"按钮，出现"完成向导"界面，进行数据源视图名称的设置。这里我们使用 Target Mailing 作为数据源视图的名称，预览部分出现表和视图的名称，如图 6.31 所示。单击"完成"按钮，完成数据源视图的设置。

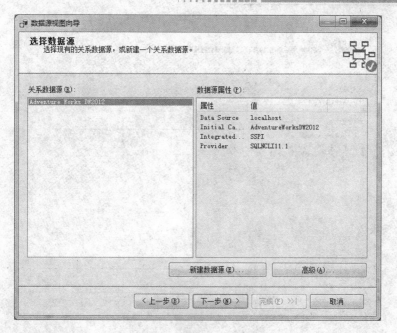

图 6.29　"选择数据源"界面

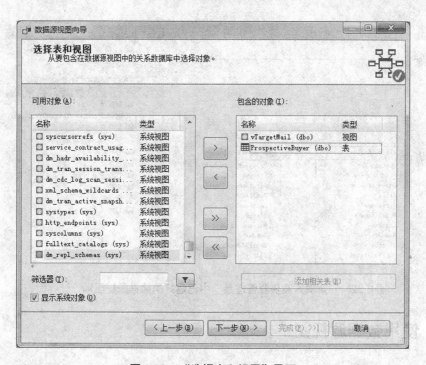

图 6.30　"选择表和视图"界面

(5)　数据源视图设置完成后，在"解决方案资源管理器"中的"数据源"目录下会出现数据源视图的图标，设计界面会出现表和视图，如图 6.32 所示。

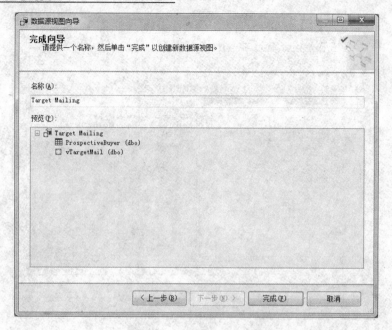

图 6.31 "完成向导"界面

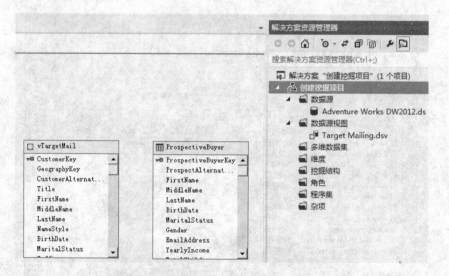

图 6.32 "解决方案资源管理器"中已建好的数据源视图和设计界面

6.7.2 使用数据源视图

1. 添加表

我们在很多时候，没有一次性把所有需要用到的表或者视图加入"设计"界面中，因此可以添加新的表到设计界面中去。在"设计"界面中右击，在弹出的菜单上选择"添加/删除表"，如图 6.33 所示。

图 6.33 设计界面右击弹出菜单

选中表 DimGeography，添加到数据源视图中，如图 6.34 所示。单击"确定"按钮，完成添加表到数据源视图。

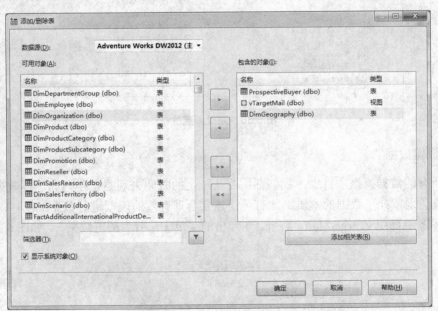

图 6.34 "添加/删除表"界面

2. 新建关系

在数据挖掘中，表和表之间的关联关系需要在"设计"界面中描述出来，便于我们后续模型的建立和处理。在"设计"界面中右击，在弹出菜单上选择"新建关系"，在"指定关系"界面中选择视图 vTargetMail 的源列 GeographyKey 与表 DimGeography 的目标列 GeographyKey 对应，如图 6.35 所示。

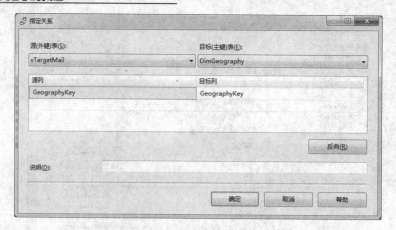

图 6.35 "指定关系"界面

在"指定关系"界面单击"确定"按钮，完成关系的指定，如图 6.36 所示。

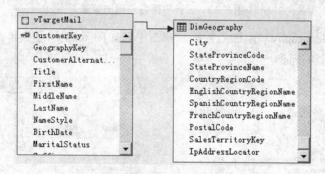

图 6.36 完成新建关系

3. 浏览数据

在所有的数据挖掘项目中，我们都需要花一定的时间去观察、学习和理解数据，只有当我们真正地掌握了数据的本质，才有可能建立合理有效的模型进行数据挖掘。

(1) 选中视图 vTargetMail，右击，在弹出的菜单中选择"浏览数据"，如图 6.37 所示。

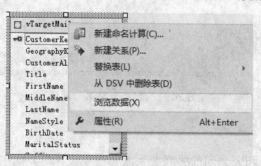

图 6.37 选中"浏览数据"

(2) 系统默认从数据源中按靠前计数的方法采样 5000 个数据，当然也可以通过"浏览数据"界面右上角的抽样选项按钮 来设置抽样方法和抽样计数。抽样计数最高可以设置到 20 000 个数据，可以使用按钮 来对数据重新抽样，如图 6.38 所示。

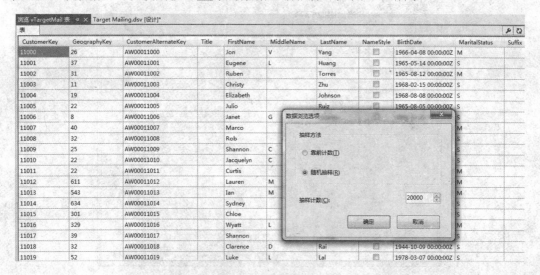

图 6.38 "浏览数据"界面和数据浏览选择设置

6.8 设置挖掘结构

(1) 分析的数据准备好以后，就可以开始创建数据挖掘对象了。在"解决方案资源管理器"中，选中"挖掘结构"文件夹，右击，弹出如图 6.39 所示的菜单。

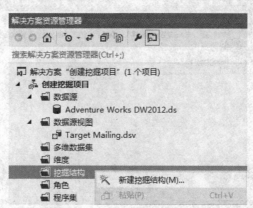

图 6.39 "新建挖掘结构"菜单

(2) 选择"新建挖掘结构"选项，出现"数据挖掘向导"界面，单击"下一步"按钮，出现"选择定义方法"界面，如图 6.40 所示。

(3) 选择"从现有关系数据库或者数据仓库"单选框，单击"下一步"按钮，出现"创建数据挖掘结构"界面，如图 6.41 所示。

挖掘结构包含一组结构列，包含数据类型和内容类型，用来定义挖掘问题的域。挖掘模型包含挖掘算法及其相关的参数。

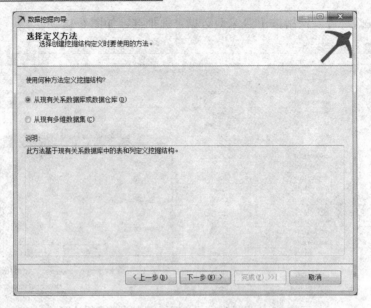

图 6.40　"选择定义方法"界面

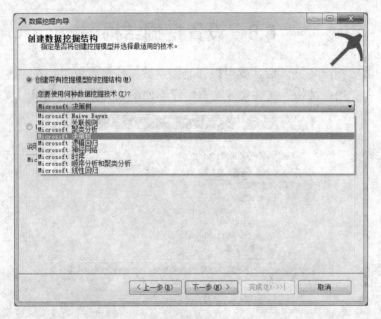

图 6.41　"创建数据挖掘结构"界面

在"创建数据挖掘结构"界面中，我们可以选择创建带有挖掘模型的挖掘结构，既指定微软提供的某种数据挖掘模型，如决策树模型、聚类分析模型等；也可以只创建挖掘结构，不带挖掘模型。在这里我们选择创建带有挖掘模型的挖掘结构，算法选择 Microsoft 决策树。

(4)　单击"下一步"按钮，出现"选择数据源视图"界面，如图 6.42 所示。

(5)　在"可用数据源视图"中，选择 Target Mailing，可单击"浏览"按钮查看数据源视图中的各表，然后单击"关闭"按钮返回该向导。单击"下一步"按钮，出现"指定表类型"界面，选中 vTargetMail 的"事例"列中的复选框将其用作事例表，如图 6.43 所示。

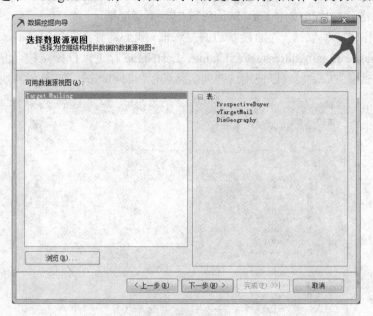

图 6.42　"选择数据源视图"界面

图 6.43　"指定表类型"界面

(6)　单击"下一步"按钮。在"指定定型数据"界面，将为模型至少标识一个可预测
列、一个键列以及一个输入列。选中 BikeBuyer 行中的"可预测"列中的复选框；确认在
CustomerKey 行中已选中"键"列中的复选框；选中 Age、CommuteDistance、
EnglishEducation、EnglishOccupation、Gender、GeographyKey、HouseOwnerFlag、
MaritalStatus、NumberCarsOwned、NumberChildrenAtHome、Region、TotalChildren、

YearlyIncome 行中"输入"列中的复选框。可通过下面的方法来同时选中多个列：突出显示一系列单元格，然后在按住 Ctrl 的同时选中一个复选框。

（7）在"指定定型数据"界面最左边的复选框，我们选择 AddressLine1、AddressLine2、DateFirstPurchase、EmailAddress、FirstName、LastName 行进入挖掘结构，但不作为输入进入模型中。在模型生成后，可以使用这些列信息进行钻取和测试，如图 6.44 所示。

图 6.44　"指定定型数据"界面

（8）单击"下一步"按钮，在"指定列的内容和数据类型"界面中对每个列的内容类型和数据类型进行设置，可以单击"检测"按钮自动修正，把 Geography Key 的内容类型手动改为 Discrete，数据类型手动改为 Text，如图 6.45 所示。

图 6.45　"指定列的内容和数据类型"界面

(9)　单击"下一步"按钮，弹出"创建测试集"界面，在默认情况下，在为挖掘结构定义了数据源之后，数据挖掘向导会将数据拆分成两个集：70% 的源数据用于定型模型，30% 的源数据用于测试模型。这是选择的默认值，因为在数据挖掘中通常使用 70∶30 这一比率，但是，在 Analysis Services 中，我们可以根据自己的需求更改此比率，如图 6.46 所示。

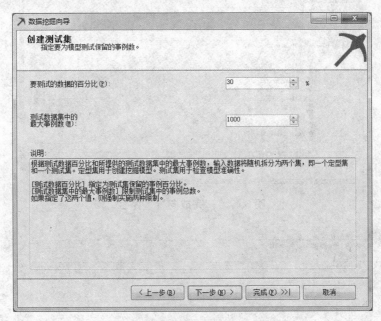

图 6.46　"创建测试集"界面

我们还可以配置该向导以设置定型事例的最大数量，也可以组合不同的限制来允许事例的最大百分比达到所指定的最大事例数。如果既指定了事例的最大百分比又指定了事例的最大数量，Analysis Services 会将这两个限制的较小者用作测试集的大小。例如，如果指定测试事例维持在 30% 的比率，测试事例的最大数量为 1000，则测试集的大小绝不会超过 1000 个事例。如果想确保测试集的大小保持一致(即使向模型中添加更多的定型数据也是如此)，则这可能非常有用。

如果在不同的挖掘结构中使用相同的数据源视图，并希望以大体相同的方式对所有挖掘结构及其模型中的数据进行拆分，则应当指定用来初始化随机抽样的种子。当您为 HoldoutSeed 指定值时，Analysis Services 将使用该值来开始抽样。否则，抽样功能将根据挖掘结构的名称使用哈希算法来创建种子值。

(10) 单击"下一步"按钮，弹出"完成向导"界面，"挖掘结构名称"处填入 Targeted Mailing，"挖掘模型名称"处填入"决策树挖掘模型"，勾选"允许钻取"复选框，如图 6.47 所示。

(11) 单击"完成"按钮，完成带有挖掘模型的挖掘结构创建，如图 6.48 所示。

图 6.47 "完成向导"界面

图 6.48 完成挖掘结构的创建

6.9 处理挖掘模型

(1) 单击挖掘结构的 Targeted Mailing.dmm，然后右击，选择属性。再单击"设计"界面中的挖掘模型，出现 Targeted Mailing MiningStructure 属性界面。部署项目并处理结构和模型后，数据结构中各行将根据随机数种子随机分配给定型集和测试集。通常情况下，随机数种子是根据数据结构的属性计算的。为了实现本书教学目的，并确保读者的结果与此处所述相同，我们将 HoldoutSeed 设置为 12。维持种子用来初始化随机抽样的种子，并确保以大体相同的方式对所有挖掘结构及其模型中的数据进行分区。此值不影响定型集内的事例数，而是确保分区能够重复，如图 6.49 所示。

(2) 单击挖掘结构下方的 ⚙ 按钮，处理挖掘结构及其所有相关模型，弹出"处理挖掘结构"界面，单击"运行"按钮，"处理进度"界面将打开以显示有关模型处理的详细信息。模型处理可能需要一些时间，具体取决于计算机的处理能力。处理结果如图 6.50 所示。

图 6.49　"Targeted Mailing MiningStructure" 属性界面

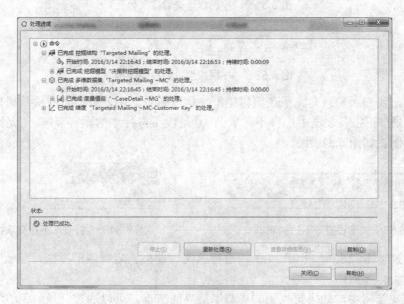

图 6.50　"处理进度" 界面

　　(3)　单击"关闭"按钮关闭处理进度界面，再单击"关闭"按钮关闭处理挖掘结构界面。

6.10　查看挖掘模型

　　完成模型的创建和处理后，可以对模型进行查看，用于理解和应用模型所提供的信息。Analysis Services 提供的每一个算法都有属于自己的模型查看器，但查看器也有一些共同的功能。

　　(1)　单击"挖掘模型查看器"按钮，出现如图 6.51 所示的模型查看界面。

　　(2)　在"挖掘模型"下拉列表框中选择不同的模型，以便对不同模型进行查看，如图 6.52 所示。

　　也可以在"查看器"下拉列表框中选择不同的查看方式，如图 6.53 所示。

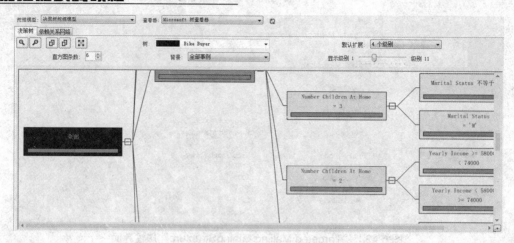

图 6.51 "挖掘模型查看器"界面

图 6.52 "挖掘模型"下拉列表框

在这里，我们因为只建立了决策树模型，所以查看器中，只能查看决策树模型。我们可以在"背景"下拉列表框中选择不同事例，0 是没买自行车的顾客事例，1 是购买了自行车的顾客事例，如图 6.54 所示。

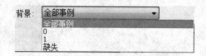

图 6.53 "查看器"下拉列表框   图 6.54 "背景"下拉列表框

可以通过单击 🔍 🔎 🗐 🗇 🔲 ，进行放大、缩小、复制图形视图、复制整个图形、调整为合适大小等操作。

(3) 在决策树中，如果想找到购买概率最高的节点，可以通过背景颜色的深浅来进行查找，节点颜色越黑，说明包含的事例数越多。鼠标移动悬停到节点上，可以显示具体的示例数和状况，如图 6.55 所示。

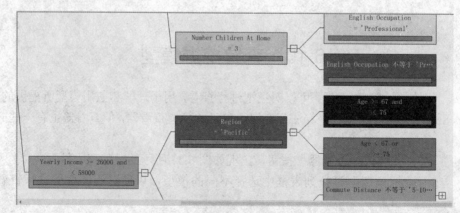

图 6.55 通过颜色查看决策树

（4）单击"依赖关系网络"按钮，通过调整链接滑块，可以查看不同因素对购买自行车的重要程度，越到最强链接方向，说明重要程度越高。当剩四个条件的时候，Age、Number Children At Home、Number Cars Owned、Yearly Income 四个条件对购买自行车的影响最大，如图 6.56 所示。

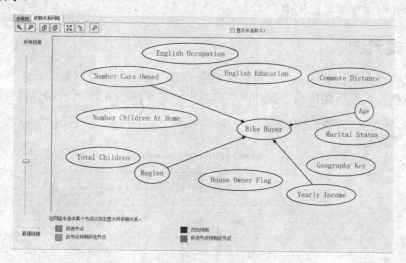

图 6.56　依赖关系网络

读者还可以自行滑动滑块到最底部，看看哪个因素是最重要的。

6.11　挖掘准确性图表

6.11.1　输入选择

挖掘准确性图表是用来度量我们创建模型的质量和准确性的有力工具，包含提升图、分类矩阵和交叉验证。在我们进行训练模型的时候，最好是保存一些数据放在旁边，以便进行模型测试。使用训练时的数据对模型进行测试，会使模型的预测效果比实际进行预测的效果要好一些。单击"挖掘准确性图表"按钮，出现如图 6.57 所示的"挖掘准确性图表"界面。

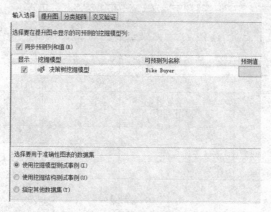

图 6.57　"挖掘准确性图表"界面

在输入选择时，把"显示"到提升图中的"挖掘模型"前面的"显示"复选框勾选上，在"预测值"处可以选择 0 或者 1。在选择用于准确性图表的数据集处，模型测试事例是指挖掘结构数据集中满足模型可能具有的任何过滤器的事例；结构测试事例是指所有测试数据集；其他数据集是指在结构测试数据集以外的其他数据源数据集，必须通过 DSV 选择源表，并将其绑定到挖掘结构中。

6.11.2 提升图

在本书中，预测值处选择 1；在选择要用于准确性图表的数据集处，选择"使用挖掘模型测试事例"，然后切换到"提升图"选项卡，出现如图 6.58 所示的"提升图"界面。

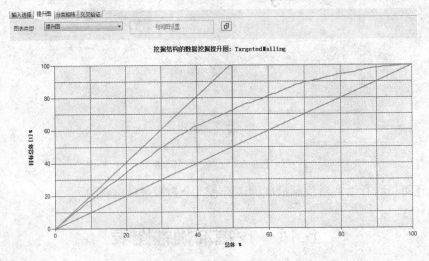

图 6.58 "提升图"界面

我们可以看到，最左边的是理想模型，使用 50%的数据，就能获取 100%的命中率；最右边是随机模型，使用 50%的数据，只能获得 50%的命中率；中间是我们的决策树模型，移动鼠标悬停在模型某个地方的时候，可以显示使用了多少数据，能获取多少的命中率。当我们使用 72%的数据时，可以获得 90.26%的命中率，如图 6.59 所示。

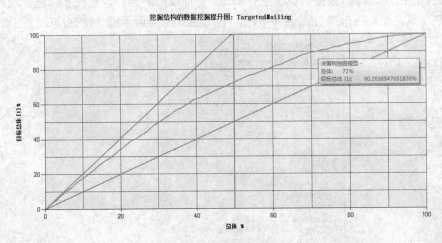

图 6.59 查看决策树模型

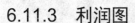

6.11.3　利润图

在图表类型处，可以由"提升图"切换到"利润图"，便于我们从市场营销的成本角度更好地判断模型的质量。在很多的销售场景中，我们需要设定客户总体数量、固定成本、单项成本与单项收入，如图 6.60 所示。

图 6.60　"利润图设置"界面

利润图更直观地反映了模型如何在经营中使用多少的客户数量，可以获取多少的利润。例如，我们使用 57%的客户数据，就可以获取 200 500 的利润，如图 6.61 所示。

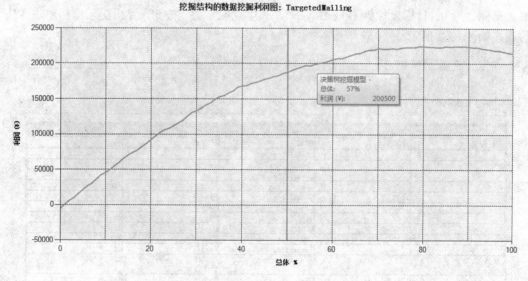

图 6.61　利润图

6.11.4　分类矩阵

分类矩阵显示模型预测正确的次数，以及当预测错误时，应该的预测值是多少。在营销工作中，一次错误预测是有相应成本的时候，分类矩阵显得尤其重要。切换到"分类矩阵"选项卡，打开分类矩阵界面，如图 6.62 所示。

图 6.62　"分类矩阵"界面

在"分类矩阵"界面中，我们可以看到，实际为 0 的，正确预测其为 0 的有 337 次，错误预测其为 1 的有 170 次；实际为 1 的，正确预测其为 0 的有 114 次，正确预测其为 1 的有 379 次。

6.11.5　交叉验证

交叉验证用于检测确定模型的训练数据是否合适。交叉验证采用折叠分区技术，将模型的全部或者部分训练数据分成很多小部分，每一部分都包含相近的实例数量。为每一部分构建挖掘模型，当前部分的模型是用其他部分的数据构建的，并用当前部分的数据去验证模型的准确性。如果所有部分的准确性都很好，那么则说明整个训练集会得到很好的挖掘模型，反之则得不到很好的挖掘模型。如果各部分的结果相似，那么则说明训练集适合当前任务，反之则说明训练集中的数据量可能不够。

切换到"交叉验证"选项卡，打开"交叉验证"界面，使用默认值，折叠计数为 10，最大事例数为 0，目标属性为 Bike Buyer，单击"获取结果"按钮，弹出提示框后单击"是"按钮，如图 6.63 所示。

决策树挖掘模型				
分区索引	分区大小	测试	度量值	值
1	1748	Classification	Pass	1236
2	1748	Classification	Pass	1252
3	1749	Classification	Pass	1276
4	1749	Classification	Pass	1261
5	1749	Classification	Pass	1225
6	1749	Classification	Pass	1268
7	1748	Classification	Pass	1229
8	1748	Classification	Pass	1252
9	1748	Classification	Pass	1254
10	1748	Classification	Pass	1272
			平均值	1252.5011
			标准偏差	16.819
1	1748	Classification	Fail	512
2	1748	Classification	Fail	496
3	1749	Classification	Fail	473
4	1749	Classification	Fail	488
5	1749	Classification	Fail	524
6	1749	Classification	Fail	481
7	1748	Classification	Fail	519
8	1748	Classification	Fail	496

图 6.63　"交叉验证"界面

在第一个准确性测试指标 Classification 的 Pass 测试中，10 个分区模型正确预测了

1225~1276 次不等的情况，标准偏差 16.8，占分区差异的 1.3%，结果很紧凑。从第一指标看，数量数据是足够的。

在第二个准确性测试指标 Classification 的 Fail 测试中，10 个分区模型错误预测了 473~524 次不等的情况，标准偏差 16.7，占分区差异的 3.3%，结果并不紧凑。从第二指标看，10 个分区之间的数据没有太大差异。

因此，目前的训练数据应该说还是比较适合我们的分类问题，即正确识别是否购买自行车的问题。在整个训练数据集上训练得到的数据模型，将会是正确分类远大于错误分类的模型。

准确性指标还有 Likelihood 的 Log Score 测试，此测试指每个事例的实际概率的对数和除以输入数据集中的行数，不包括目标属性缺失值的行；Likelihood 的 Lift 测试，此测试指预测值与实际值进行比较时的平均误差，计算误差的绝对值之和的平均值；Likelihood 的 Root Mean Square Error 测试，此测试指预测值与实际值进行比较时的平均误差。三组测试的平均值都比较接近，而且标准偏差都接近 0，说明预测的结果会较为准确。

6.12   挖掘模型预测

在挖掘模型预测中，可以进行模型预测的创建、编辑和查看预测结果，并可以将预测结果保存到一个表中。单击"挖掘模型预测"按钮，打开挖掘模型预测界面，如图 6.64 所示。

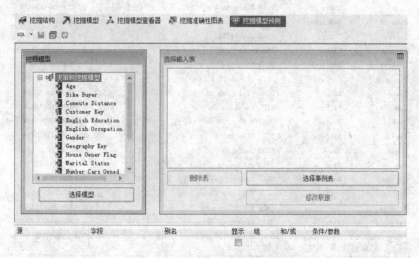

图 6.64   "挖掘模型预测"界面

在"选择输入表"界面中，单击"选择事例表"按钮，选择 vTargetMail 作为事例表，把 vTargetMail 事例表的 FirstName 拖放到表格第一行；把 vTargetMail 事例表的 LastName 拖放到表格第二行；把 vTargetMail 事例表的 AddressLine1 拖放到表格第三行；把 vTargetMail 事例表的 AddressLine2 拖放到表格第四行；第五行源选择预测函数，字段选择 PredictProbability(购买概率)，把挖掘模型的 Bike Buyer 拖放到条件/参数处，如图 6.65 所示。

源	字段	别名	显示	组	和/或	条件/参数
vTargetMail	FirstName		☑			
vTargetMail	LastName		☑			
vTargetMail	AddressLine1		☑			
vTargetMail	AddressLine2		☑			
预测函数	PredictProbability	购买几率	☑			[决策树挖掘模型].[Bike Buyer]

图 6.65 挖掘模型预测设计

使用挖掘模型预测工具栏中的第一个下拉列表框，切换到"结果"按钮，如图 6.66 所示。

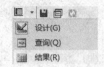

预测执行结果很快就显示在表格中，对某个顾客购买自行车的概率，非常直观地显示了出来，如图 6.67 所示。

单击"保存"按钮，将查询结果保存到一个新表"客户购买自行车概率"中，勾选"如果已存在，则覆盖"复选框，如图 6.68 所示。

图 6.66 视图切换下拉列表

FirstName	LastName	AddressLine1	AddressLine2	购买几率
Arthur	Carlson	6507 Fieldcrest Dr.		0.827662328656296
Jessie	Jimenez	5723 C Wharton Way		0.827662328656296
Robin	Ramos	6, rue de l´Esplanade		0.827662328656296
Deanna	Gutierrez	Attaché de Presse	Place d´ Armes	0.760864164303017
Roy	Navarro	Viktoria-Luise-Plat...		0.760864164303017
Shawn	Rai	Westheimer Straße 7606		0.760864164303017
Mindy	Luo	Brunnenstr 7566	Verkaufsabteilung	0.760864164303017
Cara	Zhou	7280 Greendell Pl		0.936953807740325
Anne	Ramos	7113 Eastgate Ave.		0.613349894194498
Raymond	Rodriguez	24, impasse Ste-Mad...		0.613349894194498
Carrie	Ortega	1883 Cowell Rd.		0.686017900532095
Deanna	Suarez	Dunckerstr 22525		0.613349894194498
Roberto	Gutierrez	3545 Chickpea Ct.		0.686017900532095
Terrence	Carson	6613 Thornhill Place		0.948983433734940
Ramon	Ye	3245 Vista Oak Dr.		0.948983433734940
Cynthia	Malhotra	6757 Pamplona Ct.		0.948983433734940
Jarrod	Prasad	7657 H St.		0.948983433734940
Tyrone	Serrano	3767 View Dr.		0.948983433734940
Cindy	Ramos	6565 Jamie Way		0.592927207021167
Damien	Shan	5312 Riverwood Circle		0.592927207021167
Julian	Ross	3346 Larkwood Ct.		0.948983433734940
Jennifer	Collins	4536 Killdeer Court		0.937055625261397
Brittney	Sun	8856 Mt. Wilson Way		0.937055625261397
Virginia	Patel	3118 Creekside Drive		0.937055625261397
Calvin	Nara	5795 Morning Glory Dr.		0.937055625261397

▶ 已执行完查询: 提取了 18484 行

图 6.67 预测执行结果

通过 SQL Server 的管理器，利用预测保存的表，查询购买概率大于 98%的客户名单，并按概率从高到低排序，SQL 脚本如下：

```
SELECT [FirstName] ,[LastName] ,[AddressLine1] ,[AddressLine2] ,[购买概率]
  FROM [AdventureWorksDW2012].[dbo].[客户购买自行车概率] where 购买概率>0.98
ORDER BY 购买概率 DESC
```

查询结果如图 6.69 所示。

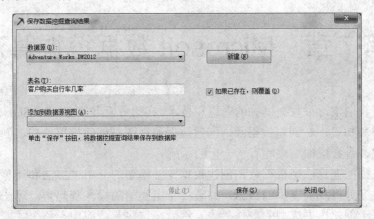

图 6.68 预测执行结果保存到表

图 6.69 查询购买概率很高的客户名单

第 7 章　Microsoft 数据挖掘算法

在第 3 章我们学习了数据挖掘的理论和技术，在第 6 章我们学习了 SQL Server 2012 的数据挖掘的相关知识，对创建数据源、创建数据源视图、创建挖掘结构、创建挖掘模型、处理挖掘模型、查看挖掘结果等有了一定的了解。

本章的数据挖掘算法是根据数据创建数据挖掘模型的一组试探法和计算。为了创建模型，算法将首先分析我们提供的数据，并查找特定类型的模式和趋势。算法使用此分析的结果来定义用于创建挖掘模型的最佳参数。然后，这些参数应用于整个数据集，以便提取可行模式和详细统计信息。

本章将详细介绍 Microsoft 在 Analysis Services 中提供的最常用的 6 个数据挖掘算法的原理与参数，具体包含如下算法：Microsoft 决策树算法，Microsoft 聚类算法，Microsoft 关联规则算法，Microsoft 时序算法，Microsoft 朴素贝叶斯算法，Microsoft 神经网络算法。

7.1　背　景　知　识

在我们了解这些数据挖掘算法原理前，先介绍一些相关的背景知识。

7.1.1　功能选择

功能选择是在数据挖掘中常用的一个术语，用于描述将输入减少到可控大小以便处理和分析的工具和技术。功能选择不仅意味着基数降低(这意味着在生成模型时对可考虑的属性数目施加任意或预定义的削减)，还意味着对属性的选择(这意味着分析人员或建模工具将基于其分析的可用性主动选择或放弃属性)。

能够应用功能选择对于有效分析至关重要，因为数据集包含的信息通常多于生成模型所需的信息。例如，一个数据集可能包含 500 个用来描述客户特征的列，但是，如果其中某些列的数据非常稀疏，则将这些数据添加到模型中所得到的利益可能会非常少。如果在生成模型时保留不需要的列，则定型期间需要更多的 CPU 和内存，并且已完成的模型需要更多的存储空间。

即使资源不存在任何问题，由于不需要的列可能因为下列原因而降低发现的模式的质量，因此通常需要删除这些列：某些列存在干扰或冗余，此干扰会使从数据中发现有意义的模式更困难；若要发现质量模式，大多数数据挖掘算法需要高维数据集上的较大定型数据集。但是某些数据挖掘应用程序中的定型数据非常少。

在数据源的 500 列中，如果只有 50 列具有在生成模型时有用的信息；则可以只将这些列保持在模型之外，或者可以使用功能选择技术自动发现最佳功能并且排除在统计上无用的值。功能选择有助于解决两个问题：无价值的数据过多或有价值的数据过少。

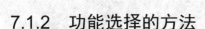

7.1.2 功能选择的方法

实现功能选择的方法很多，具体取决于使用的数据类型以及为分析选择的算法。SQL Server Analysis Services 提供了用于对属性进行计分的若干现成的常用方法。在任何算法或数据集中应用的方法取决于数据类型和列的用法。

"兴趣性分数"用于对包含非二进制连续数值数据的列中的属性进行排列和排序。

"Shannon 平均信息量"和两个贝叶斯分数可用于包含离散和离散化数据的列。但是，如果模型包含任何连续列，则兴趣性分数将用于评估所有的输入列，以确保一致性。

7.1.3 兴趣性分数

如果某个功能可以提供一些有用的信息，则该功能会令人很感兴趣。由于有用的定义因具体方案而异，因此数据挖掘行业开发了多种方法来度量"兴趣性"。例如，"新奇"在离群监测中也许会令人感兴趣，但是在密切关联的项之间区分的功能(或称为"区分权重")对于分类来说或许更令人感兴趣。

SQL Server Analysis Services 中所使用的兴趣性度量"基于平均信息量"，意味着随机分布的属性具有较高的平均信息量和较低的信息增益，因此，这类属性不是很令人感兴趣。任何特定属性的平均信息量都将与所有其他属性的平均信息量进行比较，如下所示：

```
Interestingness(Attribute) =- (m-Entropy(Attribute)) * (m-Entropy(Attribute))
```

中央平均信息量(即 m)表示整个功能集的平均信息量。通过用中央平均信息量减去目标属性的平均信息量，可以评估该属性提供了多少信息。

每当列包含非二进制连续数值数据时，就会默认使用此分数。

7.1.4 Shannon 平均信息量

Shannon 平均信息量针对特定的结果度量随机变量的不确定性。例如，抛硬币的平均信息量可以表示为其正面朝上概率的函数。

Analysis Services 使用以下公式来计算 Shannon 平均信息量：

$$H(X) = -\sum P(xi)\log(P(xi))$$

此计分方法适用于离散和离散化的属性。

7.1.5 贝叶斯 K2 算法

Analysis Services 提供了两种基于贝叶斯网络的功能选择分数。贝叶斯网络是状态的"定向"或"非循环"曲线图，也是状态间的转换，这意味着某些状态始终早于当前的状态，某些状态是较晚的，曲线图不会重复或循环。根据定义，贝叶斯网络允许使用先前的知识。但是，对于算法设计、性能和精确度而言，关于在以后状态的概率计算中要使用以前的哪一个状态的问题是很重要的。

从贝叶斯网络中了解的 K2 算法是由 Cooper 和 Herskovits 开发的，经常在数据挖掘中使用。该算法是可伸缩的，并可以分析多个变量，但需要对用作输入的变量进行排序。此计分方法适用于离散和离散化的属性。

7.1.6 贝叶斯 BDE 算法

Bayesian Dirichlet Equivalent (BDE) 分数还使用 Bayesian 分析来评估给定数据集的网络。BDE 计分方法是由 Heckerman 基于 Cooper 和 Herskovits 开发的 BD 指标开发的。Dirichlet 分布是描述网络中每个变量的条件概率的多项分布，其中很多属性对学习很有用。

Bayesian Dirichlet Equivalent with Uniform Prior (BDEU) 方法假定一个 Dirichlet 分布的特殊事例，在这个事例中使用一个数学常量创建一个以前状态的固定或均匀分布。BDE 分数还假定可能性均等，这意味着数据不应当用来区分相等的结构。也就是说，如果 If A Then B 的分数与 If B Then A 的分数相同，则该结构将无法基于数据进行区分，也无法推断其原因。

7.2 Microsoft 决策树算法

7.2.1 使用决策树算法

决策树算法是有很快的训练性能、较高的准确性和易于理解的模式。用决策树算法解决的最常见的数据挖掘任务是分类，用以确定一组数据是否属于特定的类型或者类。Microsoft 决策树算法是由 Microsoft SQL Server Analysis Services 提供的分类和回归算法，用于对离散和连续属性进行预测性建模。

对于离散属性，该算法根据数据集中输入列之间的关系进行预测。它使用这些列的值(也称之为状态)预测指定为可预测的列的状态。具体来说，该算法标识与可预测列相关的输入列。例如，在预测哪些客户可能购买自行车的方案中，假如在十名年轻客户中有九名购买了自行车，但在十名年龄较大的客户中只有两名购买了自行车，则该算法从中推断出年龄是自行车购买情况的最佳预测因子。决策树根据朝向特定结果发展的趋势进行预测。对于连续属性，该算法使用线性回归确定决策树的拆分位置。

如果将多个列设置为可预测列，或输入数据中包含设置为可预测的嵌套表，则该算法将为每个可预测列生成一个单独的决策树。

Adventure Works Cycles 公司的市场部希望标识以前的客户的某些特征，这些特征可能指示这些客户将来是否有可能购买其产品。Adventure Works 2012 数据库存储描述其以前客户的人口统计信息。通过使用 Microsoft 决策树算法分析这些信息，市场部可以生成一个模型，该模型根据有关特定客户的已知列的状态(如人口统计或以前的购买模式)预测该客户是否会购买产品。

7.2.2 决策树算法的原理

Microsoft 决策树算法通过在树中创建一系列拆分来生成数据挖掘模型。这些拆分以节点来表示。每当发现输入列与可预测列密切相关时，该算法便会向该模型中添加一个节点。该算法根据预测的是连续列还是离散列来确定拆分的不同方式。

Microsoft 决策树算法使用功能选择来指导如何选择最有用的属性。所有 Analysis Services 数据挖掘算法均使用功能选择来改善分析的性能和质量。功能选择对防止不重要的属性占用处理器时间的意义重大。如果在设计数据挖掘模型时使用过多的输入或可预测属性，则可能需要很长的时间来处理该模型，甚至导致内存不足。用于确定是否拆分树的方法包括 Shannon 平均信息量和贝叶斯网络的行业标准度量。

数据挖掘模型中的常见问题是该模型对定型数据中的细微差异过于敏感，这种情况称为"过度拟合"或"过度定型"。过度拟合模型无法推广到其他数据集。为避免模型对任何特定的数据集过度拟合，Microsoft 决策树算法使用一些技术来控制树的生长。

1. 预测离散列

通过柱状图可以演示 Microsoft 决策树算法为可预测的离散列生成树的方式。图 7.1 显示了一个根据输入列 Age 绘出可预测列 Bike Buyers 的柱状图。该柱状图显示了客户的年龄可帮助判断该客户是否会购买自行车的情况。

该关系图中显示的关联将会使 Microsoft 决策树算法在模型中创建一个新节点，如图 7.2 所示。

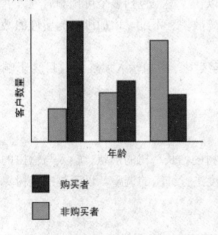

图 7.1　按年龄预测购买的柱状图

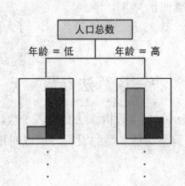

图 7.2　离散值决策树生成过程

随着算法不断向模型中添加新节点，便形成了树结构。该树的顶端节点描述了客户总体可预测列的分解。随着模型的不断增大，该算法将考虑所有列。

2. 预测连续列

当 Microsoft 决策树算法根据可预测的连续列生成树时，每个节点都包含一个回归公式。拆分出现在回归公式的每个非线性点处，如图 7.3 所示。

该关系图包含通过使用一条或两条连线建模的数据。不过，一条连线将使得模型表示数据的效果较差。相反，如果使用两条连线，则模型可以更精确地逼近数据。两条连线的相交点是非线性点，并且是决策树模型中的节点将拆分的点。与图 7.3 中的非线性点相对应的节点关系可以由图 7.4 表示。两个等式表示两条连线的回归等式。

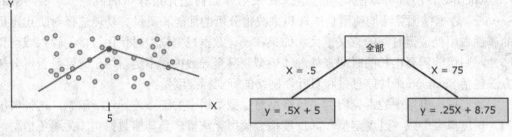

图 7.3　连续值的预测　　　　　　图 7.4　连续值决策树生成过程

3. 决策树模型所需的数据

在准备用于决策树模型的数据时，应了解特定算法的要求，其中包括所需的数据量以及数据的使用方式。决策树模型的要求如下所述。

(1) 单个 key 列：每个模型都必须包含一个用于唯一标识每条记录的数值列或文本列。不允许复合键。

(2) 可预测列：至少需要一个可预测列。可以在模型中包括多个可预测属性，并且这些可预测属性的类型可以不同，可以是数值型或离散型。不过，增加可预测属性的数目可导致处理时间增加。

(3) 输入列：需要输入列，可为离散型或连续型。增加输入属性的数目会影响处理时间。

7.2.3　决策树算法参数

Microsoft 决策树算法有很多参数，用于控制树的增长、树的形状、输入与输出的属性设置。调整这些参数的设置，可以对模型的精确度进行细微的调整。以下是决策树算法参数列表。

1. Complexity_Penalty

Complexity_Penalty 是一个浮点类型的参数，值的范围在 0～1 之间。此参数控制着算法应用于复杂的大树上的剪除量，控制决策树的增长。当取值接近 0 时，对树的增长有较低的限制，树可能会很大。当取值接近 1 时，对树的增长有较高的限制，树可能会比较小。一般而言，大树容易发生训练过度的问题，小树可能会丢失一些模型。

默认值是基于特定模型的属性数，详见以下列表。

(1) 对于 1 到 9 个属性来说，默认值为 0.5。

(2) 对于 10 到 99 个属性来说，默认值为 0.9。

(3) 对于 100 或更多个属性来说，默认值为 0.99。

2. Minimum_Support

Minimum_Support 参数用来指定树中的最小节点个数，默认值是 10。在通常情况下，如果训练的数据集中包含事例较多，则必须将这个参数值设置的大一些，如设置到 20，避

免模型训练过度。

3. Score_Method

Score_Method 参数用来指定树增长时确定拆分分数的方法，默认值是 4，具体取值情况如表 7.1 所示。

表 7.1　Score_Method 取值

ID	名　称
1	Shannon 信息熵
3	贝叶斯 K2 算法
4	贝叶斯 BDE 算法(默认)

4. Split_Method

Split_Method 参数用来指定树的形状控制，默认值是 3，具体取值情况如表 7.2 所示。

表 7.2　Split_Method 取值

ID	名　称
1	Binary：指示无论属性值的实际数量是多少，树都拆分为两个分支
2	Complete：指示树可以创建与属性值数目相同的分叉
3	Both：指定 Analysis Services 可确定应使用 binary 还是 complete，以获得最佳结果

5. Maximum_Input_Attribute

Maximum_Input_Attribute 参数用来指定算法在调用功能选择之前可以处理的输入属性数最大值，默认值是 255。当输入属性的数量大于这个参数值时，算法会隐式调用特征选取技术，选择最重要的 255 个属性作为输入。

6. Maximum_Output_Attribute

Maximum_Output_Attribute 参数用来指定算法在调用功能选择之前可以处理的输出属性数最大值，默认值是 255。当预测属性的数量大于这个参数值时，算法会隐式调用特征选取技术，选择最重要的 255 个属性作为可预测属性。针对所选的每一个可预测属性创建一棵树。

7. Force_Regressor

Force_Regressor 参数可以覆盖决策树算法中的回归量选择逻辑，强制在指定的属性上执行回归任务，不管目标属性与这些指定的属性关系如何。此参数只适用于连续属性的预测。

7.3 Microsoft 聚类算法

7.3.1 使用聚类算法

当数据的分组不是很明显时，Microsoft 聚类算法可以找出能准确给数据分组的隐含变量，从而完成数据的自然分组。

Microsoft 聚类分析算法是 Analysis Services 提供的分段算法。该算法使用迭代技术将数据集中的事例分组为包含类似特征的分类。在浏览数据、标识数据中的异常及创建预测时，这些分组十分有用。

聚类分析模型标识数据集中可能无法通过随意观察在逻辑上得出的关系。例如，在逻辑上可以得知，骑自行车上下班的人的居住地点通常离其工作地点不远，但该算法只可以找出有关骑自行车上下班人员的其他并不明显的特征。在图 7.5 中，分类 A 表示开车上班人员的数据，而分类 B 表示骑自行车上班人员的数据。

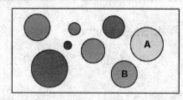

A = 驾车上班者
B = 骑车上班者

图 7.5 聚类示意图

聚类分析算法不同于 Microsoft 决策树算法等其他数据挖掘算法，区别在于无须指定可预测列便能生成聚类分析模型。聚类分析算法严格地根据数据以及该算法所标识的分类中存在的关系定型。

考虑这样一组人员，他们共享类似的人口统计信息并从 Adventure Works 公司购买类似的产品。这组人员就表示一个数据分类。数据库中可能存在多个这样的分类。通过观察构成分类的各列，可以更清楚地了解数据集中的记录如何相互关联。

7.3.2 聚类算法的原理

Microsoft 聚类分析算法首先标识数据集中的关系并根据这些关系生成一系列分类。散点图是一种非常有用的方法，可以直观地表示算法如何对数据进行分组，如图 7.6 所示。散点图可以表示数据集中的所有事例，在该图中每个事例就是一个点。分类对该图中的点进行分组并阐释该算法所标识的关系。

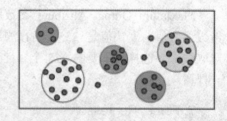

图 7.6 聚类散点图

在最初定义分类后，算法将通过计算确定分类表示点分组情况的适合程度，然后尝试重新定义这些分组以创建可以更好地表示数据的分类。该算法将循环执行此过程，直到它不能再通过重新定义分类来改进结果为止。

通过选择指定的聚类分析方法，可以自定义该算法的工作方式，从而限制分类的最大数量，或者更改创建一个分类所必需的支持量。

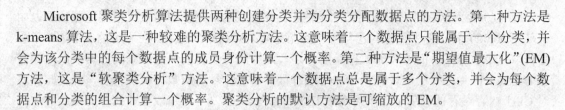

Microsoft 聚类分析算法提供两种创建分类并为分类分配数据点的方法。第一种方法是 k-means 算法，这是一种较难的聚类分析方法。这意味着一个数据点只能属于一个分类，并会为该分类中的每个数据点的成员身份计算一个概率。第二种方法是"期望值最大化"(EM) 方法，这是"软聚类分析"方法。这意味着一个数据点总是属于多个分类，并会为每个数据点和分类的组合计算一个概率。聚类分析的默认方法是可缩放的 EM。

1. k-means 聚类分析

k-means 聚类分析是一种广为人知的方法，它通过尽量缩小一个分类中的项之间的差异、尽量拉大分类之间的距离，来分配分类成员身份。k-means 中的 means 指的是分类的"中点"，它是任意选定的一个数据点，之后反复优化，直到真正代表该分类中的所有数据点的平均值。k 指的是用于为聚类分析过程设种子的任意数目的点。k-means 算法计算一个分类中的数据记录之间的欧几里得距离的平方，以及表示分类平均值的矢量，并在和达到最小值时在最后一组 k 分类上收敛。

k-means 算法仅仅将每个数据点分配给一个分类，并且不允许成员身份存在不确定性。分类中的成员身份表示为与中点的距离。

通常，k-means 算法用于创建连续属性的分类，在这种情况下，计算与平均值的距离非常简单。但是，Microsoft 实现通过使用概率针对分类离散属性对 k-means 方法进行改编。对于离散属性，数据点与特定分类的距离按如下公式计算：1 - P(data point, cluster)。

k-means 算法提供两种对数据集进行抽样的方法：不可缩放的 k-means 和可缩放的 k-means。前者加载整个数据集并创建一个聚类分析阶段，后者使用前 50 000 个事例，并仅仅在需要更多数据才能使模型很好地适合数据时读取更多事例。

2. EM 聚类分析

在 EM(Expectation Maximization) 聚类分析中，此算法反复优化初始分类模型以适合数据，并确定数据点存在于某个分类中的概率。当概率模型适合于数据时，此算法终止这一过程。用于确定是否适合的函数是数据适合模型的对数可能性。

如果在此过程中生成空分类，或者一个或多个分类的成员身份低于给定的阈值，则具有低填充率的分类会以新数据点重设种子，并且 EM 算法重新运行。

EM 聚类分析方法的结果是概率性的。这意味着每个数据点都属于所有分类，但数据点向分类的每次分配都有一个不同的概率。因为此方法允许分类重叠，所以所有分类中的项的总数可能超过定型集中的总项数。在挖掘模型结果中，指示支持的分数会相应地调整以说明这一情况。

EM 算法是 Microsoft 聚类分析模型中使用的默认算法。此算法之所以用作默认算法，是因为与 k-means 聚类分析算法相比，它有多个优点。

(1) 最多需要一次数据库扫描。

(2) 工作时不受内存 (RAM) 限制。

(3) 能够使用只进游标。

(4) 优于抽样方法。

Microsoft 实现提供两个选项：可缩放 EM 和不可缩放 EM。默认情况下，在可缩放 EM

中，前 50 000 个记录用于为初始扫描设种子。如果成功，则模型将仅仅使用这些数据。如果使用 50 000 个记录时模型不适合，则会继续读取 50 000 个记录。在不可缩放 EM 中，总是读取整个数据集，而不考虑数据集的大小。此方法可能会创建更准确的分类，但内存需求非常高。因为可缩放 EM 作用于本地缓冲区，所以循环访问数据要快得多，并且此算法对 CPU 内存缓存的利用率比不可缩放 EM 要高得多。此外，可缩放 EM 比不可缩放 EM 快三倍，即使所有数据都可容纳于主内存中也是如此。在大多数情况下，性能改进不会导致完成的模型的质量下降。

3. 聚类分析模型所需的数据

准备用于定型聚类分析模型的数据时，应理解特定算法的要求，其中包括所需要的数据量以及使用数据的方式。聚类分析模型的要求如下。

(1) 单个 key 列：每个模型都必须包含一个用于唯一标识每条记录的数值列或文本列。不允许复合键。

(2) 输入列：每个模型都必须至少包含一个输入列，该输入列包含用于生成此分类的值。可以根据需要拥有任意多的输入列，但是具体取决于每个列中值的数量，添加额外列会增加定型模型所需的时间。

(3) 可选可预测列：该算法不需要可预测列来生成模型，但是可以添加几个任意数据类型的可预测列。可以将可预测列的值视为对聚类分析模型的输入，或者将其指定仅用于预测。例如，如果需要通过对人口统计信息(如地区或年龄)进行分类来预测客户的收入，则可将收入指定为 PredictOnly，然后将所有其他列(如地区和年龄)添加为输入。

7.3.3 聚类算法参数

Microsoft 聚类算法有很多参数，用于调整聚类算法的行为、性能和准确性。默认的参数能够处理大多数情况，但是在某些情况下，调整一个或者多个参数能够得到更好的结果。以下是聚类算法参数列表。

1. CLUSTERING_METHOD

Clustering_Method 参数用来指定使用哪一个算法来决定聚类的成员。默认值是 1。具体取值情况如表 7.3 所示。

表 7.3　Clustering_Method 取值

ID	名　称
1	可伸缩的 EM 算法
2	普通(不可伸缩)的 EM 算法
3	可伸缩的 k-means 算法
4	普通(不可伸缩)的 k-means 算法

2. CLUSTER_COUNT

Cluster_Count 参数用来指定算法要查找的聚类数量。把这个参数设置为对实际业务问

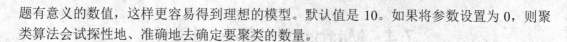

题有意义的数值，这样更容易得到理想的模型。默认值是 10。如果将参数设置为 0，则聚类算法会试探性地、准确地去确定要聚类的数量。

3. MINIMUN_SUPPORT

Minimun_Support 参数用来控制聚类最小事例数，如果聚类中事例低于此参数，则此聚类被视为空，并被丢弃。默认值是 1。如果将此参数设置过高，可能会遗漏有效的聚类。

4. MODELLING_CARDINALITY

Modelling_Cardinality 参数用来控制在进行聚类时产生的候选模型个数，减少候选模型数会提高性能，但存在遗漏一些好的模型的风险。默认值是 10。

5. STOPPING_TOLERANCE

Stopping_Tolerance 参数用来控制模型何时收敛，该参数表示在模型收敛之前，可以在聚类之间来回移动的最大事例数量。增加这个参数值，聚类算法会收敛得较快，聚类会比较松散。降低这个参数值，聚类算法会收敛得较慢，聚类会比较紧密。默认值是 10。

6. SAMPLE_SIZE

如果 Clustering_Method 设置为某一个可伸缩的聚类算法，那么 Sample_Size 参数就用来控制每个可伸缩框架中使用的事例数量。当使用非伸缩的聚类算法时，此参数表示事例总数。默认值是 50 000。如果参数值设置为 0，则聚类算法会把数据集全部加载到内存中，如果没有足够的内容加载数据集，则会返回错误信息。

7. CLUSTER_SEED

Cluster_Seed 参数是一个随机数种子，用来初始化聚类。该参数可以测试数据对初始化点的敏感度。如果改变这个参数值，模型还是比较稳定的话，说明数据的聚类结果是正确的。默认值是 0。

8. MAXIMUM_INPUT_ATTRIBUTE

在算法调用自动特征选择功能之前，Maximum_Input_Attribute 参数控制用来进行聚类分析的属性个数。默认值是 255。如果设置为 0 表示不限制属性的最大数量，但性能会大大降低。

9. MAXIMUM_STATES

Maximum_States 参数控制一个属性可以有多少种状态。如果一个属性包含的状态数大于此参数，算法将会选择最常见的状态，其余状态将被忽略掉。默认值为 100。增加状态数，也会大大降低性能。

7.4 Microsoft 关联规则算法

7.4.1 使用关联规则算法

Microsoft 关联规则算法专门用于关联分析，这种方法一般用于购物篮分析。关联规则算法是在大型数据集上进行快速训练的优化算法，也是处理其他问题的较好选择。建议引擎根据客户已购买的项或者客户感兴趣的项向他们推荐产品。

关联模型基于包含各事例的标识符及各事例所包含项的标识符的数据集生成。事例中的一组项称为"项集"。关联模型由一系列项集和说明这些项在事例中如何分组的规则组成。算法标识的规则可用于根据客户购物车中已有的项来预测客户将来可能购买的产品。图 7.7 显示了项集中的一系列规则。

规则
Road Bottle Cage = 现有的, Cycling Cap = 现有的 -> Water Bottle = 现有的
Mountain-200 = 现有的, Mountain Tire Tube = 现有的 -> HL Mountain Tire = 现有的
Mountain-200 = 现有的, Water Bottle = 现有的 -> Mountain Bottle Cage = 现有的
Touring-1000 = 现有的, Water Bottle = 现有的 -> Road Bottle Cage = 现有的
Road-750 = 现有的, Water Bottle = 现有的 -> Road Bottle Cage = 现有的
Touring Tire = 现有的, Sport-100 = 现有的 -> Touring Tire Tube = 现有的

图 7.7 关联规则示意

正如图 7.7 所示，Microsoft 关联算法可能会在数据集中找到许多规则。该算法使用两个参数(support 和 probability)来说明项集以及该算法生成的规则。例如，如果 X 和 Y 表示购物车中的两个项，则 support 参数是数据集中同时包含这两个项(X 和 Y)的事例的数目。

Adventure Works Cycle 公司正在重新设计其网站的功能。重新设计的目的是提高产品的零售量。由于该公司在事务数据库中记录了每个销售，因此它们可以使用 Microsoft 关联算法来标识倾向于集中购买的产品集。然后，他们可以根据客户购物篮中已有的项来预测客户可能感兴趣的其他项。

7.4.2 关联规则算法的原理

Microsoft 关联算法遍历数据集以查找同时出现在某个事例中的项。然后，该算法将出现次数最少的关联项分组为项集。例如，项集可以为"Mountain 200=Existing,Sport 100=Existing"，并且支持的数目可以为 710。该算法将根据项集生成规则。可以使用这些规则根据是否存在该算法标识为重要项的其他特定项，预测数据库中的某项是否存在。例如，某规则可以为"if Touring 1000=existing and Road bottle cage=existing, then Water bottle=existing"，并且其概率可能为 0.812。在此例中，该算法发现由于购物篮中存在 Touring 1000 轮胎和水壶套，因此预测购物篮中也可能存在水壶。

1. Apriori 算法

Microsoft 关联规则算法是熟知的 Apriori 算法的简单实现。Apriori 算法不分析模式，而是生成"候选项集"，然后计算该项集的数目。根据要分析的数据类型，项目可表示事

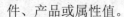

件、产品或属性值。

在最常见的关联模型类型布尔变量下，表示将 Yes/No 或 Missing/Existing 值分配给每个属性，如产品名称或事件名称。例如，市场篮分析就是关联规则模型的一个示例，它使用布尔变量表示特定产品在客户的购物篮中是存在还是不存在。

该算法为每个项集创建表示支持和置信度的分数。这些分数可用于排名以及从项集中获取感兴趣的规则，也可以为数值属性创建关联模型。如果属性是连续的，则可以将数值"离散化"或使用存储桶对其进行分组。然后，即可将离散化值作为布尔值或属性值来处理。

2. 支持、概率和重要性

"支持"(有时候将其称为"频率")表示包含目标项目或项目组合的事例的数目。只有至少具有指定支持量的项目才可包含在模型中。

"常用项集"指满足以下条件的项目集合：该项目集合所具有的支持超过由 Minimum_Support 参数定义的阈值。例如，如果项集为{A,B,C}且 Minimum_Support 值为10，则每个单个项目 A、B 和 C 必须均可在模型中的至少 10 个事例中找到，而且项目{A,B,C}的组合也必须可在至少 10 个事例中找到。

默认情况下，对任何特定项目或项集的支持均表示包含该项目或项集的事例的计数。不过，还可以将 Minimum_Support 表示为占数据集的总事例的百分比，方法是键入数字作为小于 1 的小数值。例如，如果指定 Minimum_Support 值为 0.03，就意味着至少有 3%的数据集总事例必须包含该项目或项集以包含在模型中。应当试用模型，以确定是使用计数还是百分比更有意义。

恰恰相反，规则的阈值不用计数或百分比表示，而用概率(有时称为"置信度")表示。例如，如果项集{A,B,C}和项集{A,B,D}均出现在 50 个事例中，而项集{A,B}出现在另外 50 个事例中，则很明显，{A,B}不是{C}的强预测因子。因此，为了将某个特定结果对所有已知结果加权，Analysis Services 通过将项集{A,B,C}支持除以所有相关项集支持来计算单个规则的概率(例如 If {A,B} Then {C})。

Analysis Services 为创建的每个规则输出一个指示其"重要性"(也称为"提升")的分数。项集和规则的提升重要性的计算方法不同。

项集重要性的计算方法为：项集概率除以项集中各个项的合成概率。例如，如果项集包含 {A,B}，Analysis Services 首先计算包含此 A 和 B 组合的所有事例的数目，并用此事例数除以事例总数，然后将得到的概率规范化。

规则重要性的计算方法为：在已知规则左侧的情况下，求规则右侧的对数可能性值。例如，如果规则为 If {A} Then {B}，则 Analysis Services 计算具有 A 和 B 的事例与具有 B 但不具有 A 的事例之比，然后使用对数刻度将该比率规范化。

3. 关联规则模型所需的数据

Microsoft 关联规则算法支持特定的输入列和可预测列，关联模型必须包含一个键列、多个输入列和单个可预测列。

7.4.3　关联规则算法参数

关联规则算法对算法参数的设置非常敏感，用于调整关联规则算法的行为、性能和准确性。以下是关联规则算法参数列表。

1. MAXIMUM_ITEMSET_COUNT

Maximum_Itemset_Count 参数用来指定项集数目的最大值。默认值是 200 000。该参数避免生成大量的项集，当有太多项集时，算法将会基于项集的重要性分数，只保留前 n 个项集。

2. MAXIMUM_ITEMSET_SIZE

Maximum_Itemset_Size 参数用来指定项集中允许包含最大的项数。默认值是 3。如果参数设置为 0，表示对项集大小没有限制。

3. MAXIMUM__SUPPORT

Maximum_Support 参数用来指定项集中允许包含支持事例的最大数目，该参数可用于消除频繁出现、可能没有多少意义的项目。默认值为 1。

如果该参数小于 1，则表示占总事例的百分比。如果该值大于 1，则表示可以包含项集的事例的绝对数。

4. MINIMUM_ITEMSET_SIZE

Minimum_Itemset_Size 参数用来指定项集中允许包含最小的项数。若增大该数值，模型包含的项集可能会减少。默认值为 1。例如，在希望忽略单项目项集时，这会很有帮助。

5. MINIMUM_PROBABILITY

Minimum_Probability 参数用来指定关联规则的最小概率。默认值是 0.4，意味着不生成概率低于40%的规则。取值范围从 0~1。

6. MINIMUM_SUPPORT

Minimum_Support 参数指定了算法生成规则之前必须包含项集的事例的最小数目。默认值是 0.03，意味着若要使某个项集包含在模型中，必须在至少 3%的事例中可以找到该项集。取值范围从 0~1。如果将该值设置为大于 1 的整数，则为指定最小事例数，而不是百分比。

7. OPTIMIZED_PREDICTION_COUNT

Optimized_Prediction_Count 参数用来指定为优化预测所需要缓存的项的数量。默认值是 0。使用默认值时，算法生成的预测与在查询中请求的预测数量相同。

7.5　Microsoft 时序算法

7.5.1　使用时序算法

Microsoft 时序算法的主要目的是根据过去的历史数据来预测未来的值。时序算法提供了一些对连续值(如一段时间内的产品销售额)预测进行优化的回归算法。虽然其他 Microsoft 算法(如决策树)也能预测趋势，但是它们需要使用其他新信息列作为输入才能进行预测，而时序模型则不需要。时序模型仅根据用于创建该模型的原始数据集就可以预测趋势。进行预测时您还可以向模型添加新数据，随后新数据会自动纳入趋势分析范围内。

图 7.8 所示是一个用于预测一段时间内某一产品在四个不同销售区域的销售额的典型模型。该图中的模型分别以红色、黄色、紫色和蓝色线条显示每个区域的销售额。每个区域的线条都分为两部分：历史信息显示在竖线的左侧，表示算法用来创建模型的数据；预测信息显示在竖线的右侧，表示模型所做出的预测。原始数据和预测数据的组合称为"序列"。

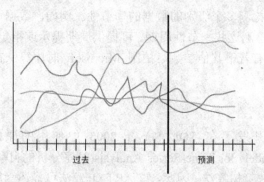

图 7.8　时序模型示意

Microsoft 时序算法的一个重要功能就是可以执行交叉预测。如果用两个单独但相关的序列为该算法定型，则可以使用生成的模型来根据一个序列的行为预测另一个序列的结果。例如，一个产品的实际销售额可能会影响另一个产品的预测销售额。在创建可应用于多个序列的通用模型时，交叉预测也很有用。例如，由于序列缺少高质量的数据，造成对某一特定区域的预测不稳定。我们可以根据所有四个区域的平均情况来为通用模型定型，然后将该模型应用到各个序列，以便为每个区域生成更稳定的预测。

Adventure Works Cycles 的管理团队要预测来年的自行车月销售额。该公司尤为关注一种自行车型号的销售额是否可用于预测另一种型号的销售额。通过对过去三年的历史数据使用 Microsoft 时序算法，该公司可以建立一个数据挖掘模型，用于预测未来的自行车销售情况。此外，该公司还可以进行交叉预测，以了解各个自行车型号的销售趋势是否相关。

每个季度，该公司都会计划用最近的销售数据来更新模型，并更新其预测以描绘出最近的趋势。有些商店不能准确地或始终如一地更新销售数据，为了弥补这一点造成的误差，他们将创建一个通用预测模型，并用该模型对所有区域进行预测。

7.5.2　时序算法的原理

Microsoft 时序算法包括两个用于分析时序的独立的算法。

(1) ARTXP 算法是在 SQL Server 2005 中引入的，针对预测序列中的下一个可能值进行了优化。

(2) ARIMA 算法是在 SQL Server 2008 中添加的，用于提高长期预测的准确性。

默认情况下，Analysis Services 分别使用每个算法给模型定型，然后结合结果为数目可变的预测产生最佳预测。用户也可以基于自身的数据和预测要求选择仅使用其中的一个算法。从 SQL Server 2008 Enterprise 开始，可以自定义 Microsoft 时序算法混合预测模型的方式。采用混合模型时，Microsoft 时序算法按以下方式混合这两种算法。

(1) 在进行前几步预测时始终只使用 ARTXP。

(2) 完成前几步预测后，结合使用 ARIMA 和 ARTXP。

(3) 随着预测步骤数的增加，预测越来越多地依赖 ARIMA，直至不再使用 ARTXP。

(4) 我们可以通过设置 Prediction_Smoothing 参数来控制混合点，即减小 ARTXP 权重和增大 ARIMA 权重的速率。

这两种算法都可以检测多个级别的数据的季节性。例如，数据可能包含嵌套在年度周期内的月度周期。若要检测这些季节性周期，可提供周期提示或指定算法应自动检测周期。

除了周期之外，还有若干其他参数可控制 Microsoft 时序算法在检测周期、进行预测或分析事例时的行为。

1. ARTXP 算法

Microsoft 研究院开发了在 SQL Server 2005 中使用的原始 ARTXP 算法，即 AutoRegressive Tree Models for Time-Series Analysis(时序分析的自动回归树模型)，并且将该实现基于 Microsoft 决策树算法。因此，该 ARTXP 算法可描述为用于表示周期性时序数据的自动回归树模型。此算法将数目可变的过去项与要预测的每个当前项相关。名称 ARTXP 派生自以下事实，即自动回归树方法(一种 ART 算法)应用于多个未知的先前状态。

2. ARIMA 算法

ARIMA 算法即 AutoRegressive Integrated Moving Average(差分自动回归移动平均算法)，已添加到 SQL Server 2008 的 Microsoft 时序算法中，用于提高长期预测的准确性。它是 Box 和 Jenkins 描述的用于计算自动回归集成变动平均值的过程的实现。通过 ARIMA 方法，可以确定按时间顺序进行的观察中的依赖关系，并且可以将随机冲量作为模型的一部分纳入。ARIMA 方法还支持倍乘季节性。想要了解有关 ARIMA 算法的详细信息的读者最好阅读 Box 和 Jenkins 在论坛上发布的内容，本节旨在提供关于 ARIMA 算法如何在 Microsoft 时序算法中实施的特定详细信息。

默认情况下，Microsoft 时序算法通过使用 ARIMA 和 ARTXP 这两种算法并混合所得到的结果来改进预测准确性。如果您想要仅使用特定的方法，则可以将算法参数设置为仅使用 ARTXP 或仅使用 ARIMA，或者控制对算法结果进行组合的方式。请注意，ARTXP 算法支持交叉预测，但 ARIMA 算法不支持。因此，只有在使用混合算法或将模型配置为

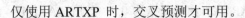

仅使用 ARTXP 时，交叉预测才可用。

3. 选择算法和指定算法混合

默认情况下，在选择 MIXED 选项时，Analysis Services 会将算法组合起来并向它们分配相等的权重。不过，在 SQL Server 2012 Enterprise 中，可以指定特定的算法，或者可以通过设置参数来自定义结果中各算法的比例，该参数针对短期预测或长期预测为结果加权。默认情况下，Forecast_Method 参数将设置为 MIXED。Analysis Services 使用这两个算法，并对其值加权以最大化每个算法的强度。

要控制算法选择，可以设置 Forecast_Method 参数。如果要使用交叉预测，则必须使用 ARTXP 或 MIXED 选项，原因是 ARIMA 不支持交叉预测。如果读者更看重短期预测，则将 Forecast_Method 设置为 ARTXP。如果读者想要改进长期预测，则将 Forecast_Method 设置为 ARIMA。

在 SQL Server 2012 Enterprise 中，还可以自定义 Analysis Services 混合使用 ARIMA 和 ARTXP 算法组合的方式。可以通过设置 Prediction_Smoothing 参数控制混合的起点和变化速率。

(1) 如果将 Prediction_Smoothing 设置为 0，则模型将仅使用 ARTXP。

(2) 如果将 Prediction_Smoothing 设置为 1，则模型将仅使用 ARIMA。

(3) 如果将 Prediction_Smoothing 设置为 0 和 1 之间的某个值，则模型对 ARTXP 算法所加的权重将随着预测步长增加而按指数规律减小。同时，模型还将 ARIMA 算法的权重设置为 ARTXP 权重的 1 补数。模型使用规范化和一个稳定常量来平滑曲线。

一般来说，如果最多预测 5 个时间段，则 ARTXP 几乎总是最佳选择。但是，当增加要预测的时间段的个数时，ARIMA 的性能通常会更好。

图 7.9 所示为当 Prediction_Smoothing 设置为默认值 0.5 时模型如何混合使用这两个算法的演示。ARIMA 和 ARTXP 开始时权重相等，但随着预测步骤数增加，ARIMA 的权重越来越大。

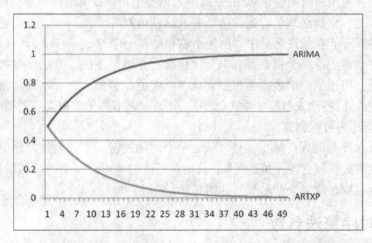

图 7.9　权重相等时 ARIMA 和 ARTXP 对混用模型的预测结果

图 7.10 所示为当 Prediction_Smoothing 设置为 0.2 时如何混合使用这两个算法的演示。

对于步骤 0，模型为 ARIMA 加的权重为 0.2，为 ARTXP 加的权重为 0.8。此后，ARIMA 的权重将按指数规律增大，而 ARTXP 的权重将按指数规律减小。

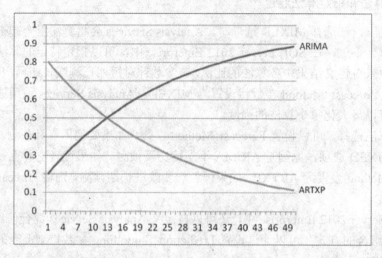

图 7.10 权重不等时 ARIMA 和 ARTXP 对混用模型的预测结果

4. 时序模型所需的数据

每个预测模型都必须包含一个事例序列，它是一个列，用于指定发生变化的时间段或其他序列。例如，上一个关系图中的数据显示了在为期几个月的时间段内自行车的历史销售额和预测销售额的序列。对于该模型，每个区域是一个序列，并且日期列包含时序，该列也是事例序列。在其他一些模型中，事例序列可以是文本字段或某个标识符，如客户 ID 或事务 ID。但是，时序模型必须始终对其事例序列使用日期、时间或某个其他唯一数值。

时序模型的要求如下。

(1) 单个键时间列：每个模型都必须包含一个用作事例序列的数值或日期列，该列定义了该模型将使用的时间段。key time 列的数据类型可以是 datetime 数据类型或 numeric 数据类型。但是，该列必须包含连续值，并且这些值对各个序列而言必须是唯一的。时序模型的事例序列不能存储在两列中，例如不能存储在一个 Year 列和一个 Month 列中。

(2) 可预测列：每个模型都必须至少包含一个可预测列，算法将根据这个可预测列生成时序模型。可预测列的数据类型必须具有连续值。例如，您可以预测在一段时间内数值属性(如收入、销售额或温度)将如何变化。但是，您不能使用包含离散值(如采购状态或教育水平)的列作为可预测列。

(3) 可选序列键列：每个模型可包含一个附加的键列，该列包含标识序列的唯一值。可选序列键列必须包含唯一值。例如，只要在每个时间段内每个产品名称都只有一条记录，单个模型就可以包含多个产品型号的销售额。

7.5.3 时序算法参数

Microsoft 时序算法一般是自我调整的，不需要用参数来调整。通常仅需要设置序列周期和处理缺失值的参数。

1. AUTO_DETECT_PERIODICITY

Auto_Detect_Periodicity 参数用于检测自然周期，默认值为 0.6，取值范围为 0~1。如果将此值设置为比较接近于 0 的数，则只检测找出最强烈的数据周期。如果将此值设置为比较接近于 1 的数，则会检测找出最轻微的数据周期。

2. COMPLEXITY_PENALTY

Complexity_Penalty 参数很少使用，是 ARTXP 算法的决策树子系统控制参数，对 ARIMA 部分没有任何影响。此参数用于控制决策树的大小，默认值为 0.1。增大参数值会减少树的尺寸，从而降低 ARTXP 模型在长期预测方面的内在稳定性，也会降低短期预测的准确性。

3. FORECAST_METHOD

Forecast_Method 参数指定采用什么算法来进行预测，默认值为 MIXED。取值可以为 ARTXP、ARIMA、MIXED。

4. HISTORIC_MODEL_COUNT

Historic_Model_Count 参数用于指定将要生成的历史模型的数量，默认值为 1。

5. HISTORICAL_MODEL_GAP

Historical_Model_Gap 参数用于指定两个连续的历史模型之间的时间间隔。默认值为 10。该值表示时间单位数，其中单位由模型定义。例如，如果将此值设置为 k，则将导致按 k、2*k、3*k(依此类推)的间隔为被时间段截断的数据生成历史模型。

6. MINIMUM_SUPPORT

Minimum_Support 参数很少使用，是 ARTXP 算法的决策树子系统控制参数，对 ARIMA 部分没有任何影响。此参数用于指定在决策树中生成一个拆分所需的最小时间段数，默认值为 10。此参数根据转换的事例数来指定，而不是给算法提供的原始事例。

7. MISSING_VALUE_SUBSTITUTION

如果没有设置 Missing_Value_Substitution 参数，数据中即使只有一个空白，模型处理也会出错。Missing_Value_Substitution 是时序算法中最为重要的参数。由于在时间序列中对缺失值的处理方式不同，对得到的模型有很大的影响，所以此参数没有默认值。具体取值情况如表 7.4 所示。

表 7.4　Missing_Value_Substitution 取值

取　值	名　称
Previous	只要有缺失数据，就使用前一个时间段的值来替代缺失值
Mean	使用定型时所用的时间段的平均值替代缺失值
一个数字	指定一个数字替代缺失值

8. PERIODICITY_HINT

Periodicity_Hint 参数是仅次于 Missing_Value_Substitution 的重要参数，因为正确的周期可以区分出模型的好坏，所以提供算法的有关数据周期的提示。例如，如果销售额按年度变化，且序列中的度量单位是月，则周期为12。此参数采用{n [, n]}格式，其中 n 为任意正数，默认值为\{1\}。

方括号[]中的 *n* 是可选项，并且可以按需多次重复。例如，若要为按月提供的数据提供多个周期提示，则可以输入{12,3,1}来检测年度、季度和月的模式。但是，周期对模型质量有重大影响。如果给出的提示与实际周期不同，则会对结果造成不良影响。

9. PREDICTION_SMOOTHING

Prediction_Smoothing 参数用于控制 ARTXP 和 ARIMA 之间结合的均衡性。默认值是0.5，取值范围为0～1。此参数的值越接近0，ARTXP 使用得就越多；此参数的值越接近1，ARIMA 使用得就越多。此参数在 Forecast_Method 参数设置为 MIXED 时起作用。

7.6 Microsoft 朴素贝叶斯算法

7.6.1 使用朴素贝叶斯算法

Microsoft 朴素贝叶斯算法(Microsoft Naïve Bayse)支持快速创建有预测功能的挖掘模型，并且提供了一种浏览数据和理解数据的新方法。Microsoft Naïve Bayes 算法是由 Microsoft SQL Server Analysis Services 提供的一种基于贝叶斯定理的分类算法，可用于预测性建模。Naïve Bayes 名称中的 Naïve 一词派生自这样一个事实：即该算法使用贝叶斯技术，但未将可能存在的依赖关系考虑在内，即特征条件独立。

和其他 Microsoft 算法相比，此算法所需运算量较少，因而有助于快速生成挖掘模型，从而发现输入列与可预测列之间的关系。可以使用该算法进行初始数据探测，然后根据该算法的结果使用其他运算量较大、更加精确的算法创建其他挖掘模型。

结合具体的例子来看，作为正在进行的促销策略，Adventure Works Cycle 公司的市场部已经决定通过发送宣传资料将目标定位为潜在的客户。为了降低成本，他们只向有可能做出反应的客户发送宣传资料。该公司将有关客户统计数据以及对上一邮件反映的信息存储在数据库中。他们希望利用这些数据将潜在客户和具备相同特征并曾经购买过公司产品的客户进行对比，以了解年龄和位置等统计数据如何帮助预测客户对促销的响应。他们尤其希望找出购买自行车的客户与未购买自行车的客户之间的差别。

使用 Microsoft Naïve Bayes 算法，市场部能够快速预测特定客户群的结果，进而确定最有可能对邮件做出响应的客户。而使用 SQL Server Data Tools (SSDT) 中的 Microsoft Naïve Bayes 查看器，他们还能够以直观的方式专门调查哪些输入列有助于对宣传资料做出积极响应。

7.6.2　贝叶斯算法的原理

1. 贝叶斯算法

贝叶斯提出的数学方法是使用条件概率和无条件概率的组合,是概率框架下实施决策的方法。如果有一个假设 H 和关于假设 X 的证据,就可以使用如下公式来计算 H 的概率。

$$P(H\,|\,X) = \frac{P(X\,|\,H)P(H)}{P(X)}$$

此公式显示:给出证据的某一假设的概率等于该假设在给出证据的情况下的概率乘以该假设的概率,然后再规范化它们的乘积。

2. 朴素贝叶斯算法

不难发现,基于以上贝叶斯公式来估计后验概率 $P(H|X)$ 的主要困难在于 $P(X|H)$ 是所有属性上的联合概率,难以从有限的训练样本直接估计得到。朴素贝叶斯算法采用了属性特征条件独立假设,即对已知类别,假设所有属性相互独立。因此前面公式可重写为如下公式。

$$P(H\,|\,X) = \frac{P(H)}{P(X)}\prod_{i=1}^{d} P(Xi\,|\,H)$$

在给定可预测列的各种可能状态的情况下,直观地查看该算法分布状态的方式如图 7.11 所示。

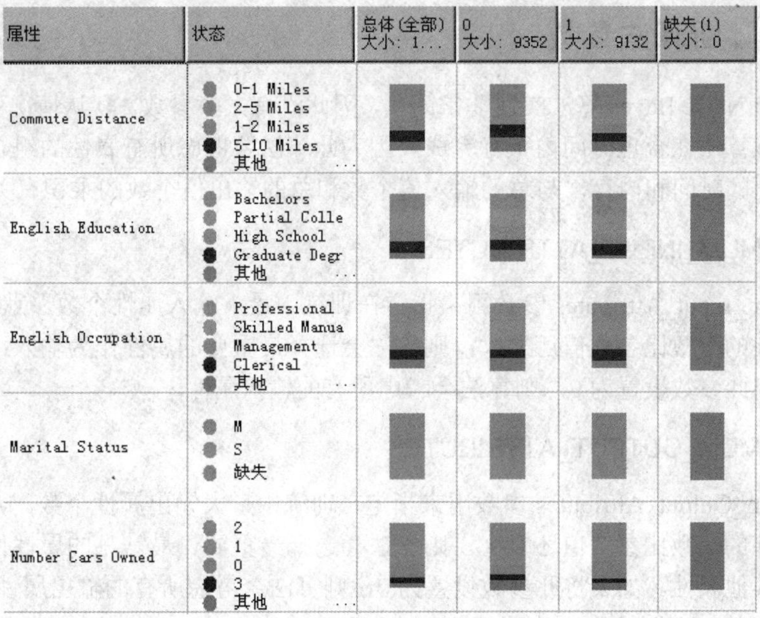

图 7.11　朴素贝叶斯算法分布状态

此处,Microsoft Naïve Bayes 查看器可列出数据集中的每个输入列。如果提供了可预测列的每种状态,它还会显示每一列中状态的分布情况。我们可以利用该模型视图来确定对区分可预测列状态具有重要作用的输入列。

例如，从图 7.11 显示的 Commute Distance 行中，可以明显看到，输入值的分布对于购买者和非购买者是不同的。这表明，"Commute Distance = 0-1 miles"输入可能是一个预测因子。该查看器还提供了分布的值，这样便能看到，对于上下班路程为 1～2 英里的客户，其购买自行车的概率是 0.387，不购买自行车的概率是 0.287。在本节中，该算法使用从诸如上下班路程之类的客户特征得出的数字信息来预测客户是否会购买自行车。

3. 朴素贝叶斯模型所需的数据

在准备用于定型 Naïve Bayes 模型的数据时，应理解算法的要求，其中包括所需要的数据量以及使用数据的方式。

Naïve Bayes 模型的要求如下。

(1) 单键列：每个模型都必须包含一个用于唯一标识每条记录的数值列或文本列。不允许复合键。

(2) 输入列：在 Naïve Bayes 模型中，所有列都必须是离散列或经过离散化的列。对于 Naïve Bayes 模型，确保输入属性相互独立也很重要，这在使用该模型进行预测时尤为重要。原因在于，如果我们使用已密切关联的两列数据，则会导致这些列的影响倍增，从而掩盖影响结果的其他因素。相反，在浏览模型或数据集时，该算法能够识别各个变量之间的相关性对于标识输入之间的关系会很有用。

(3) 至少有一个可预测列：可预测属性必须包含离散或离散化值，可以将可预测列的值视为输入。在浏览新数据集时，此操作对于查找列之间的关系会很有用。

7.6.3   贝叶斯算法参数

Microsoft Naïve Bayes 算法实现非常简单，因此没有太多参数。默认情况下，已有的参数能够确保该算法在合理时间内执行完成。因为此算法要考虑所有属性的组合，所以处理这些数据所用的时间和内存，与总的输入值个数和总的输出值个数的乘积有关。

1. MAXIMUM_INPUT_ATTRIBUTES

Maximum_Input_Attributes 参数用来指定在训练中最大输入属性个数。默认值是 255。如果输入属性的个数比参数值还要大，则算法会选择最重要的属性作为输入，忽略剩余的属性。如果将此参数设置为 0，则算法会考虑所有的输入属性。

2. MAXIMUM_OUTPUT_ATTRIBUTES

Maximum_Output_Attributes 参数用来指定在训练中最大输出属性个数。默认值是 255。如果输出属性的个数比参数值还要大，则算法会选择最重要、最常见的属性作为输出，并忽略剩余的其他属性。如果将此参数设置为 0，则算法会考虑所有的输出属性。

3. MINIMUM_DEPENDENCY_PROBABILITY

Minimum_Dependency_Probability 参数表示一个输入属性可以预测一个输出属性的概率。默认值是 0.5。取值范围为 0～1，该值用于限制算法生成的内容大小。如果浏览模型

没有发现任何信息，则可以考虑把这个值设置得小一些，直到找到相关性为止。

4. MAXIMUM_STATES

Maximum_States 参数用来指定一个属性的最大状态数。默认值是 100。如果一个属性的状态数比参数值还要大，则只考虑最常见的状态，没有选择的状态会作为缺失处理。

7.7 Microsoft 神经网络算法

7.7.1 使用神经网络算法

Microsoft 神经网络算法进行的分析非常复杂，这源于两个因素。第一个因素，任意输入以及全部输入都可以与任意输出或全部输出相关。神经网络在训练时必须考虑这个因素，因此，需要分析所有可能的关系。第二个因素，输入的不同组合与输出的关系可能不同。

在 SQL Server Analysis Services 中，Microsoft 神经网络算法组合输入属性的每个可能状态和可预测属性的每个可能状态，并使用定型数据计算概率。之后，可以根据输入属性，将这些概率用于分类或回归，并预测被预测属性的结果。

使用 Microsoft 神经网络算法构造的挖掘模型可以包含多个网络，这取决于用于输入和预测的列的数量，或者取决于仅用于预测的列的数量。一个挖掘模型包含的网络数取决于挖掘模型使用的输入列和预测列包含的状态数。

Microsoft 神经网络算法对分析复杂输入数据(如来自制造或商业流程的数据)很有用；对于那些提供了大量定型数据，但使用其他算法很难为其派生规则的业务问题，这种算法也很有用。

在以下情况下，建议使用 Microsoft 神经网络算法。

(1) 营销和促销分析，如评估直接邮件促销或一个电台广告活动的成功情况。

(2) 根据历史数据预测股票升降、汇率浮动或其他频繁变动的金融信息。

(3) 分析制造和工业流程。

(4) 文本挖掘。

(5) 分析多个输入和相对较少的输出之间的复杂关系的任何预测模型。

7.7.2 神经网络算法的原理

1. 神经网络

20 世纪 40 年代研究者沃伦·麦卡洛克(Warren McCulloch)和沃尔特·皮茨(Walter Pitts)试图构建模型来模拟生物的神经元是如何工作的。尽管这次研究的重点是对大脑的解剖，但是它证明了该模型引入了一种新的方法来解决神经生物学之外的技术问题。

在 20 世纪 60～70 年代，随着计算机技术的发展，研究者基于 Warren McCulloch 和 Walter Pitts 的成果实现了模型的一些原型。1982 年，约翰·霍普菲尔德(John Hopfield)发明了反向传播法，该方法基于学习的误差，按相反的方向调整神经网络的权值。

从 20 世纪 80 年代以来，神经网络的理论依据成熟，现代计算机的计算能力可以在合理的时间范围内处理比较大型的神经网络。神经网络技术应用于越来越多的商业领域，如信用卡欺诈检查、语音识别等。最近比较轰动的例子是谷歌阿法狗利用神经网络的深度学习，4∶1 战胜韩国职业围棋 9 段李世石。

Microsoft 神经网络使用由最多三层神经元(即"感知器")组成的"多层感知器"网络(也称为"反向传播 Delta 法则网络")。这些层分别是输入层、可选隐藏层和输出层。

(1) 输入层：输入神经元定义数据挖掘模型的所有输入属性值及其概率。

(2) 隐藏层：隐藏神经元接收来自输入神经元的输入，并向输出神经元提供输出。隐藏层是向各种输入概率分配权重的位置。权重说明某一特定输入对于隐藏神经元的相关性或重要性。输入所分配的权重越大，则输入的值越重要。权重可为负值，表示输入抑制而不是促进某一特定结果。

(3) 输出层：输出神经元代表数据挖掘模型的可预测属性值。

2. 神经元

在多层感知器神经网络中，每个神经元可接收一个或多个输入，并产生一个或多个相同的输出。每个输出都是对神经元的输入之和的简单非线性函数。输入将从输入层中的节点传递到隐藏层中的节点，然后再从隐藏层传递到输出层；同一层中的神经元之间没有连接。如果像逻辑回归模型那样没有隐藏层，则输入将会直接从输入层中的节点传递到输出层中的节点。

在使用 Microsoft 神经网络算法创建的神经网络中，存在三种类型的神经元。

(1) Input neurons：输入神经元提供数据挖掘模型的输入属性值。对于离散的输入属性，输入神经元通常代表输入属性的单个状态。如果定型数据包含输入属性的 Null 值，则缺失的值也包括在内。具有两个以上状态的离散输入属性会为每个状态生成一个输入神经元，如果定型数据中存在 Null 值，还会为缺失的状态生成一个输入神经元。一个连续的输入属性将生成两个输入神经元：一个用于缺失的状态，一个用于连续属性自身的值。输入神经元可向一个或多个隐藏神经元提供输入。

(2) Hidden neurons：隐藏神经元接收来自输入神经元的输入，并向输出神经元提供输出。

(3) Output neurons：输出神经元代表数据挖掘模型的可预测属性值。对于离散输入属性，输出神经元通常代表可预测属性的单个预测状态，其中包括缺失的值。例如，一个二进制可预测属性可生成一个输出节点，该节点说明缺失的或现有的状态，以指示该属性是否存在值。一个用作可预测属性的布尔列可生成三个输出神经元：一个用于 True 值，一个用于 False 值，一个用于缺失的或现有的状态。具有两种以上状态的离散可预测属性可为每个状态生成一个输出神经元，并为缺失的或现有的状态生成一个输出神经元。一个连续的可预测列将生成两个输出神经元：一个用于缺失的或现有的状态，一个用于连续列自身的值。如果检查可预测列集时生成的输出神经元多于 500 个，则 Analysis Services 将在挖掘模型中生成一个新网络，用于代表超出部分的输出神经元。

根据其所在网络层的不同，神经元接收来自其他神经元或来自其他数据的输入。输入神经元接收来自原始数据的输入。隐藏神经元和输出神经元接收来自神经网络中其他神经

元的输出的输入。输入在神经元之间建立了关系，而这些关系可用作分析特定事例集时的路径。

每个输入都分配有一个称为"权重"的值，此值用于说明该特定输入对于隐藏神经元或输出神经元的相关性或重要性。分配给一个输入的权重越大，则该输入值的相关性或重要性越高。权重可以是负值，表示输入可能抑制而不是激活特定神经元。每个输入的值都会与其权重相乘，以强调输入对特定神经元的重要性。对于负权重，输入值与权重相乘的结果是降低重要性。

每个神经元都分配有一个称为"激活函数"的简单非线性函数，用于说明特定神经元对于神经网络层的相关性或重要性。隐藏神经元使用"双曲正切"函数 (tanh) 作为其激活函数，而输出神经元使用"sigmoid"函数作为其激活函数。这两个函数都是非线性连续函数，允许神经网络在输入神经元和输出神经元之间建立非线性关系模型。

3. 定型神经网络

定型使用 Microsoft 神经网络算法的数据挖掘模型时，会涉及若干个步骤。这些步骤与算法参数指定的值紧密相关。

算法首先会进行评估并从数据源提取定型数据。定型数据的百分比(称为"维持数据")会被保留，用于评估该网络的准确性。在整个定型过程中，在每次迭代定型数据后，都会立即对网络进行评估。准确性不再提高时，定型过程便会停止。

Sample_Size 和 Holdout_Percentage 参数的值用于确定定型数据中作为样本的事例数以及保留供维持数据使用的事例数。Holdout_Seed 参数的值用于随机确定保留供维持数据使用的各个事例。

接下来，该算法将确定挖掘模型支持的网络的数目以及复杂性。如果挖掘模型包含一个或多个仅用于预测的属性，算法将创建一个代表所有这些属性的单一网络。如果挖掘模型包含一个或多个同时用于输入和预测的属性，则该算法提供程序将为其中的每个属性构建一个网络。

对于具有离散值的输入属性和可预测属性，每个输入或输出神经元各自表示单个状态。对于具有连续值的输入属性和可预测属性，每个输入或输出神经元分别表示该属性值的范围和分布。每种情况下支持的最大状态数取决于 Maximum_States 算法参数的值。如果某一特定属性的状态数超过 Maximum_States 算法参数的值，则会选出该属性最常用或相关性最高的那些状态，数目是所允许的最大状态数，剩下的状态作为缺失的值分为一组，用于分析。

然后，该算法使用 Hidden_Node_Ratio 参数的值来确定要为隐藏层创建的神经元的初始数目。可以将 Hidden_Node_Ratio 设置为 0，以避免在该算法为挖掘模型生成的网络中创建隐藏层，以便将神经网络作为逻辑回归处理。

算法提供程序通过接受之前保留的定型数据集并将维持数据中的每个事例的实际已知值与网络的预测进行比较，即通过一个称为"批学习"的进程来同时迭代计算整个网络的所有输入的权重。该算法处理了整个定型数据集后，将检查每个神经元的预测值和实际值。该算法将计算错误程度(如果有错误)，调整与神经元输入关联的权重，并通过一个称为"回传"的过程从输出神经元返回到输入神经元。然后，该算法对整个定型数据集重复该过程。

该算法支持多个权重和输出神经元，因此这个共轭梯度算法用于引导定型过程来分配和计算输入权重。有关共轭梯度算法的探讨不属于本教材的讨论范围，此处不再赘述。

4. 计分方法

"计分"是规范化的一种，在为神经网络模型定型的上下文中，计分表示将值(如离散文本标签)转换为可与其他输入类型进行比较且可在网络中计算权重的值。例如，如果一个输入属性为 Gender，其可能的值为 Male 和 Female，另一个输入属性为 Income，其值范围可变，这两个属性的值不可直接比较，因此，必须编码到共同的范围，才能计算权重。计分就是将这类输入规范化为数字值的过程，尤其是规范化为概率范围。用于规范化的函数还有助于使输入值在统一尺度分布得更加均匀，从而避免极值扭曲分析结果。

神经网络的输出也会进行编码。如果输出是单一目标(即预测)，或者是仅用于预测而不用于输入的多个目标，模型将创建单一网络，似乎没有必要规范化输出值。但是，如果有多个属性用于输入和预测，则模型必须创建多个网络。因此，所有值都必须规范化，输出也必须在退出网络时进行编码。

输入的编码基于对定型事例中的所有离散值进行求和以及对这些值乘以其权值，这称为"加权和"，它会传递给隐藏层的激活函数。编码使用 z-score，如下所示。

离散值： μ = p–the prior probability of a state

$\qquad$ StdDev = sqrt(p(1–p))

连续值：存在值 = 1–μ/σ

$\qquad$ 不存在值 = –μ/σ

对值进行编码后，将会对输入进行加权求和，权值为网络边缘。对输出的编码使用 Sigmoid 函数，其所具有的特性使其对预测非常有益。其中一个特性是，无论原始值如何计量，也无论值为正为负，此函数的输出始终在 0 和 1 之间，正好适合于计算概率。另一个非常有用的特性是，Sigmoid 函数有平滑的效果，值离转折点越远，值的概率会越趋近 0 或 1，但缓慢得多。

5. 神经网络所需的数据

神经网络模型必须包含至少一个输入列和一个输出列。Microsoft 神经网络算法支持表 7.5 中列出的特定输入列和可预测列。

表7.5　神经网络列类型

列	内容类型
输入列	Continuous、Cyclical、Discrete、Discretized、Key、Table 和 Ordered
可预测列	Continuous、Cyclical、Discrete、Discretized 和 Ordered

7.7.3　神经网络算法参数

Microsoft 神经网络算法支持多个参数，这些参数可以影响生成的挖掘模型的行为、性能和准确性。

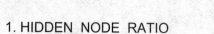

1. HIDDEN_NODE_RATIO

Hidden_Node_Ratio 参数是用于配置隐藏神经元对输入和输出神经元的比率。默认值是 4。隐藏神经元数量=Hidden_Node_Ratio*SQRT(输入神经元数量*输出神经元数量)。

2. HOLDOUT_PERCENTAGE

Holdout_Percentage 参数用于指定定型数据中用于计算维持错误的事例的百分比，定型挖掘模型时的停止条件中将用到此百分比。默认值是 30。

3. HOLDOUT_SEED

Holdout_Seed 参数指定一个数字，用作在算法随机确定维持数据时伪随机生成器的种子。默认值为 0。如果该参数设置为 0，算法将基于挖掘模型的名称生成种子，以保证重新处理期间模型内容的一致性。

4. MAXIMUM_INPUT_ATTRIBUTES

Maximum_Input_Attributes 参数用来指定在训练中最大输入属性个数。默认值是 255。如果输入属性的个数比参数值还要大，则算法会选择最重要的属性作为输入，忽略剩余的属性。如果将此参数设置为 0，则算法会考虑所有的输入属性。

5. MAXIMUM_OUTPUT_ATTRIBUTES

Maximum_Output_Attributes 参数用来指定在训练中最大输出属性个数。默认值是 255。如果输出属性的个数比参数值还要大，则算法会选择最重要、最常见的属性作为输出，并忽略剩余的其他属性。如果将此参数设置为 0，则算法会考虑所有的输出属性。

6. MAXIMUM_STATES

Maximum_States 参数用来指定一个属性的最大状态数。默认值是 100。如果一个属性的状态数比参数值还要大，则只考虑最常见的状态，没有选择的状态会作为缺失处理。

7. SAMPLE_SIZE

Sample_Size 参数指定用来给模型定型的事例数。默认值为 10 000。该算法使用此数或 Holdout_Percentage 参数指定的包含在维持数据中的事例总数的百分比，取两者中较小的一个。换言之，如果 Holdout_Percentage 参数设置为 30，则该算法将使用此参数的值或事例总数的 70%的值，取两者中较小的一个。

第 8 章　SPSS 数据挖掘基础

SPSS 是全世界最早的统计分析软件，其主要功能包括统计学分析运算、数据挖掘、预测分析等。由于其数据分析深入、使用方便、功能齐全等诸多优点，被广泛应用于自然科学、技术科学、社会科学的各个领域。

本章将对 SPSS 的界面和基础操作进行简单介绍，并对数据挖掘前的数据录入、数据管理、数据转换进行详细介绍，主要包括：数据录入方法，数据变量的属性定义，插入或删除变量、个案，数据排序，数据合并，拆分数据文件，计算产生变量，对个案内值计数，重新编码。

8.1　SPSS 发展简史

1968 年，斯坦福大学三位研究生 Norman H. Nie、C. Hadlai (Tex) Hull 和 Dale H. Bent 开发了 SPSS，原意为 Statistical Package for the Social Sciences，即社会科学统计软件包，同时成立了 SPSS 公司，并于 1975 年成立法人组织、在芝加哥组建了 SPSS 总部。

1984 年，推出用于个人电脑的 SPSS/PC+；1992 年，推出 Windows 版本。

1994—1998 年，SPSS 公司陆续收购了 SYSTAT 公司、BMDO 软件公司、Quantime 公司、ISL 公司等，并将各公司的主打产品纳入旗下，从而使 SPSS 公司由原来单一开发统计软件转向为企业、教育科研提供统计产品和决策支持服务。

2000 年，SPSS 11.0 发布，随着 SPSS 产品服务领域的扩大和服务深度的增加，SPSS 公司将英文全称改为 Statistical Product and Service Solutions，即统计产品和服务解决方案，标志着 SPSS 的战略方向做出了重大调整。

2006 年，SPSS 15.0.1 发布。

2008 年，SPSS 16.0 和 SPSS Statistics 17.0.1 发布。从 SPSS 16.0 起推出 Linux 版本。

2009 年，SPSS 公司宣布重新包装旗下的 SPSS 产品线，定位为预测统计分析软件 (Predictive Analytics Software，PASW)，包括四部分：PASW Statistics，统计分析；PASW Modeler，数据挖掘；Data Collection family，数据收集；PASW Collaboration and Deployment Services，企业应用服务。

同年，PASW Statistics 17.0.2、PASW Statistics 17.0.3、PASW Statistics 18.0.0、PASW Statistics 18.0.1 发布。

同年，IBM 公司宣布将用 12 亿美元现金收购统计分析软件提供商 SPSS 公司。

2010 年，PASW Statistics 18.0.2、IBM SPSS Statistics 18.0.3、IBM SPSS Statistics 19.0 发布。

2011 年，IBM SPSS Statistics 20.0 发布。

2012 年，IBM SPSS Statistics 21.0 发布。

2013 年，IBM 公司发布了最新版本 IBM SPSS Statistics 22.0，支持 Windows 8、Mac OS X、Linux、UNIX，提供 Mac、Windows、Linux 及 UNIX 四种平台产品版本下载。

8.2　SPSS 操作入门

SPSS 软件全面支持 Windows 操作系统，界面非常友好，其基本操作方式与一般软件相同，操作十分简便。

8.2.1　SPSS 的启动

(1)　安装后双击桌面上的 SPSS Statistics 22.0 图标即可，或者在"程序"中找到"IBM SPSS Statistics"文件夹，单击"IBM SPSS Statistics 22"命令。启动会后出现如图 8.1 所示的启动界面，该界面介绍了 SPSS 的版本等信息。

图 8.1　SPSS 启动界面

(2)　随后会出现启动选项界面，如图 8.2 所示。

启动选项界面的模块包括五大内容。

①　新建文件(New Files)：创建新文件。

②　最近的文件(Recent Files)：打开近期打开过的文件。

③　新增功能(What's New)：介绍本版本的新功能。

④　模块和可编程性(Modules and Programmability)：链接 IBM SPSS 的其余模块和程序。

⑤　教程(Tutorials)：运行教程，对 SPSS 操作进行指导。

用户可以在启动选项界面通过创建新文件或者打开已有文件进入 SPSS，也可以关闭启动选项后进入 SPSS 界面。

图 8.2　SPSS 启动选项界面

8.2.2　SPSS 的退出

选择 File(文件)→Exit(退出)菜单命令，或者单击 SPSS 窗口右上角的"关闭"按钮，即可退出 SPSS。

8.3　SPSS 的界面

8.3.1　SPSS 的窗口

SPSS 共有三个主要窗口：数据视图窗口(Data View)、变量视图窗口(Variable View)、结果输出窗口(Viewer)。

1. SPSS 的数据视图窗口

数据视图窗口是 SPSS 的主界面，主要用于查看、导入、编辑数据以及通过此界面对数据进行一系列处理和统计分析。数据视图窗口由标题栏、菜单栏、工具栏、编辑栏、变量名栏、内容区、窗口切换标签页和状态栏组成。

(1) 标题栏：位于数据视图窗口的最顶端，显示当前 SPSS 文件的名称。

(2) 菜单栏：标题栏下方是菜单栏，用于进行一系列操作。

(3) 工具栏：菜单栏下方是工具栏，工具栏中放置了经常使用的操作按钮，直接使用工具栏中的按钮有利于提高操作效率。

(4) 编辑栏：工具栏下方是编辑栏，选中单元格后可以在编辑栏中输入单元格的内容。

(5) 变量名栏：编辑栏下方是变量名栏，显示每一个变量名。

(6) 内容区：变量名栏下方的一大片区域为内容区，用于存储和显示数据。

(7) 窗口切换标签页：内容区下方的左下角有两个标签，为窗口切换标签页，用于切换数据视图窗口和变量视图窗口。

(8) 状态栏：位于数据视图窗口的最底端，显示当前数据编辑的状态。

2. SPSS 的变量视图窗口

通过数据视图窗口下方的窗口切换标签页，可以切换到变量视图窗口，此窗口主要用于对变量的属性进行定义，从左到右依次为：变量名称、变量类型、变量宽度、变量小数点位、变量标签、变量值标签、缺失值、列属性、值对齐方式、测量方式、角色。

3. SPSS 的结果输出窗口

对数据进行操作后，会同时出现 SPSS 结果输出窗口，用于显示和管理 SPSS 操作的 syntax 语句、统计分析的结果、图形与表格等信息。

结果输出窗口由左、右两部分构成。左边部分是索引输出区，用于显示已有的分析结果的标题和内容索引，便于用户单击查找；右边部分为详解输出区，显示每一个分析的具体结果，详解输出区中的表格都可以单击后进行编辑操作。

8.3.2 SPSS 的菜单

SPSS 菜单栏中主要有文件、编辑、视图、数据、转换、分析、直销、图形、实用程序、窗口、帮助等菜单选项，具体的选项功能如表 8.1 所示。

表 8.1 SPSS 菜单选项及功能

中 文 名	英 文 名	功 能
文件	File	打开、保存、打印文件等
编辑	Edit	剪切、复制、粘贴等，查找特定行的数据、插入数据或变量
视图	View	对数据视图窗口的显示对象进行显示或隐藏设置
数据	Data	定义变量、合并文件、排序等
转换	Transform	对已有变量生成新变量、缺失值处理等
分析	Analyze	各种统计分析方法，如 T 检验、方差分析、回归等
直销	Direct Marketing	更容易获得预先建立的模型，更智能、更直观的结果输出等。
图形	Graphs	生成图形，如直方图、饼图等
实用程序	Utilities	查看变量信息、运行脚本
窗口	Windows	切换窗口，改变窗口显示方式
帮助	Help	操作帮助、查看版本、注册信息等

8.4   建立 SPSS 文件

8.4.1 SPSS 文件类型

SPSS 文件类型如下。

(1) 数据文件：扩展名为“.sav”。

(2) 结果文件：扩展名为“.spv”。

(3) 图形文件：扩展名为“.cht”。

(4) 语句命令文件：扩展名为“.sps”。

8.4.2 数据录入

SPSS 的数据存储在数据视图窗口的内容区中，以二维表的形式存在，每一列对应一个变量(Variable)，每一行代表一个观测值或者一个样本(Case)的数据。因此，每一个单元格代表一个样本在一个变量上的取值。

数据录入有两种来源：一是在 SPSS 环境下新建数据；二是通过读取外部数据或者添加数据库里的数据等形式导入外部已有的数据文件。

1. 新建数据

选择“文件”(File)→“新建”(New)→“数据”(Data)菜单命令，生成一个新的数据文件，在内容区中输入或者粘贴数据即可。

2. 直接读取外部数据

新建数据录入是一个相当烦琐的过程，大多数情况下，SPSS 都采用外部数据导入的形式直接读取外部数据。选择“文件”(File)→“打开”(Open)→“数据”(Data)菜单命令，选择一个已有的数据文件进行导入。

除了自己的数据格式外，SPSS 还可以读取其他多种格式的数据文件，包括 Excel、SAS、dBASE、Stata、txt 等，其中，最常见的是 Excel 数据。

3. 添加数据库的数据

SPSS 使用了 ODBC(Open Database Capture)的数据接口，使程序可以直接访问以结构化查询语言(SQL)作为数据访问标准的数据库管理系统。选择“文件”(File)→“打开数据库”(Open Database)→“新建查询”(New Query)菜单命令，数据库向导的窗口中会列出机器上已安装的所有数据库驱动程序，选中所需的数据源，然后单击“下一步”，根据向导进行添加，直至将数据读入 SPSS。

8.4.3 文件的保存与导出

1. 数据文件的保存

在数据视图窗口单击菜单栏中的“文件”(File)选项，选择“保存”(Save)或者“另存为”(Save as)即可保存数据。SPSS 支持多种数据保存格式，包括 Excel、dBASE、SAS、Stata等，为方便后续的导入和计算，一般存为 SPSS 自己的数据格式(*.sav 文件)。

2. 结果文件的保存

为方便研究者随时便利地查看数据分析结果，SPSS 可以将结果输出窗口作为结果文件

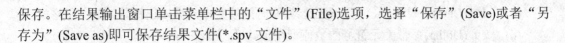

保存。在结果输出窗口单击菜单栏中的"文件"(File)选项，选择"保存"(Save)或者"另存为"(Save as)即可保存结果文件(*.spv 文件)。

3. 结果文件的导出

结果文件的保存方便研究者查看分析结果，但是由于常用的 Office 软件不能直接读取 spv 格式的文件，因此分析结果不便使用，特别是分析结果较多时，反复复制粘贴会降低工作效率，这时可以将结果文件导出。在结果输出窗口选择"文件"(File)→"导出"(Export)菜单命令，可以将结果文件中的部分或者全部结果导出到 Excel、PPT、Word 等常用软件中。

8.5　SPSS 数据的变量属性定义

一个完整的 SPSS 数据结构除了拥有数据本身以外，还需要在变量视图窗口对数据的变量属性进行定义，一般包括定义变量名称、变量类型、变量宽度、变量小数点位、变量标签、变量值标签、缺失值、列、值对齐方式、变量测量方式、角色。

8.5.1　变量名称

SPSS 系统会为每一个变量自动生成一个变量名(Name)，以 VAR 开头，后面跟 5 个数字，为了便于理解，一般需要对变量重新定义一个有具体含义的变量名。变量名的定义需要满足以下条件。

(1) 变量名的首字符必须是字母、汉字或者字符"@"；

(2) 变量名中可以是任何字母、汉字或者数字，但不能包括"！""？""*"等字符；

(3) 变量名的结尾不能是圆点、句号、下画线；

(4) 变量名必须唯一，不可以有空格，不区分大小写；

(5) 变量名长度应少于 64 个字符，32 个汉字；

(6) SPSS 的保留字段(ALL、NE、LE、BY、GE、EQ、GT、AND、OR、NOT、WITH等)不能作为变量名。

8.5.2　变量类型

单击"类型"(Type)相应单元格中的按钮后，弹出"变量类型"(Variable Type)对话框，为每一个变量选择合适的变量类型，如图 8.3 所示。

SPSS 的变量类型主要有 9 种。

(1) 数值(Numeric)：标准数值型，默认长度为 8，小数位数为 2，可以进行设置。

(2) 逗号(Comma)：带逗号的数值型，整数部分从右到左每三位用一个逗号。

(3) 点(Dot)：带圆点的数值型，整数部分从右到左每三位用一个圆点，小数点用逗号表示。

(4) 科学记数法(Scientific notation)：科学记数，适合数值很大或很小的变量。

(5) 日期(Date)：日期型，用于表示日期和时间的变量，可以选择具体的变量格式。

(6) 美元(Dollar)：带美元符号的数值型变量。

(7) 定制货币(Custom currency)：自定义货币类型。

(8) 字符串(String)：字符型，用于存储字符串类型的数据，数据不能参与运算。

(9) 受限数值(Restricted Numeric(integer with leading zeros))：限制位数的整数型，只从右到左截取规定位数，前面的部分强制为 0。

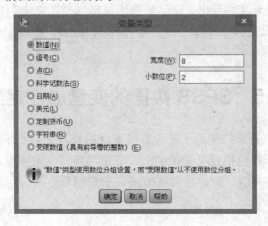

图 8.3　"变量类型"对话框

8.5.3　变量宽度和小数

在"宽度"(Width)和"小数"(Decimals)对应的单元格中输入数值，以定义变量的长度和小数点位数。当变量为日期型(Date)格式时，变量宽度和小数点位无效；当变量为字符型(String)或者限制数值(Restricted Numeric)时，小数点位无效。

8.5.4　标签和值

添加标签是为了在处理变量、解读结果的时候，更一目了然地明白变量以及值的含义，尤其是处理大规模数据时，变量数目繁多，标签有利于弄清楚每个变量和每个变量值代表的实际含义。

其中，定义变量标签是为了进一步注释变量的含义，双击"标签"(Label)对应的单元格，输入变量含义即可定义变量标签，变量标签可使用中文，总长度应少于 120 个字符，尽量简单明了。

定义变量值的标签是对变量的每一个取值做进一步描述，由于连续变量无法获取所有取值，因此一般只对分类变量进行变量值的标签定义。单击"值"(Values)相应单元格中的按钮后，弹出"值标签"(Value Labels)对话框，如图 8.4 所示。在"值"框中输入变量值，"标签"框中输入对该值含义进行解释的标签，将变量的所有取值及标签依次单击添入下方框中即对变量值的标签进行了定义。

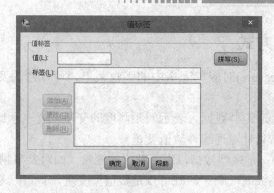

图 8.4　"值标签"对话框

8.5.5　变量缺失值

统计分析获取的数据有时会出现超出范围或者存在明显的错误或不合理的情况，这一类数据如果直接使用会影响数据的分析，导致分析结果失真。例如，对一组大学生进行年龄调查，有人填写 5 岁，有人填写 105 岁。这些数据明显不合理，如果在计算这群大学生年龄的均值时没有剔除这些不合理数据，就会使平均年龄的最终结果不准确。因此，在数据分析之前，需要将这类数据定义为缺失值(Missing Values)，方便后期数据分析时将其与正常的数据区别出来。

单击"缺失"(Missing)相应单元格中的按钮后，弹出"缺失值"对话框，如图 8.5 所示。

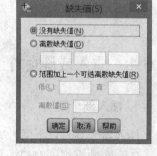

(1) 没有缺失值(No missing values)：默认情况为没有缺失值，认为所有数据都有效。

(2) 离散缺失值(Discrete missing values)：可以定义 3 个以内的离散缺失值。例如，单项选择题，如果学生选择的选项超过了 1 个，就将数据表中该学生在该题上的数据录入为 99，此处输入 99，即定义此种情况下，数据中的 99 为缺失值，不纳入正常计算。

图 8.5　"缺失值"对话框

(3) 范围加上一个可选离散缺失值(Range plus one optional discrete missing values)：对于连续性变量，可以定义一个缺失值区间外加一个离散的缺失值。例如，定义最低 90 至最高 100 之内的所有数据以及 85 都为缺失值。

8.5.6　变量显示列、对齐方式

在"列"(Columns)对应的单元格中输入数值，可以定义变量所在列的显示宽度，默认为 8。

单击"对齐"(Align)对应单元格中的下拉菜单，可以修改变量值显示时的对齐方式，包括左对齐(Left)、右对齐(Right)、居中对齐(Center)。数值型数据默认的都是右对齐，字符型数据默认的左对齐。

8.5.7　变量测量方式

单击"测量"(Measure)对应单元格中的下拉菜单，可以修改变量类型，具体有下面三种。

(1)　度量(Scale)：定距型数据，表示间距测度的变量或者表示比值的变量，如身高、体重等，此类数据通常只针对连续性数值变量。

(2)　有序(Ordinal)：定序型数据，表示顺序的变量，如对某事物的赞成程度、职称等，此类数据有内在的大小或高低顺序，既可以是数值型变量，也可以是字符型变量。

(3)　名义(Nominal)：定类型数据，表示不同类别的变量，如性别，既可以是字符型变量"男""女"，也可以是数值型变量 1、2，其中 1 代表男、2 代表女。此类数据不存在内部顺序，只有类别之分。

8.5.8　变量角色

单击"角色"(Role)对应单元格中的下拉菜单，可以修改变量在后续统计分析中的功能作用，包括"输入"(Input)变量、"目标"(Target)变量、"两者"(Both，既可以是输入变量，又可以是目标变量)、"无"(None)、"分区"(Partition)、"拆分标"(Split)。一般情况下都默认为输入变量。

8.6　SPSS 数据管理

8.6.1　插入或删除个案

1. 插入新个案

插入新个案有以下两种方式。

(1)　在数据视图窗口中单击要插入新个案的行，右击，在弹出的快捷菜单中选择"插入个案"(Insert Cases)命令，即在此行前生成一行新个案数据。

(2)　选中内容区中的某个单元格，再单击菜单栏中的"编辑"(Edit)选项，选择"插入个案"命令，即可在选中单元格前生成一行新个案数据。

2. 删除个案

删除个案同样有以下两种方式。

(1)　在数据视图窗口中选中要删除个案的行，右击，选择"清除"(Clear)即可。

(2)　在数据视图窗口中选中要删除个案的行，单击菜单栏中的"编辑"(Edit)选项，选择"清除"(Clear)即可。

8.6.2 插入或删除变量

1. 插入新变量

插入新变量有以下三种方式。

(1) 在数据视图窗口中单击要插入新变量的列,右击,选择"插入变量"(Insert Variables)命令,即在此列前生成一列新变量,再到变量视图窗口对新变量进行变量定义。

(2) 在变量视图窗口中单击要插入新变量的行,右击,选择"插入变量"(Insert Variables),即在此行前生成一行需要定义的新变量,数据视图窗口中会自动生成一列新变量。

(3) 选中内容区中的某个单元格,单击菜单栏中的"编辑"(Edit)选项,选择"插入变量"(Insert Variables)命令,在单元格中即可生成多列新变量,再到变量视图窗口对新变量进行变量定义。

2. 删除变量

删除变量同样有以下三种方式。

(1) 在数据视图窗口中选中要删除变量的列,右击,选择"清除"(Clear)即可。

(2) 在变量视图窗口中选中要删除变量的行,右击,选择"清除"(Clear)即可。

(3) 在数据视图窗口中选中要删除变量的列,或者在变量视图窗口中选中要删除变量的行,再单击菜单栏中的"编辑"(Edit)选项,选择"清除"(Clear)即可。

8.6.3 数据排序

排序有利于研究者根据需要重新排列数据的呈现形式,SPSS 既可以对个案进行排序,又可以对变量进行排序。

1. 个案排序

最常用的排序方式为个案排序,即根据个案在变量上的取值,从大到小或者从小到大重新排序。个案排序有以下两种方式。

(1) 如果根据一个变量的取值对个案进行排序,则在数据视图窗口中选中用于排序的这列变量,右击,选择"升序排列"(Sort Ascending)或者"降序排列"(Sort Descending),即可将个案按照相应规则重新排序。

(2) 如果根据多个变量的取值对个案进行排序,选择菜单栏中的"数据"(Data)→"排序个案"(Sort Cases)命令,如图 8.6 所示。

在"排序个案"对话框中有三个选项。

① 排序依据(Sort by):排序根据的变量框,将用于排序的变量选入此框中,靠前的变量为主关键字,依次按变量顺序对个案进行排序。例如,此处选入了 q1 和 q2 两个变量,先根据 q1 的取值对个案进行排序,在 q1 取值相同的情况下,再按 q2 的取值对个案进行排序。

② 排列顺序(Sort Order):可选择"升序"(Ascending)或者"降序"(Descending)。

③ 保存已分类数据(Save Sorted Data)：可以将排序后的数据重新存入一个新的文件中。

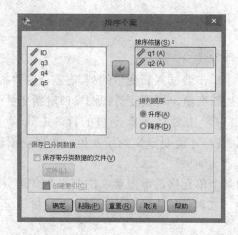

图 8.6 "排序个案"对话框

2. 变量排序

当变量太多不便于查看时，可以对变量的呈现顺序进行重新排列，变量排序同样有两种方式。

(1) 在变量视图窗口中选中用于排序的变量属性，右击，选择"升序排列"(Sort Ascending)或者"降序排列"(Sort Descending)，即可将变量按照相应规则重新排序。

(2) 选择"数据"(Data)→"排序变量"(Sort Variables)菜单命令，会弹出"排列变量"对话框，如图 8.7 所示。

① 变量视图(Variable View Columns)：排序根据的变量属性，可以选择"变量名""变量类型""变量宽度"等属性对变量进行排序，最常见的是根据变量名排序。

② 排列顺序(Sort Order)：可选择"升序"或者"降序"。

③ 在新属性中保存当前(预先分类)变量顺序(Save the current (pre-sorted) variable order in a new attribute)：可以将排序后的变量顺序重新存为一个新属性，并取相应的名字。

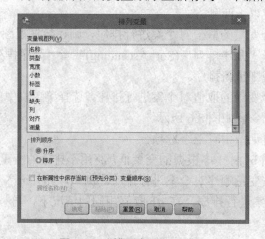

图 8.7 "排列变量"对话框

8.6.4　数据的行列转置

要对数据进行行列转置时，选择"数据"(Data)→"变换"(Transpose)菜单命令，弹出"变换"对话框，如图 8.8 所示。行列转置后的数据会自动生成到一个新的 SPSS 文件中。

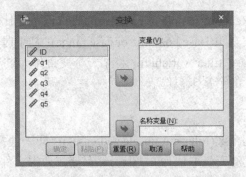

图 8.8　"变换"对话框

(1)　变量(Variables)：选入要进行行列转置的变量，此处为 q1 至 q5。

(2)　名称变量(Name Variable)：用来定义转置后的变量名，此处选入 ID，因为转置后每一列变量代表原来的每一个个案，用个案的 ID 定义新的变量名有利于理解变量含义。如果不定义名称变量，系统会为转置后的每一个变量自动生成一个变量名。

8.6.5　选取个案

在统计分析时，有可能不需要全部的个案，研究者会根据需要选取部分个案进行数据分析。选择"数据"(Data)→"选择个案"(Select Cases)菜单命令，弹出"选择个案"对话框，如图 8.9 所示。根据一定规则选取个案后，系统会自动生成一个新的过滤变量，变量名为"filter_\$"，变量值为 1 的个案为选中个案，变量值为 0 的个案为未选中个案。

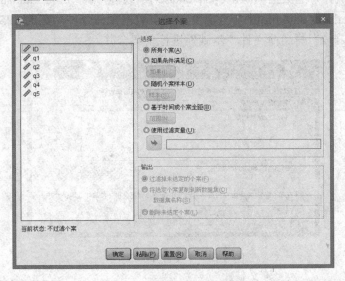

图 8.9　"选择个案"对话框

1. 选择

(1) 所有个案(All cases)：所有个案都选取。

(2) 如果条件满足(If condition is satisfied)：满足一定条件的个案被选取，if 语句中可以输入公式设置条件。

(3) 随机个案样本(Random sample of cases)：随机选取一定比例的样本。

(4) 基于时间或个案全距(Based on time or case range)：基于时间或者输入的个案范围。

(5) 使用过滤变量(Use filter variable)：将某一个变量作为过滤变量，该变量取值为 1 的个案被选中，取值为 0 的个案未被选取。

2. 输出

(1) 过滤掉未选定的个案(Filer out unselected cases)：即未选择个案不参与计算，其编号内标有对角斜线，其过滤变量取值为 0，但仍然存储在数据文件中。

(2) 将选定个案复制到新数据集(Copy selected cases to a new dataset)：选取的个案重新复制到一个新的数据库。

(3) 删除未选定个案(Delete unselected cases)：直接删掉未选择的个案。

8.6.6 数据合并

数据合并有利于快速地将两个文件中的数据合并在一起，既包括纵向合并增加个案，又包括横向合并增加变量。

1. 个案合并

要对两个文件的个案进行合并时，选择"数据"(Data)→"合并文件"(Merge Files)→"添加个案"(Add Cases)菜单命令，弹出"将个案添加到基础.sav[数据集 1]"对话框，如图 8.10 所示。从打开的数据集(An open dataset)中或者外部 SPSS Statistics 数据文件(An external SPSS Statistics data file)中导入需要与当前数据文件合并个案的 SPSS 数据。例如，此处选择了"基础 2"与当前文件"基础"进行个案合并。

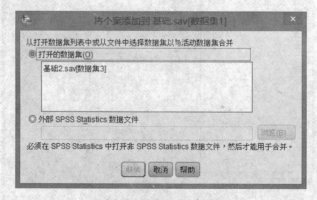

图 8.10 个案合并选取文件

选择文件后，弹出"添加个案"(Add Cases From Dataset3)对话框，如图 8.11 所示。

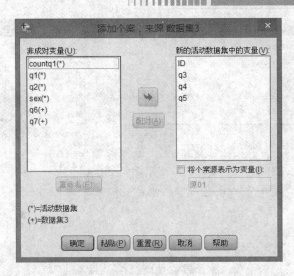

图 8.11　"添加个案"对话框

(1) 非成对变量(Unpaired Variables)：即两个文件中不相同的变量，这些变量在个案合并后的数据文件中不会再呈现。

(2) 新的活动数据集中的变量(Variables in New Active Dataset)：这些变量是两个文件中的共同变量，拥有相同的变量名以及相同的变量属性。因此，为保证能够进行个案合并，两个文件中必须拥有至少一个相同变量。合并后的数据文件中，变量为两个文件的共同变量，个案为两个文件的个案总和。

2. 变量合并

变量合并意味着对个案横向增加数据，必须有一个共同的关键字段将两个数据文件横向链接起来，因此变量合并前要满足两个条件。

(1) 两个数据文件至少有一个共同变量，拥有相同的变量名以及相同的变量属性。变量取值唯一不重复，这个字段将作为"关键变量"链接两个文件，一般用个案的 ID 号作为关键变量。

(2) 两个数据文件都必须事先按照"关键变量"值进行升序排列，如果没有进行排序，会影响最终的变量合并结果。

要对两个文件的变量进行合并时，选择"数据"(Data)→"合并文件"(Merge Files)→"添加变量"(Add Variables)菜单命令，同样，从打开的数据集(An open dataset)中或者外部 SPSS Statistics 数据文件(An external SPSS Statistics data file)中导入需要与当前数据文件合并变量的 SPSS 数据，选择后，弹出"添加变量"(Add Variables from Datase3)对话框，如图 8.12 所示。

"添加变量"对话框中各选项意义如下。

(1) 已排除的变量(Excluded Variables)：即两个文件中的相同变量。

(2) 新的活动数据集(New Active Dataset)：新数据文件中的变量，默认为两个文件排除相同变量后的所有变量，可以根据实际需要进行排除，将不需要呈现在新文件中的变量选入左边的框中。

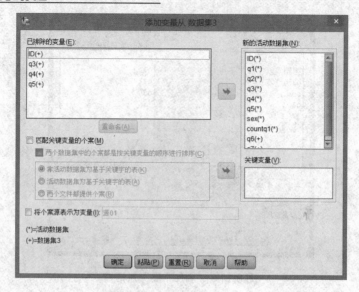

图 8.12　"添加变量"对话框

(3) 匹配关键变量的个案(Match cases on key variables)：勾选后，将选出来链接两个数据文件的"关键变量"从"已排除的变量"框中拉入"关键变量(Key Variables)"框中。此处选择 ID。关键变量的被试选择有以下三种模式。

① 非活动数据集为基于关键字的表(None-active dataset is keyed table)：以非活动数据文件(被选择的文件)中的个案为准。

② 活动数据集为基于关键字的表(Active dataset is keyed table)：以当前数据文件中的个案为准。

③ 两个文件都提供个案(Both files provide cases)：以两个文件中共同的个案为准。

8.6.7　拆分数据文件

在进行数据处理时，有时需要根据某些分类变量将个案进行分组分析，例如，对男生和女生的情况分别进行统计，此时就需要将数据文件拆分。选择"数据"(Data)→"拆分文件打开"(Split Files)菜单命令，弹出拆分文件对话框，如图 8.13 所示。

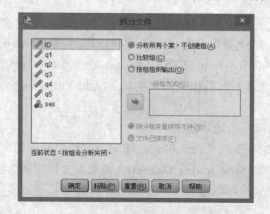

图 8.13　"拆分文件"对话框

(1)　分析所有个案，不创建组(Analyze all cases, do not create groups)：分析所有变量，不进行分组。

(2)　比较组(Compare groups)：根据分类变量将个案进行拆分。选中此项后，将分类变量选入"分组方式"(Groups Based on)框中，此处将代表性别的变量"sex"选入框中。若框内选入两个以上的分类变量(最多可选择 8 个)，拆分顺序与选入的顺序相同。

(3)　按组组织输出(Organize output by groups)：与"比较组"(Compare groups)的操作方式相同，也是根据分类变量将个案进行拆分。唯一不同的是后续统计分析时输出结果的显示方式不同，比较组是在一张表格中同时呈现不同组的结果，而按组组织输出是按每一组单独呈现每组结果。

(4)　按分组变量排序文件(Sort the file by grouping variables)：按分类变量的值将个案从小到大升序排列后，再拆分文件。

(5)　文件已排序(File is already sorted)：个案已经分类排过序的选择此项。

8.7　SPSS 数据转换

统计分析时，常常发现原始数据难以满足数据分析的要求，因此需要对原始数据进行适当的处理和转换。最常用的数据转换包括计算、计数和重新编码。

8.7.1　计算产生变量

计算产生变量是对原始变量进行函数处理，使其替换原始变量的值或者产生新变量。例如，q1 至 q5 代表学生在一个问卷 5 个维度上的得分，要计算学生 5 个维度的平均得分。选择"转换"(Transform)→"计算变量"(Compute Variable)菜单命令，弹出"计算变量"对话框，如图 8.14 所示。

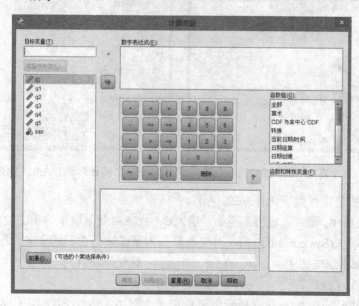

图 8.14　"计算变量"对话框

(1) 目标变量(Target Variable)：即输入存储计算后的值的变量名，可以是新变量名，也可以输入已有变量名。输入变量名后，可以单击下方的"类型与标签"按钮，对变量的变量类型及标签进行设置。

(2) 数学表达式(Numeric Expression)：即输入计算生成变量的公式，可以直接利用键盘，也可以选择"函数组"(Function group)中的函数。例如，此处选择求平均的函数Mean(q1,q2,q3,q4,q5)。

(3) 如果(If…)：定义条件，打开后可以设置一定规则和条件，符合规则的记录才会计算。

8.7.2 对个案内的值计数

数据分析之前经常会对个案在某些变量上达到一定水平的数量进行统计。例如，在 q1 这个维度上得分超过 2 分的学生人数有多少。选择"转换"(Transform)→"对个案内的值计数"(Count Values within Cases)菜单命令，弹出"计算个案内值的出现次数"对话框，如图 8.15 所示。

(1) 目标变量(Target Variable)：即输入存储计数的变量名，一般为新变量。

(2) 目标标签(Target Label)：目标变量的标签，即对新变量的标签进行定义。

(3) 变量(Variables)：将需要进行计数的变量选入框中，此处选入 q1。

(4) 定义值(Define Values)：对变量满足条件进行定义，单击后，弹出"统计个案内的值：要统计的值"对话框，如图 8.16 所示，在左方"值"(Value)处选择相应的值条件，单击"添加"(Add)到右方的要统计的值(Values to Count)框中即可。

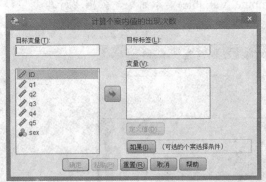
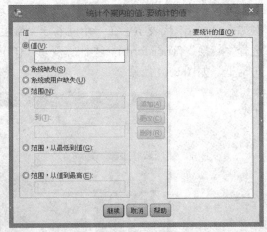

图 8.15　"计算个案内值的出现次数"对话框　　图 8.16　"统计个案内的值：要统计的值"对话框

具体的值的定义有以下几种方式。

(1) 值(Value)：输入固定值。例如，输入 2，代表对变量取值等于 2 的个案进行计数。

(2) 系统缺失(System-missing)：对变量取值为系统缺失数据的个案进行计算统计。

(3) 系统或用户缺失(System- or user-missing)：对变量取值为系统缺失或用户缺失数据的个案进行计算统计。

(4) 范围(Range)：对变量取值范围进行定义。例如，输入 2 到 4，代表对变量取值在

2 到 4 之间的个案进行计数统计。

(5) 范围，从最低到值(Range，LOWEST through value)：对小于某值的范围进行定义。例如，输入 2，代表对变量取值小于 2 的个案进行计数统计。

(6) 范围，从值到最高(Range，value through HIGHEST)：对大于某值的范围进行定义。例如，输入 2，代表对变量取值大于 2 的个案进行计数统计。

设置完成后，SPSS 会根据用户定义的目标变量生成一列新变量。其中，变量值为 1 代表个案满足设定的条件，变量值为 0 代表个案不满足条件。

8.7.3　重新编码

重新编码是将原始数据按一定规则进行转换、整合等过程，最常用的编码方式包括编码到相同变量和编码到不同变量两种。

1. 编码到相同变量

编码到相同变量意味着用转换后的数据覆盖掉原始数据，一般用于量表的反向题处理。例如，采用 4 点计分的职业倦怠量表调查一所学校教师的职业倦怠情况，共 10 道题，每道题取值为 1、2、3、4 中的一个。一般情况下，值越高，代表倦怠情况越严重，但其中有两道题：a3 和 a4 为反向题，这两道题的值越低，倦怠情况越严重。通常计算 10 道题的平均分作为每位教师的职业倦怠得分，因此，需要将两道反向题的值进行重新编码。

选择"转换"(Transform)→"重新编码为相同变量"(Recode into Same Variables)菜单命令，弹出如图 8.17 所示的对话框。

图 8.17　编码到相同变量对话框

(1) 变量(Variables)：将需要进行重新编码的变量选入框中，此处选入 a3 和 a4。

(2) 旧值和新值(Old and New Values)：对编码规则进行定义，单击后，弹出如图 8.18 的对话框。

对旧值和新值进行定义。

(1) 旧值(Old Value)：输入旧值，输入方式与"对个案内的值计数"中的方式相同。

(2) 新值(New Value)：输入旧值对应重新编码的新值。

本例中需要对 a3 和 a4 两个反向题进行反向编码，即原来的 1 编码为 4，原来的 2 编码为 3，原来的 3 编码为 2，原来的 4 编码为 1，则在"旧值"和"新值"中依次输入对应的值，并添加到"旧到新"(Old->New)框中，如图 8.19 所示。全部值替换以后，原来的 a3 和 a4 的值就会被新值覆盖。

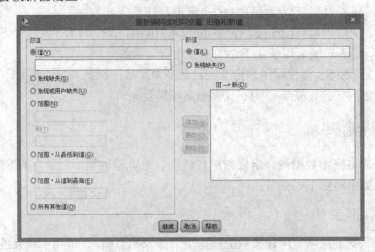

图 8.18 定义旧值与新值对话框

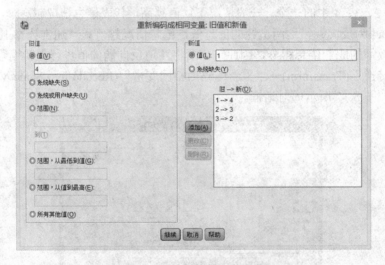

图 8.19 对旧值与新值定义案例

2. 编码到不同变量

与编码到相同变量不同的是，编码到不同变量将转换后的数据生成到新变量中，保留了原始数据。例如，每一位教师的职业倦怠得分为 1~5 的连续变量，为了方便理解，将得分为 1~2 分的教师定义为低职业倦怠，2~4 分的教师定义为中等职业倦怠，4~5 分的教师定义为高职业倦怠。这时，可以将职业倦怠得分重新编码，将编码后的分类变量数据生成到新变量中。

选择"转换"(Transform)→"重新编码为不同变量"(Recode into Different Variables)菜单命令，弹出如图 8.20 所示的对话框。

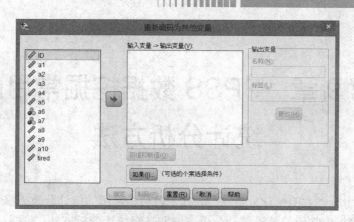

图 8.20 编码到不同变量的对话框

(1) 输入变量到输出变量(Input Variable->Output Variable)：将需要进行重新编码的变量选入框中，此处选入代表职业倦怠得分的变量 tired。

(2) 输出变量(Output Variable)：定义一个新变量的变量名和标签，单击"更改"(Change)后，会显示到"输入变量到输出变量"框中。

(3) 旧值和新值(Old and New Values)：对编码规则进行定义，定义方式与"重新编码为相同变量"方式相同。本例中，在"旧值"(Old Value)中依次输入范围：1～2、2～4、4～5，"新值"(New Value)中依次输入数值 1、2、3，分别代表低职业倦怠、中等职业倦怠、高职业倦怠。规则定义后，代表职业倦怠的分类变量就会存储到新变量中。

第 9 章　SPSS 数据挖掘常用的
统计分析方法

SPSS 具有十分强大的统计分析功能，几乎囊括了常用的统计分析方法。本章将详细介绍几种在数据挖掘中常用的基础统计分析方法和高级统计分析方法，包括：基本描述统计、T 检验、方差分析、多元回归分析、聚类分析、相关分析、因子分析。

在介绍每一种分析方法的 SPSS 详细操作之前，本书将详细阐述每一种分析方法的适用条件和特点，以便学习者学会根据不同研究目的、在不同情境下选择最合适的统计分析方法。

9.1　基本描述统计

进行深度数据挖掘的前提是了解数据的基本特征，例如变量的数据分布，变量的平均值、离散程度、正态性等。利用好基本描述统计，是数据挖掘的基础。

9.1.1　频数分析

频数分析(Frequencies)是对某个变量不同取值的频数(数量)进行统计，以了解变量的取值状况，把握数据的分布特征。频数分析一般没有特别的使用前提和理论假设，是适用性较广的一类分析方法。

1. 频数分析的适用条件

(1) 一般在数据分析前期用于了解数据的分布特征。
(2) 分析变量一般为分类变量。

案例：某红酒品牌在我国东部、北部、南部、西部各个地区多个城市都设有经销商，试了解各个地区的经销商数量。数据存储于"商铺所在地区"变量中。

---

2. 在 SPSS 中执行频数分析

(1) 选择"分析"(Analyze)→"描述统计"(Descriptive Statistics)→"频率"(Frequencies)菜单命令，弹出"频率"对话框，将需要进行频数分析的变量"商铺所在地区"选入"变量"(Variables)框中，如图 9.1 所示。

(2) 单击 Statistics 按钮，弹出"频率：统计"(Frequencies: Statistics)对话框，如图 9.2 所示。对话框中的命令主要用于定义频数分析过程中需要分析的基本统计量，各选项功能如下。

图 9.1　"频率"对话框

图 9.2　"频率：统计"对话框

① 百分位值(Percentile Values)：选择百分位值进行统计分析。

● 四分位数(Quartiles)：计算四分位数。

● 分割点(Cut points for)：计算割点处的百分位数。需在后面的文本框中输入 2～100 的数值。例如输入 N，意味着将数据平分为 N 份，计算每个割点的百分位数。

● 百分位数(Percentile(s))：在后面的文本框中输入 0～100 的数值，则显示相应的百分位数。输入后，可通过"添加"(Add)按钮进行添加，通过"更改"(Change)和"删除"(Remove)按钮进行修改和移除。

② 离散(Dispersion)：计算数据的离散情况，包括标准偏差(Std.deviation)、方差 (Variance)、范围(Range)、最小值(Minimum)、最大值(Maximum)和平均值的标准误差 (S.E.mean)。

③ 集中趋势(Central Tendency)：统计数据的基本情况，包括平均值(Mean)、中位数 (Median)、众数(Mode)和合计(Sum)。

④ 值为组的中点(Values are group midpoints)：如果数据已经分组，而且数据取值为初始分组的中点，选择此项将统计百分位数和数据的中位数。

⑤ 分布(Distribution)：考察数据分布情况与正态分布相比较的两个指标。

● 偏度(Skewness)：描述数据分布对称性的统计量。当偏度=0 时，说明数据对称；当偏度>0 时，说明数据向右偏；当偏度<0 时，说明数据向左偏。

● 峰度(Kurtosis)：描述数据分布形态陡缓程度的统计量。当峰度=0 时，与正态分布的陡缓程度相同；当峰度>0 时，比正态分布的高峰更陡；当峰度<0 时，比正态分布的高峰更平。

(3) 单击"图表"(Charts)按钮，弹出"频率：图表"(Frequencies:Charts)对话框，如图 9.3 所示。对话框的命令用于对变量作图，选项功能如下。

① 图表类型(Chart Type)：选择输出的图表形式，包括无(None)、条形图(Bar charts)、饼图(Pie charts)和直方图(Histograms)。若选择直方图，还可以在直方图上显示正态曲线(Show normal curve on histogram)。

② 图表值(Chart Value)：设置图表上值显示为频率(Frequencies)或者百分比(Percentages)。

(4) 单击"格式"(Format)按钮，弹出"频率：格式"(Frequencies:Format)对话框，如图 9.4 所示。对话框的命令用于对输出的频数分布表格进行格式设置，选项功能如下。

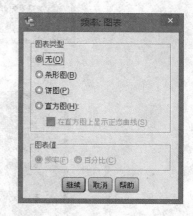

图 9.3 "频率：图表"对话框

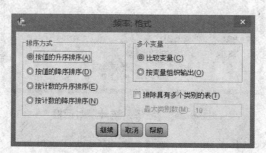

图 9.4 "频率：格式"对话框

① 排序方式(Order by)：可以按值或计数进行升序或降序排序。

② 多个变量(Multiple Variables)：多个变量的情况，当"频率"(Frequencies)对话框的"变量"(Variable(s))列表框中拉入了多个变量时，对输出表格进行格式设置。

● 比较变量(Compare Variables)：将多个变量的统计结果显示在同一张表格中，方便用户进行比较。

● 按变量组织输出(Organize output by variable)：将多个变量分别输出到单独的表格中。

③ 排除具有多个类别的表(Suppress tables with many categories)：限制表格的最大类别数，在后面的文本框中输入数值，则输出的表格组数不得大于该值。

3. 结果解释

(1) 查看基本描述统计结果，如表 9.1 所示。本例中，共有有效数据 243 条，缺失值 0 个。

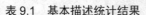
表 9.1　基本描述统计结果

商铺所在地区

N	Valid	243
	Missing	0

(2)　查看频数分析结果，如表 9.2 所示。

表 9.2　频数分析结果

商铺所在地区

		Frequency	Percent	Valid Percent	Cumulative Percent
Valid	东部地区	63	25.9	25.9	25.9
	北部地区	72	29.6	29.6	55.6
	南部地区	72	29.6	29.6	85.2
	西部地区	36	14.8	14.8	100.0
	Total	243	100.0	100.0	

在输出的频数分析表中，可以看到商铺分别在四个地区的分布数量和百分比，最后两列为有效百分比和累计百分比。有效百分比是排除缺失值后进行的计算。

(3)　查看图形，如图 9.5 所示。

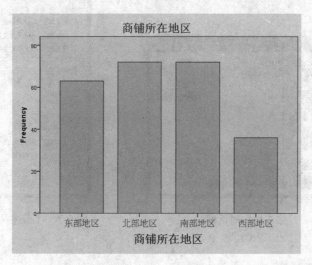

图 9.5　频数分析直方图

图 9.5 可以更直观地看到商铺在各个地区的分布情况。

9.1.2　描述分析

描述分析(Descriptive)一般是对变量的平均值或者离散程度等基本特征进行统计分析。在 SPSS 中，描述分析里的部分统计量与频数分析中的部分统计量相同。

1. 描述分析的适用条件

(1) 一般在数据分析前期用于了解数据的总体情况。

(2) 分析变量一般为连续变量。

案例：某红酒品牌在我国东部、北部、南部、西部各个地区多个城市都设有经销商，试了解该红酒在所有地区的平均销售业绩。每个商铺销售业绩数据存储于"销售业绩"变量中。

---

2. 在 SPSS 中执行描述分析

(1) 选择"分析"(Analyze)→"描述统计"(Descriptive Statistics)→"描述"(Descriptives)菜单命令，弹出"描述性"(Descriptive)对话框，将需要进行描述分析的变量"销售业绩"选入"变量"(Variables)列表框中，如图 9.6 所示。

在"描述性"对话框中选择"将标准化得分另存为变量"(Save standardized values as variables)选项，代表将当前变量中的数据标准化，并重新生成一个新变量。

(2) 单击"选项"(Options)按钮，弹出"描述：选项"(Descriptive:Options)对话框，如图 9.7 所示。对话框中的命令与频数分析中的描述统计类似，用于分析变量的基本特征。

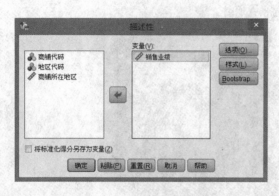

图 9.6 "描述性"对话框

图 9.7 "描述：选项"对话框

3. 结果解释

查看描述分析结果，如表 9.3 所示。

表 9.3 描述分析结果

Descriptive Statistics

	N	Minimum	Maximum	Mean	Std. Deviation
销售业绩	243	189.7	567.3	310.298	58.0016
Valid N (listwise)	243				

从表 9.3 中可以看出：243 个商铺的销售业绩最小值为 189.7，最大值为 567.3，平均销

售额为 310.298，标准差为 58。

9.1.3　探索分析

探索分析(Explore)是在计算数据基本统计量的基础上，得出一些简单的检验结果和图形，为研究者进一步分析数据提供方向。

1. 探索分析的适用条件

(1) 可以设置分组变量，根据分组变量的不同取值，分组对变量进行统计分析。

(2) 用于分组的变量一般为分类变量，用于分析的变量一般为连续变量。

(3) 可以利用茎叶图和箱图观察数据分布与数据离散情况。

(4) 可以检验数据是否符合正态分布、不同组数据是否方差相等(方差齐性)。

案例： 某红酒品牌在我国东部、北部、南部、西部各个地区多个城市都设有经销商，试了解该红酒分别在四个地区的销售业绩。每个商铺所在地区数据存储于"商铺所在地区"变量中，销售业绩数据存储于"销售业绩"变量中。

---

2. 在 SPSS 中执行探索分析

(1) 选择"分析"(Analyze)→"描述统计"(Descriptive Statistics)→"探索"(Explore)菜单命令，弹出"探索"(Explore)对话框，如图 9.8 所示，选项设置如下。

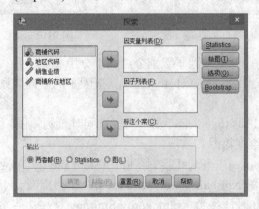

图 9.8　"探索"对话框

① 因变量列表(Dependent List)：将需要进行分析的变量"销售业绩"选入列表框中。

② 因子列表(Factor List)：将用于分组的分组变量"商铺所在地区"选入列表框中。

③ 标注个案(Label Cases by)：用于标注个案的变量，一般为 ID 号。

④ 输出(Display)：可以选择"两者都(Both)"既输出显示统计结果，又输出图表；也可以只显示统计结果或者图表中的一种。

(2) 单击 Statistics 按钮，弹出"探索：统计"(Explore: Statistics)对话框，如图 9.9 所示。对话框的功能主要是对变量进行一系列基本特征的描述分析，选项如下。

① 描述性(Descriptive)：输出基本描述性统计量，如均值、中位数、标准差、最大值、最小值、峰度、偏度等。

② 平均值的置信区间(Confidence Interval for Mean)：默认为95%。

③ M-估计量(M-estimators)：输出描述集中趋势的统计量。若选择 M 估计量，则在计算时会根据观测值距离中心点的远近对所有观测值赋权重，离得越远的观测值权重越小，以此减少极端值的影响。

④ 界外值(Outliers)：极端值，输出 5 个极大值和 5 个极小值。

⑤ 百分位数(Percentiles)：输出变量的 5%、10%、25%、50%、75%、90%、95%分位数。

(3) 单击"绘图"(Plots)按钮，弹出"探索：图"(Explore:Plots)对话框，如图 9.10 所示。对话框的功能用于定义输出的图形，选项如下。

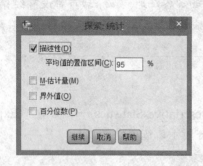

图 9.9　"探索：统计"对话框　　　　图 9.10　"探索：图"对话框

① 箱图(Boxplots)：包括按因子级别分组、不分组和无三项。

● 按因子级别分组(Factor levels together)：按因子的不同类别分组，为每一个因变量绘制箱图。

● 不分组(Dependents together)：多个因变量同时绘制箱图。

● 无(None)：不绘制箱图。

② 描述性(Descriptive)：可选择绘制茎叶图(Stem and leaf)或者直方图(Histogram)。

③ 带检验的正态图(Normality plots with tests)：绘制正态分布图，并检验数据的正态性。当数据量大于 5 000 时，参考 Kolmogorov-Smirnov 结果；当数据量小于 5 000 时，参考 Shapiro-Wilk 结果。当相应方法的显著性结果大于 0.05 时，认为数据服从正态分布。

④ 伸展与级别 Levene 检验(Spread vs Level with Levene Test)：设置绘图时变量的转换方式，并检验各分组变量之间的方差是否齐性。一般对原始数据进行方差齐性检查，选择"未转换"(Untransformed)选项。显著性结果大于 0.05 时，认为各组之间方差齐性。

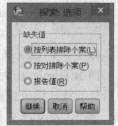

(4) 单击"选项"(Options)按钮，弹出"探索：选项"(Explore: Options)对话框，如图 9.11 所示。对话框的功能是用于设置缺失值处理。

图 9.11　"探索：选项"对话框

处理缺失值一般有三种方式。

① 按列表排除个案(Exclude cases listwise)：成列删除，含有缺失值的被试的所有数据都不被分析。

② 按对排除个案(Exclude cases pairwise)：成对删除，只删除统计分析的变量中缺失的数据，对含有缺失值的被试的其他数据不受影响。

③ 报告值(Report values)：报告缺失值。

3. 结果解释

(1) 查看样本的分组情况，包括各组样本数量、缺失值等，如表9.4所示。

表9.4　样本分组统计表

Case Processing Summary

商铺所在地区		Cases					
		Valid		Missing		Total	
		N	Percent	N	Percent	N	Percent
销售业绩	东部地区	63	100.0%	0	0.0%	63	100.0%
	北部地区	72	100.0%	0	0.0%	72	100.0%
	南部地区	72	100.0%	0	0.0%	72	100.0%
	西部地区	36	100.0%	0	0.0%	36	100.0%

(2) 查看样本分组以后的描述统计量，如表 9.5 所示。由于表格太长，只呈现了东部地区和西部地区的描述统计结果。由表 9.5 中可以看到，东部地区的销售业绩平均值为306.879，西部地区的销售业绩平均值为 287.692，除此以外，还呈现了各个地区销售业绩的中位数、标准差、最大值、最小值等。这种探索性的描述统计分析，为以后进一步分析不同地区销售业绩的差异提供了方向。

表9.5　分组描述统计表

Descriptives

	商铺所在地区			Statistic	Std. Error
销售业绩	东部地区	Mean		306.879	7.9096
		95% Confidence Interval for Mean	Lower Bound	291.068	
			Upper Bound	322.690	
		5% Trimmed Mean		306.331	
		Median		322.200	
		Variance		3941.371	
		Std. Deviation		62.7803	
		Minimum		189.7	
		Maximum		428.5	
		Range		238.8	
		Interquartile Range		109.7	
		Skewness		-.031	.302
		Kurtosis		-1.020	.595

续表

商铺所在地区			Statistic	Std. Error
西部地区	Mean		287.692	10.1331
	95% Confidence Interval for Mean	Lower Bound	267.120	
		Upper Bound	308.263	
	5% Trimmed Mean		287.040	
	Median		301.950	
	Variance		3696.453	
	Std. Deviation		60.7985	
	Minimum		190.2	
	Maximum		398.2	
	Range		208.0	
	Interquartile Range		105.0	
	Skewness		.010	.393
	Kurtosis		-1.138	.768

(3) 查看茎叶图，以东部地区为例，如图 9.12 所示。

茎叶图有利于更直观地观察数据的分布，主要由三部分组成，即频数(Frequency)、茎(Stem)和叶(Leaf)。茎代表数据的整数部分，叶上的每一个值代表数据的小数部分，叶的数量即左边频数的数量。茎和叶上每个值组成的数，再乘以茎宽度(Stem width)，即数据值的前两位。例如，第一行 1.8×100=180，代表有一个数据取值在 180～189 范围内，另一个数据取值在 190～199 范围内；第二行有一个数据在 210～219 范围内，有 7 个数据在 220～229 范围内。与直方图相比，茎叶图不仅呈现了数据的频数分析情况，还近似地给出了每一个数据的大小，呈现信息更完整。

(4) 查看箱图，如图 9.13 所示。

Stem-and-Leaf Plots

销售业绩 Stem-and-Leaf Plot for
商铺所在地区 = 东部地区

```
Frequency   Stem & Leaf

 2.00     1 . 89
16.00     2 . 1222222233344444
10.00     2 . 5577778999
18.00     3 . 011222333334444444
13.00     3 . 5555566668899
 4.00     4 . 0122

Stem width:    100.0
Each leaf:     1 case(s)
```

图 9.12 茎叶图

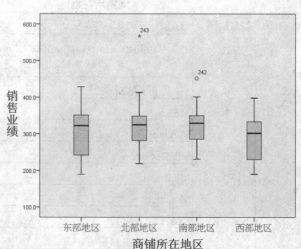

图 9.13 箱图

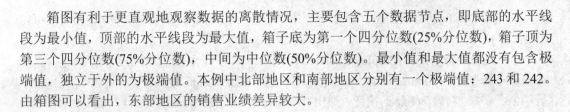

箱图有利于更直观地观察数据的离散情况，主要包含五个数据节点，即底部的水平线段为最小值，顶部的水平线段为最大值，箱子底为第一个四分位数(25%分位数)，箱子顶为第三个四分位数(75%分位数)，中间为中位数(50%分位数)。最小值和最大值都没有包含极端值，独立于外的为极端值。本例中北部地区和南部地区分别有一个极端值：243 和 242。由箱图可以看出，东部地区的销售业绩差异较大。

9.1.4　交叉表分析

交叉表(Crosstab)分析是根据两个或多个分类变量的取值将样本分组，产生一个二维或多维交叉表，然后比较各组的频数分布状况，以寻找变量间的关系。其中，卡方检验是交叉表最常见的分析方法，用于分析不同组别的频数是否存在差异。

1. 交叉表分析的适用条件

(1) 所有变量均为分类变量，且不同类别之间相互排斥，互不包容。

(2) 样本间相互独立。

(3) 可以用于分析不同组的频数分布是否存在差异，这时因变量一般为计数数据，例如取值为 1 和 0。

案例： 某红酒品牌在我国东部、北部、南部、西部各个地区多个城市都设有经销商，试了解该红酒在四个地区的盈利情况是否存在差异。每个商铺所在地区数据存储于"商铺所在地区"变量中；是否盈利的数据存储于"是否盈利"变量中。其中，1 代表盈利，0 代表未盈利。

---

2. 在 SPSS 中执行交叉表分析

(1) 选择"分析"(Analyze)→"描述统计"(Descriptive Statistics)→"交叉表格"(CrossTabs)菜单命令，弹出"交叉表格"对话框，如图 9.14 所示。

图 9.14　"交叉表格"对话框

① 行(Rows)：行变量，将分类变量"商铺所在地区"选入列表框中。

② 列(Columns)：列变量，将分析变量"是否盈利"选入列表框中。行、列变量可以互换。

③ 显示集群条形图(Display clustered bar charts)：以条形图的形式画出数据。

④ 取消表格(Suppress tables)：选中后不会显示频数分布表格。

(2) 单击"精确"(Exact)按钮，弹出"精确检验"(Exact Tests)对话框，如图 9.15 所示。对话框中的选项用于选择不同条件下的检验方式来检验行列变量的相关性，功能如下。

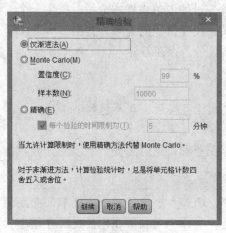

图 9.15　"精确检验"对话框　　　　图 9.16　"交叉表格：统计"对话框

① 仅渐进法(Asymptotic only)：适用于具有渐进分布的大样本数。

② Monte Carlo：蒙特卡罗法，不需要数据具有渐进分布的假设，是一种非常有效的计算确切显著性水平的方法。在"置信度"(Confidence Level)文本框内输入置信区间，在"样本数"(Number of samples)文本框内输入数据的样本容量。

③ 精确(Exact)：观察结果概率，同时在下面的"每个检验的时间限制为"(Time limit per test)文本框内，选择进行精确检验的最大时间限度。

(3) 单击 Statistics 按钮，弹出"交叉表格：统计"(Crosstabs:Statistics)对话框，如图 9.16 所示。对话框中的选项主要用于设置统计量的输出，功能如下。

① 卡方(Chi-square)：卡方检验，选中后会进行卡方检验。

② 相关性(Correlations)：相关检验，选中会进行行变量和列变量的相关性检验。

③ 名义(Nominal)：统计分析无序分类变量的关联程度。例如性别，1 代表男生，2 代表女生，数值没有大小顺序之分。

● 相依系数(Contingency coefficient)：描述行列变量的关联程度，从 0 到 1，值越大，关联性越强。

● Phi 和 Cramer's V：Phi 值和 Cramer's V 值，同样描述行列变量的关联程度，数据意义同上。

● Lambda：Lambda 值，检验用自变量预测因变量的预测效果值，从 0 到 1，0 表示预测效果最差，1 表示预测效果最好。

● 不确定性系数(Uncertainty coefficient)：从 0 到 1，0 表示两个变量无关，1 表明后

一变量的信息很大程度上来自前一变量。

④ 有序(Ordinal)：统计分析有序分类变量的关联程度。例如对阅读的喜爱程度，4 代表非常喜欢，3 代表比较喜欢，2 代表比较不喜欢，1 代表非常不喜欢。有伽玛(Gamma)、Somers'd、Kendall's tau-b、Kendall's tau-c 四种计算相关的方法，四种系数都是从-1 到 1，-1 代表完全负相关，1 代表完全正相关，0 代表完全不相关。绝对值越大，关联性越强。

⑤ 按区间标定(Nominal by Interval)：统计分析一个无序分类变量和一个等距变量的关联程度，可采用 Eta 相关。从 0 到 1，值越大，关联性越强。

⑥ Kappa：内部一致性系数，值越大，一致性越高。只适合几个变量的分类数量相同的情况，即 P×P 列表。

⑦ 风险(Risk)：相对危险度，检验事件发生和某因素之间的关联性，只适合计算没有空数据的 2×2 列表。

⑧ McNemar：分类变量的配对卡方检验。

⑨ Cochran's and Mantel-Haenszel 统计：检验两分类变量之间的独立性。

(4) 单击"单元格"(Cell)按钮，弹出"交叉表格：单元格显示"(Crosstabs:Cell Display)对话框，如图 9.17 所示。对话框中的选项主要用于设置列表输出表格中的数据显示，功能如下。

图 9.17 "交叉表格：单元格显示"对话框

① 计数(Counts)：用于输出频数。

● 观察值(Observed)：输出各单元格观测到的频数。

● 期望值(Expected)：输出各单元格的期望频数。

● 隐藏较小计数(Hide small counts)：不输出频数低于某个数量(如 5)的数值。

② 百分比(Percentages)：用于输出百分比。

● 行(Row)：输出各单元格观测频数占本行总数据的百分比。

● 列(Column)：输出各单元格观测频数占本列总数据的百分比。

● 总计(Total)：行、列都输出。

③　Z-检验(Z-test)：对列的比例进行 Z 检验。

④　残差(Residuals)：三种残差结果。

● 未标准化(Unstandardized)：观测频数与期望频数的差值；

● 标准化(Standardized)：将差值标准化(均值为 0，标准差为 1)；

● 调节的标准化(Adjusted Standardized)：将残差进行调整，一般用差值除以标准误差。

⑤　非整数权重(Noninteger Weights)：对非整数进行权重调节。

● 四舍五入单元格计数(Round cell counts)：将单元格计数的非整数部分四舍五入为整数。

● 四舍五入个案权重(Round case weights)：将观测值权重的非整数部分四舍五入为整数。

● 截断单元格计数(Truncate cell counts)：将单元格计数的非整数部分直接截断，变成整数。

● 截断个案权重(Truncate case weights)：将观测值权重的非整数部分直接截断，变成整数。

● 无调节(No adjustments)：不做调整。

(5)　单击"格式"(Format)按钮，弹出"交叉表格：表格格式"(Crosstabs: Table Format)对话框，如图 9.18 所示。对话框中的选项主要用于设置表的输出排列顺序，可选择升序(Ascending)和降序(Descending)两种。

图 9.18　"交叉表格：表格格式"对话框

3. 结果解释

(1)　查看样本情况，包括有效样本数、缺失值、总数等，如表 9.6 所示。

表 9.6　样本基本情况统计表

Case Processing Summary

	Cases					
	Valid		Missing		Total	
	N	Percent	N	Percent	N	Percent
商铺所在地区 * 是否盈利	243	100.0%	0	0.0%	243	100.0%

(2)　查看交叉列联表的描述性统计结果。由表 9.7 可以看到，东部地区商铺盈利的比例最高，为 76.2%；其次是西部；南部地区商铺盈利的百分比最低，为 63.9%。

(3)　查看卡方检验结果，如表 9.8 所示，检验不同地区商铺盈利的比例是否存在差异。

表9.7　交叉列联表描述性统计结果

商铺所在地区 * 是否盈利 Crosstabulation

			是否盈利		Total
			未盈利	盈利	
商铺所在地区	东部地区	Count	15	48	63
		% within 商铺所在地区	23.8%	76.2%	100.0%
	北部地区	Count	25	47	72
		% within 商铺所在地区	34.7%	65.3%	100.0%
	南部地区	Count	26	46	72
		% within 商铺所在地区	36.1%	63.9%	100.0%
	西部地区	Count	10	26	36
		% within 商铺所在地区	27.8%	72.2%	100.0%
Total		Count	76	167	243
		% within 商铺所在地区	31.3%	68.7%	100.0%

表9.8　卡方检验结果

Chi-Square Tests

	Value	df	Asymp. Sig.(2-sided)
Pearson Chi-Square	3.020ª	3	.389
Likelihood Ratio	3.081	3	.379
Linear-by-Linear Association	.590	1	.442
N of Valid Cases	243		

a. 0 cells (0.0%) have expected count less than 5. The minimum expected count is 11.26.

　　一般参考第一行的 Pearson 卡方检验结果，卡方值为 3.020，显著性大于 0.05(p=0.389)，说明不同地区商铺盈利的比例没有显著差异。

　　表 9.8 下面的说明 a 非常重要，它表示期望频数低于 5 的格子(cell)的数量。如果是一个 2×2 的交叉列联表，会出现不同的卡方检验方式，如表 9.9 所示。查看结果需要根据说明 a 进行选择。

表9.9　卡方检验结果示例

Chi-Square Tests

	Value	df	Asymp. Sig.(2-sided)	Exact Sig.(2-sided)	Exact Sig.(1-sided)
Pearson Chi-Square	2.903ª	1	.088		
Continuity Correctionᵇ	2.450	1	.118		
Likelihood Ratio	2.912	1	.088		
Fisher's Exact Test				.098	.059
Linear-by-Linear Association	2.891	1	.089		
N of Valid Cases	243				

a. 0 cells (0.0%) have expected count less than 5. The minimum expected count is 37.84.

b. Computed only for a 2x2 table

　　一般来说，如果所有格子(每一类组别)里的期望频数 $T \geq 5$，且总样本量 $n \geq 40$ 时，用 Pearson 卡方(Pearson Chi-Square)进行检验。

　　如果有一类的期望频数 $T < 5$ 但 $T \geq 1$，并且总样本量 $n \geq 40$ 时，用连续性校正的卡方 (Continuity Correction)进行检验。

如果有一类的期望频数 $T<1$ 或者总样本量 $n<40$ 时,则用 Fisher's 检验(Fisher's Extract Test)。

9.2 T 检 验

T 检验是用 t 分布理论来推论差异发生的概率,从而比较样本均值是否存在差异。T 检验的使用前提包括:检验变量为连续变量,适合小样本,样本服从正态分布。

9.2.1 单样本 T 检验

单样本 T 检验的目的是为了分析样本所代表的总体均值和已知的总体均值是否存在差异。

1. 单样本 T 检验的适用条件

(1) 满足 T 检验的使用前提。
(2) 研究者需要自行给出一个已知的总体均值。

案例:分析某校 10 岁小孩的身高是否达到了标准身高 130cm。X1 变量中存储了该校 70 名 10 岁小孩的身高。

---

2. 在 SPSS 中执行单样本 T 检验

(1) 选择"分析"(Analyze)→"比较平均值"(Compare Means)→"单样本 T 检验"(One-Sample T Test)菜单命令,弹出"单样本 T 检验"对话框,如图 9.19 所示。选项设置如下。

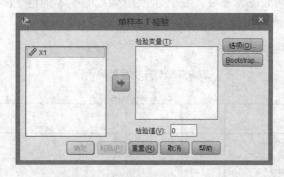

图 9.19 "单样本 T 检验"对话框

① 检验变量(Test Variables):将要进行分析的变量 X1 选入列表框中。
② 检验值(Test Value):输入要被对比的已知总体均数,默认值为 0,此处输入 130。
(2) 单击"选项"(Options)按钮,弹出"单样本 T 检验:选项"(One-Sample T Test: Options)对话框,如图 9.20 所示。对话框的功能用于设置单样本 T 检验的选项。
① 置信区间百分比(Confidence Interval Percentage):默认设置 95%。
② 缺失值(Missing Values):处理缺失值,包括按分析顺序排除个案和按列表排除个案两种方式。

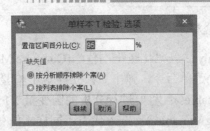

图 9.20　"单样本 T 检验：选项"对话框

3. 结果解释

(1) 查看描述统计结果(如表 9.10 所示)，70 名学生的平均身高为 128.09cm，同时还显示了标准差和标准误。

表 9.10　描述统计结果

One-Sample Statistics

	N	Mean	Std. Deviation	Std. Error Mean
X1	70	128.09	12.103	1.447

(2) 查看 T 检验结果(如表 9.11 所示)，结果显示：$t=-1.323$，说明学生身高平均值低于 130cm，但是 P 值$>0.05(p=0.190)$，说明学生的平均身高与 130cm 并没有显著差异，这意味着从统计学意义上来说，某校 10 岁小孩的身高达到了标准身高 130cm。

表 9.11　T 检验结果

One-Sample Test

	Test Value = 130					
					95% Confidence Interval of the Difference	
	t	Df	Sig. (2-tailed)	Mean Difference	Lower	Upper
X1	-1.323	69	.190	-1.914	-4.80	.97

9.2.2　独立样本 T 检验

独立样本 T 检验用来检验两类样本分别代表的总体均值是否相等。

1. 独立样本 T 检验的适用条件

(1) 满足 T 检验的使用前提。

(2) 只能做两个组的均值检验。

(3) 两类样本的总体必须独立，观测值之间不能存在任何依赖关系。

(4) 两类样本的观测值满足方差齐性。

案例：分析某校 10 岁男生和女生的身高是否有差异，男生是否显著高于女生。X1 变量中存储了该校 70 名 10 岁小孩的身高，X2 变量中存储了每一个小孩的性别，值 1 和 2 分别代表男和女。

-----

2. 在 SPSS 中执行独立样本 T 检验

(1) 选择"分析"(Analyze)→"比较平均值"(Compare Means)→"独立样本 T 检验"(Independent-Samples T Test)菜单命令，弹出"独立样本 T 检验"对话框，如图 9.21 所示。

① 检验变量(Test Variables)：将要进行分析的因变量 X1 选入列表框中。

② 分组变量(Grouping Variables)：选入代表不同样本的分组变量，此处为 X2。

③ 定义组(Define Groups)：选入组间变量后，要对进行比较的两个组别进行定义(如图 9.22 所示)，"定义组"对话框包括以下两项内容。

使用指定值(Use specified values)：分别输入代表不同组的值，此处第一组值为 1(男生)，第二组的值为 2(女生)。

分割点(Cut point)：如果分组变量为连续变量，则输入一个分割点，低于这个分割点的为第一组，高于分割点的为第二组。

(2) 单击"选项"(Options)按钮，弹出"独立样本 T 检验：选项"(Independent-Samples T Test: Options)对话框，如图 9.23 所示。对话框中的命令与单样本 T 检验中的选项完全一致。

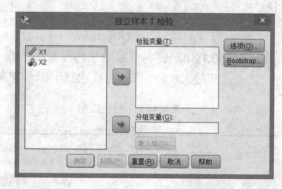

图 9.21 "独立样本 T 检验"对话框

图 9.22 "定义组"对话框

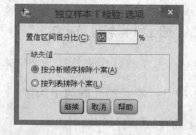

图 9.23 "独立样本 T 检验：选项"对话框

3. 结果解释

(1) 查看描述统计结果，如表 9.12 所示，男生和女生的平均身高分别为 131.20cm 和 124.97cm。除了平均值以外，表格中同时还呈现了每个组的标准差和标准误差。

(2) 查看 T 检验结果，如表 9.13 所示，检验男生和女生的身高是否有显著差异。首先查看方差齐性的假设检验结果(Levene's Test Equality of Variances)，$p > 0.05$(Sig.=0.616)，说明满足了方差齐性的假设，因此此处选择第一行数据结果(Equal variances as sumed)；如果 $p<0.05$ 时，说明方差不齐，需要查看第二行的数据结果。

表 9.12　描述统计结果

Group Statistics

	X2	N	Mean	Std. Deviation	Std. Error Mean
X1	男	35	131.20	11.955	2.021
	女	35	124.97	11.592	1.959

表 9.13　T 检验结果

Independent Samples Test

		Levene's Test for Equality of Variances		t-test for Equality of Means						95% Confidence Interval of the Difference	
		F	Sig.	t	df	Sig. (2-tailed)	Mean Difference	Std. Error Difference		Lower	Upper
X1	Equal variances assumed	.254	.616	2.213	68	.030	6.229	2.815		.612	11.845
	Equal variances not assumed			2.213	67.935	.030	6.229	2.815		.612	11.846

结果显示 t=2.213，说明男生身高的均值比女生高，同时，$p<0.05$(Sig.=0.030)，意味着男生和女生的身高差异达到统计学意义的显著。

9.2.3　配对样本 T 检验

配对样本 T 检验用于检验两个相关样本或成对样本所得均值的差异是否有统计学意义。

1. 配对样本 T 检验的适用条件

(1)　满足 T 检验的使用前提。

(2)　每对数据的差值服从正态分布。

(3)　配对比较的每一条数据一般来自同一个样本。

案例：分析某校 10 岁小孩早晨和晚上的身高是否有差异。X3 变量中存储了该校 70 名 10 岁小孩早晨的身高，X4 变量中存储了每一个小孩对应的晚上的身高。

2. 在 SPSS 中执行配对样本 T 检验

(1)　选择"分析"(Analyze)→"比较平均值"(Compare Means)→"配对样本 T 检验"(Paired-Samples T Test)菜单命令，弹出"配对样本 T 检验"对话框，如图 9.24 所示。

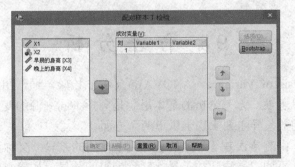

图 9.24　"配对样本 T 检验"对话框

在其中的"成对变量"(Paired Variables)列表框，将要进行比较的两个变量 X3 和 X4 分别选入 Variable1 列和 Variable2 列中。

(2) 单击"选项"(Options)按钮，弹出"配对样本 T 检验：选项"(Paired-Samples T Test: Options)对话框，如图 9.25 所示。对话框中的命令与单样本 T 检验和独立样本 T 检验中的选项完全一致。

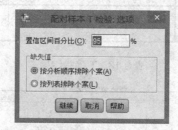

图 9.25   "配对样本 T 检验：选项"对话框

3. 结果解释

(1) 查看描述统计结果，如表 9.14 所示，学生早晨和晚上的平均身高分别为 128.184cm 和 127.987cm，除了均值以外，表格中同时还呈现了两个不同时间学生的标准差和标准误差。

表 9.14   描述统计结果

Paired Samples Statistics

		Mean	N	Std. Deviation	Std. Error Mean
Pair 1	早晨的身高	128.184	70	12.0930	1.4454
	晚上的身高	127.987	70	12.1272	1.4495

(2) 查看 T 检验结果(如表 9.15 所示)，检验学生早晨和晚上的身高是否有显著差异。检验结果显示 $t=2.004$，$p<0.05$(Sig.=0.049)，说明从统计学意义上来说，学生早晨的身高显著高于晚上的身高。

表 9.15   T 检验结果

Paired Samples Test

		Paired Differences						
					95% Confidence Interval of the Difference				
		Mean	Std. Deviation	Std. Error Mean	Lower	Upper	t	df	Sig. (2-tailed)
Pair 1	早晨的身高 - 晚上的身高	.1971	.8232	.0984	.0009	.3934	2.004	69	.049

9.3 方 差 分 析

方差分析(Analysis of Variance，ANOVA)，又称 F 检验，通常用于检验两组及两组以上样本均值差异的显著性。方差分析的基本思想是分析不同来源的变异对总变异的贡献大小，认为不同组的均数差异主要来源于以下两个方面。

(1) 随机误差，由测量误差等导致的差异或个体间的差异，又称为组内差异。

(2) 分组差异，不同组别导致的差异，又称为组间差异。如果组间差异对总差异的贡

献大，说明各组样本来自不同总体，即各组存在显著差异。

方差分析的使用前提包括：检验变量为连续变量；样本相互独立(重复测量的方差分析不用满足此假设)；各组样本服从正态分布；各组之间的方差齐性。

9.3.1　单因素方差分析

单因素方差分析(One-Way ANOVA)用于研究单个因素(一个自变量)对因变量的影响，以此比较单个因素的不同组的样本均值是否存在差异。

1. 单因素方差分析的适用条件

(1) 满足方差分析的使用前提。

(2) 只适合一个自变量的情况，且自变量为分类变量，因变量为连续变量。

(3) 适用于均值的多重比较，即对自变量的各个组的均值进行两两比较，检验均值是否存在显著差异。

案例： 某红酒品牌在我国东部、北部、南部、西部各个地区多个城市都设有经销商，分析某年该红酒品牌在四大区域的销售业绩是否存在差异。ID1 变量代表各个经销商的商铺代码；ID2 代表商铺所属的城市代码；X1 代表商铺所在地区，其中，2 代表东部地区，3 代表北部地区，4 代表南部地区，5 代表西部地区；Y 代表每一个商铺某年销售该红酒的业绩。

----

2. 在 SPSS 中执行单因素方差分析

(1) 选择"分析"(Analyze)→"比较平均值"(Compare Means)→"单因素 ANOVA"(One-Way ANOVA)菜单命令，弹出"单因素方差分析"对话框，如图 9.26 所示。

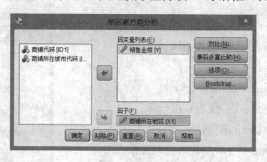

图 9.26　"单因素方差分析"对话框

① 因变量列表(Dependent List)：选入需要分析的因变量。可以选入多个因变量，此处选入了因变量"销售业绩(Y)"。

② 因子(Factor)：选入分组变量，即自变量。只能选入一个，此处选入了分组变量"商铺所在地区(X1)"。

(2) 单击"对比"(Contrasts)按钮，弹出"单因素 ANOVA：对比"(One-Way ANOVA: Contrasts)对话框，如图 9.27 所示。对话框用于对精细趋势检验和精确两两比较的选项进行定义。

① 多项式(Polynomial)：选择是否在方差分析中对均值的多项式进行精细比较。"度"(Degree)下拉列表中可以选择对均值进行从线性到五次项的多项式转换。

② 系数(Coefficients)：定义精确两两比较的选项。按照分组变量升序依次给每组一个系数，最终所有系数值相加必须为0。如果不为0，虽然仍可检验，但会输出错误结果。本例中有四个组，依次为东部、北部、南部、西部，要对东部和西部进行单独比较，则在此依次输入1、0、0、-1。

(3) 单击"事后多重比较"(Post Hoc)按钮，弹出"单因素 ANOVA:事后多重比较"(One-Way ANOVA: Post Hoc Multiple Comparisons)对话框，如图 9.28 所示。对话框用于选择进行各组间两两比较的方法。

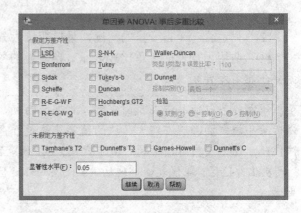

图 9.27　"单因素 ANOVA：对比"对话框　　图 9.28　"单因素 ANOVA：事后多重比较"对话框

① 假定方差齐性(Equal Variance Assumed)：当方差齐性时选择的两两比较方法。其中，LSD 和 S-N-K 最常用。

② 未假定方差齐性(Equal Variance Not Assumed)：当方差不齐时选择的两两比较方法。其中，Dunnett's C 最常用。

③ 显著性水平(Significance level)：对显著性水平的临界值进行定义，一般为0.05。

(4) 单击"选项"(Options)按钮，弹出"单因素 ANOVA：选项"(One-Way ANOVA: Options)对话框，如图 9.29 所示。对话框用于对选项进行设置。

图 9.29　"单因素 ANOVA：选项"对话框

① Statistics：设置统计量。
- 描述性(Descriptive)：输出描述性统计结果。
- 固定和随机效果(Fix and random effects)：输出固定效应和随机效应结果。
- 方差同质性检验(Homogeneity of variance test)：方差齐性检验结果。
- Brown-Forsythe：用 Brown-Forsythe 分布的统计量对各组均值是否相等进行检验。
- Welch：用 Welch 分布的统计量对各组均值是否相等进行检验。

② 平均值图(Means plot)：用各组的均值做图，以直观地观察不同组的均值差异。

③ 缺失值(Missing Values)：缺失值处理的两种办法，和 T 检验的办法一致。

3. 结果解释

(1) 查看描述统计结果(如表 9.16 所示)，表格中分别显示了四个地区的商铺数量、红酒平均销售业绩、标准差、标准误差、置信区间，以及每个地区的最低销售业绩和最高销售业绩。

表 9.16　描述统计结果

Descriptives

销售业绩

	N	Mean	Std. Deviation	Std. Error	95% Confidence Interval for Mean		Minimum	Maximum
					Lower Bound	Upper Bound		
东部地区	54	316.681	59.9231	8.1545	300.326	333.037	189.7	428.5
北部地区	60	319.388	61.1980	7.9006	303.579	335.197	219.1	567.3
南部地区	60	318.810	48.8688	6.3089	306.186	331.434	231.3	451.7
西部地区	48	287.435	59.3802	8.5708	270.193	304.678	190.1	398.2
Total	222	311.665	58.4135	3.9205	303.939	319.391	189.7	567.3

(2) 查看方差齐性检验结果(如表 9.17 所示)，$p>0.05$(Sig.=0.142)，说明满足方差齐性假设。

表 9.17　方差齐性检验结果

Test of Homogeneity of Variances

销售业绩

Levene Statistic	df1	df2	Sig.
1.836	3	218	.142

(3) 查看方差分析结果(如表 9.18 所示)，第一行代表组间差异(Between Groups)，第二行代表了组内差异(Within Groups)，第三行是总差异。组间差异的 F 值为 3.662，$p<0.05$(Sig.=0.013)，说明组间均值存在显著性差异，即不同地区的红酒销售业绩存在显著差异。

表 9.18　方差分析结果

ANOVA

销售业绩

	Sum of Squares	df	Mean Square	F	Sig.
Between Groups	36180.459	3	12060.153	3.662	.013
Within Groups	717901.867	218	3293.128		
Total	754082.326	221			

(4) 为具体比较地区与地区之间的差异状况，查看两两比较的结果。由于方差齐性，因此选择 LSD 方法。表 9.19 中将每两个地区进行了两两比较，结果显示：西部地区的销售

业绩显著低于东部($p=0.011$)、北部($p=0.004$)和南部($p=0.005$)，而其余三个地区之间没有显著差异(p 均大于 0.05)。

表 9.19　两两比较结果

Multiple Comparisons

Dependent Variable: 销售业绩

LSD

(I) 商铺所在地区	(J) 商铺所在地区	Mean Difference (I-J)	Std. Error	Sig.	95% Confidence Interval	
					Lower Bound	Upper Bound
东部地区	北部地区	-2.7069	10.7643	.802	-23.922	18.508
	南部地区	-2.1285	10.7643	.843	-23.344	19.087
	西部地区	29.2461*	11.3838	.011	6.810	51.682
北部地区	东部地区	2.7069	10.7643	.802	-18.508	23.922
	南部地区	.5783	10.4772	.956	-20.071	21.228
	西部地区	31.9529*	11.1127	.004	10.051	53.855
南部地区	东部地区	2.1285	10.7643	.843	-19.087	23.344
	北部地区	-.5783	10.4772	.956	-21.228	20.071
	西部地区	31.3746*	11.1127	.005	9.472	53.277
西部地区	东部地区	-29.2461*	11.3838	.011	-51.682	-6.810
	北部地区	-31.9529*	11.1127	.004	-53.855	-10.051
	南部地区	-31.3746*	11.1127	.005	-53.277	-9.472

*. The mean difference is significant at the 0.05 level.

(5)　均值图能够更直接地看出四个地区销售业绩的差异状况，如图 9.30 所示。

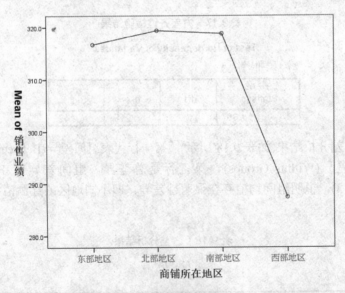

图 9.30　均值图

9.3.2　多因素方差分析

与单因素方差分析不同的是，多因素方差分析可以用于研究多个因素(多个自变量)对因变量的影响。由于有多个自变量，自变量本身存在相互关系，因此多因素方差分析一般

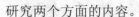

研究两个方面的内容。

(1)　各自变量对因变量的独立影响，称为单个自变量的主效应。主效应是在其他自变量都不变的情况下，单独考察一个自变量对因变量的影响。

(2)　自变量与自变量之间相互依赖、相互制约，共同对因变量的变化产生影响，称为变量的交互效应。如果一个自变量对因变量的影响会随着另一个自变量的水平不同而有所不同，就说明这两个变量之间存在交互作用。

由于多个因素之间的交互作用难以解释，因此最常见的为两因素。如果一个自变量 A 有两个水平，另一个自变量 B 有 3 个水平，称为 2×3 的两因素方差分析。方差分析会同时给出每个自变量的主效应和交互作用是否显著的结果。当交互作用不显著的时候，两个自变量相互独立，可以直接从其主效应是否显著来判断自变量对因变量的影响大小；当两个自变量间的交互作用显著时，说明两个自变量存在相互关系，这时，自变量的主效应有可能被歪曲或掩盖，因此，不能简单地从主效应是否显著来直接判断它是否对因变量有影响，而是要进行简单效应检验，分别考察其在另一自变量不同水平上的变化情况(简单效应检验通过 syntax 语句实现，本书不做详细介绍)。

1. 多因素方差分析的适用条件

(1)　满足方差分析的使用前提。

(2)　适合多个自变量的情况，通常为两个自变量。

(3)　适用于考察变量的独立影响及交互作用。

案例：某红酒品牌在我国东部、北部、南部、西部各个地区多个城市都设有经销商，同时存在两种不同的供货方式，分析各个区域不同的供货方式对销售业绩是否有影响。ID1 变量代表各个经销商的商铺代码；ID2 代表商铺所在的城市代码；X1 代表商铺所在地区，其中，2 代表东部地区，3 代表北部地区，4 代表南部地区，5 代表西部地区；X2 代表不同的供货方式，其中，0 代表由厂家直接供货，1 代表由代理商间接供货；Y 代表每一个商铺某年销售该红酒的业绩。

---

2. 在 SPSS 中执行多因素方差分析

(1)　选择"分析"(Analyze)→"一般线性模型"(General Linear Model)→"单变量"(单因素 ANOVA)菜单命令，弹出"单变量"对话框，如图 9.31 所示。

①　因变量(Dependent Variable)：需要分析的因变量，只能选入一个，此处选入了因变量销售业绩(Y)。

②　固定因子(Fixed Factors)：选入固定因子。固定因子指的是包含了总体的所有分类(取值)的自变量，比如本例中的商铺所在地区(X1)有 4 种区域分类，供货方式(X2)只有 0 和 1 两种方式，因此此处选入了商铺所在地区(X1)和供货方式(X2)。固定因子可以选入多个，如果只选一个，则为单因素方差分析。

③　随机因子(Random Factors)：选入随机因子，随机因子指总体的部分分类(取值)在样本中没有都出现的自变量。要用样本中区组的情况来推论总体中未出现的那些区组取值的情况时就会存在误差，因此被称为随机因子。

④　协变量(Covariates)：需要去除某个变量对因变量的影响时，选入"协变量"列表

框中。例如当研究学习时间对学习成绩的影响时，学生原有的学习能力会产生干扰，因此要使其成为协变量。将协变量对因变量的影响从自变量中分离出去，可以进一步提高自变量影响的准确性。

⑤ WLS 权重(WLS Weight)：最小二乘法的权重。需要分析权重变量的影响时，将权重变量选入该列表框中。

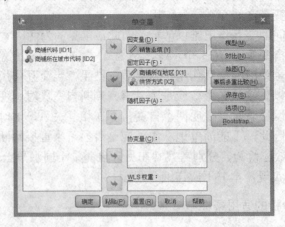

图 9.31 "单变量"对话框

(2) 单击"模型"(Model)按钮，弹出"单变量：模型"(Univariate:Model)对话框，如图 9.32 所示。对话框中用于设置在模型中包含哪些主效应和交互因子。

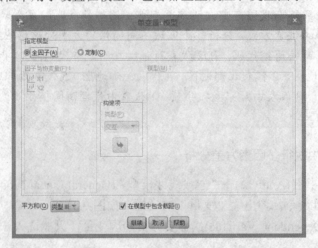

图 9.32 "单变量：模型"对话框

① 通过"指定模型"(Specify Model)栏对方差分析的模型进行设置。
- 全因子(Full factorial)：此为默认选项，即分析所有的主效应和交互效应。
- 定制(Custom)：可以将"因子与协变量"(Factors & Covariate)列表框中列出的自变量选入右边的"模型"(Model)列表框中。

② 构建项(Build Term)：模型中变量的分析内容，包括分析所有的交互效应(interaction)、主效应(main effects)、2 维交互效应(All 2-way)、3 维交互效应 (All 3-way)、4 维交互效应(All 4-way)、5 维交互效应 (All 5-way)。交互效应维数越多，结果越难解释。

③　平方和(Sum of squares)：平方和选项包括类型Ⅰ、类型Ⅱ、类型Ⅲ、类型Ⅳ四种。系统默认的处理方法为类型Ⅲ，这一类型的假设是各组的样本量差异不大。

④　在模型中包含截距(Include intercept in model)：默认选项，如果能假设数据通过原点，可以不包括截距，即不选择此项。

(3)　单击"对比"(Contrasts)按钮，弹出"单变量：对比"(Univariate: Contrasts)对话框，如图 9.33 所示。对话框用于对精细趋势检验和精确两两比较的选项进行定义。

①　因子(Factors)：选择想要改变比较方法的变量，单击即可选中。

②　更改对比(Change Contrast)：改变比较的方法，有以下几种。

● 无(None)：不进行比较。

● 偏差(Deviation)：除参照组外，选中变量其余的每个水平相互比较。可以选择"最后一个"(Last)或"第一个"(First)单选按钮设置参照组。

● 简单(Simple)：选中变量的每个水平与参照组进行比较。可以选择"最后一个"(Last)或"第一个"(First)单选按钮设置参照组。

● 差值(Difference)：选中变量的每个水平都与前面的各水平进行比较。

图 9.33　"单变量：对比"对话框

● Helmert：选中变量的每个水平都与后续的各水平进行比较。

● 重复(Repeated)：选中变量的每个水平都与它前面的一个水平进行比较。

● 多项式(Polynomial)：多项式比较。

(4)　单击"绘图"(Plots)按钮，弹出"单变量：概要图"(Univariate:Profile Plots)对话框，如图 9.34 所示。对话框中的命令用于做图，更直观地观察变量是否存在交互作用。

①　因子(Factors)：自变量列表。

②　水平轴(Horizontal Axis)：横坐标，将自变量列表中的一个自变量选入坐标变量，此处选择 X1。

③　单图(Separate Lines)：一张图上的不同线，若要观察两个变量的交互作用，则选入自变量中的其余变量，此处选择 X2。

④　多图(Separate Plots)：如果要观察两个以上的变量的交互作用，就将第三个变量选入此列表框中，会根据该变量的每个水平生成一张线图。

变量选择后，单击"添加"(Add)按钮，会在"图"(Plots)列表框生成一个 X1×X2 的表达式，说明图形中会呈现两个变量的均值比较。如果图中代表两个变量的两条线平行，说明变量之间没有交互作用；如果不平行，甚至交叉，说明变量间存在一定的交互作用。

(5)　单击"事后多重比较"(Post Hoc)按钮，弹出"单变量：观测平均值的事后多重比较"(Univariate: Post Hoc Multiple Comparisons for Observed Means)对话框，如图 9.35 所示。对话框用于选择进行各组间两两比较的方法。将需要进行两两比较的自变量从左边的"因子"(Factors)列表框中选入到右边的"事后检验"(Post Hoc Test for)列表框中，再根据方差是否齐性选择不同的比较方式。具体的方式与单因素方差分析相同。

图 9.34   "单变量：概要图"对话框   图 9.35   "单变量：观测平均值的事后多重比较"对话框

(6)   单击"保存"(Save)按钮，弹出"单变量：保存"(Univariate: Save)对话框，如图 9.36 所示。在对话框中可以将所计算的预测值、残差和检测值等作为新的变量保存在编辑数据文件中。

(7)   单击"选项"(Options)按钮，弹出"单变量：选项"(Univariate: Options)对话框，如图 9.37 所示。对话框中的选项用于对选项进行设置。

图 9.36   "单变量：保存"对话框   图 9.37   "单变量：选项"对话框

①   估计边际平均值(Estimated Marginal Means)：将需要进行统计计算的变量从左边的"因子与因子交互"(Factors and Factor Interactions)列表框中选入到右边的"显示平均值"(Display Means for)列表框中。

● OVERALL：代表全部选入，包括各变量的主效应以及交互效应。

● X1 或 X2：只考察变量的主效应，这时可以勾选"比较主效应"(Compare main effects)复选框，对主效应的边际均值进行组间的配对比较。具体的比较方法包括"置信区间调节"(Confidence interval adjustment)下拉菜单中的 LSD(无)、Bonferroni、Sidak三种。

● X1*X2：代表对变量的交互效应进行统计分析。

②　输出(Display)：输出显示各种结果，如描述统计(Descriptive statistics)结果；同质性检验(Homogeneity test)的方差齐性检验结果；功效估计(Estimates of effect size)的效应量估计结果；分布-水平图(Spread vs. level plot)，绘制观测量均值对标准差和对方差的图形；观察势(Observed power)，计算各种检验假设的功效；绘制残差图(Residual plot)；各自变量的模型参数估计(Parameter estimates)，包括标准误差、T 检验的 t 值、p 值和 95%的置信区间等；缺乏拟合优度检验(Lack of fit)，检查独立变量和非独立变量间的关系是否被充分描述；对比系数矩阵(Contrast coefficient matrix)，显示协方差矩阵；一般估计函数(General estimable function)，自定义假设检验。

③　显著性水平(Significance level)：改变显著性水平，以改变置信区间(Confidence intervals)，默认为 0.05。

3. 结果解释

(1)　查看组间因素统计结果(如表 9.20 所示)，表格中分别显示了两个自变量的不同组别的样本数量。

表 9.20　组间因素基本统计结果

Between-Subjects Factors

		Value Label	N
商铺所在地区	2	东部地区	54
	3	北部地区	60
	4	南部地区	60
	5	西部地区	48
供货方式	0	由厂家直接供货	106
	1	由代理商间接供货	116

进一步查看描述统计结果(如表 9.21 所示)，表格中显示了四个地区采用不同供货方式所取得的销售业绩。其中，东部地区采用厂家直接供货方式取得的销售业绩最好，为329.925，而西部地区采用厂家直接供货方式取得的销售业绩最差，为 284。

表 9.21　描述统计结果

Descriptive Statistics

Dependent Variable: 销售业绩

商铺所在地区	供货方式	Mean	Std. Deviation	N
东部地区	由厂家直接供货	329.925	58.6783	24
	由代理商间接供货	306.087	59.7530	30
	Total	316.681	59.9231	54
北部地区	由厂家直接供货	318.320	69.8364	35
	由代理商间接供货	320.884	47.8926	25
	Total	319.388	61.1980	60
南部地区	由厂家直接供货	328.297	51.4046	29
	由代理商间接供货	309.935	45.4100	31
	Total	318.810	48.8688	60
西部地区	由厂家直接供货	284.000	60.2199	18
	由代理商间接供货	289.497	59.8080	30
	Total	287.435	59.3802	48
Total	由厂家直接供货	317.849	62.3316	106
	由代理商间接供货	306.014	54.2439	116
	Total	311.665	58.4135	222

(2) 查看方差分析结果，如表 9.22 所示。

表 9.22　方差分析结果

Tests of Between-Subjects Effects

Dependent Variable: 销售业绩

Source	Type III Sum of Squares	df	Mean Square	F	Sig.
Corrected Model	49244.426[a]	7	7034.918	2.136	.041
Intercept	20671352.66	1	20671352.66	6276.152	.000
X1	37010.405	3	12336.802	3.746	.012
X2	3895.216	1	3895.216	1.183	.278
X1 * X2	8562.312	3	2854.104	.867	.459
Error	704837.900	214	3293.635		
Total	22318049.66	222			
Corrected Total	754082.326	221			

a. R Squared = .065 (Adjusted R Squared = .035)

第一行是对方差分析模型的检验，F 值为 2.136，$p<0.05$(Sig.=0.041)，说明采用的模型有统计学意义。首先查看交互作用，即 X1*X2 这一行，F 值为 0.867，$p>0.05$(Sig.=0.459)，说明 X1 和 X2 不存在交互作用。这时再考察 X1 和 X2 两个自变量的主效应是否显著。结果显示，X1 主效应显著，F 值为 3.746，$p<0.05$(Sig.=0.012)，X2 主效应不显著，说明只有商铺所在地区(X1)对销售业绩有影响，供货方式(X2)对销售业绩没有影响，两者也不存在交互作用。

9.3.3　重复测量方差分析

重复测量(Repeated Measure)，顾名思义，就是对同一被试在多个时间点上的因变量进行多次测量，这样不仅可分析自变量对因变量的影响，也可以分析因变量随时间的变化情况。由于因变量的多次测量是针对同一被试，因此，与普通方差分析不同，重复测量方差分析一般既包含了组间变量，又包含了组内变量。

重复测量方差分析的基本思想同样是分析研究不同来源的变异对总变异的贡献大小，同样认为差异主要来源有两个：组间变异和组内变异。组间变异与传统方差分析类似，包括不同组引起的差异，以及被试个体间的差异；但与普通方差分析不同的是，组内变异包括三个方面。

(1) 测量时间引起的变异。

(2) 测量时间与组间变量的交互作用引起的变异。

(3) 组内测量误差。

因此，重复测量方差分析既会对组间效应进行方差分析，又会对组内效应进行方差分析。

1. 重复测量方差分析的适用条件

(1) 满足方差分析的使用前提。

(2) 自变量为组间变量，且为分类变量。

(3) 因变量为组内变量，且一般为连续变量。

(4) 协方差矩阵满足球形假设。

案例：某红酒品牌在我国东部、北部、南部、西部各个地区多个城市都设有经销商，对每一个商铺4个季度的销售业绩进行了统计，并分析不同区域的销售业绩是否有差异、不同季度的销售季度是否有差异，以及不同区域在不同季度的销售业绩是否有交互作用。

ID1变量代表各个经销商的商铺代码；ID2代表商铺所在的城市代码；X1代表商铺所在地区，其中，2代表东部地区，3代表北部地区，4代表南部地区，5代表西部地区；Y1～Y4分别代表每一个商铺从第一季度到第四季度销售该红酒的业绩。

2. 在 SPSS 中执行重复测量方差分析

(1) 选择"分析"(Analyze)→"一般线性模型"(General Linear Model)→"重复测量"(Repeated Measures)菜单命令，弹出"重复测量定义因子"对话框，如图9.38所示。

① 被试内因子名称(Within-Subject Factor Name)：组内变量名称，因为因变量被重复测量了几次，需将几个因变量看成一个统一变量，因此要对统一变量自定义命名，默认为"因子1"，此处改成time。

② 级别数(Number of Levels)：指不同水平的数量，因变量重复测量的次数。本例中是4个季度，因此输入4，单击"添加"按钮，该变量被加入。

③ 测量名称(Measure Name)：对测量进行命名，例如输入"不同季度"。

(2) 定义完重复测量的变量后，单击"定义"(Define)按钮，进行具体的变量定义和模型设置，如图9.39所示。

图9.38 "重复测量定义因子"对话框

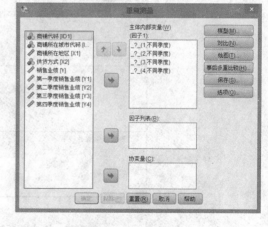

图9.39 "重复测量"对话框

① 主体内部变量(Within-Subject Variables)：将要进行分析的所有因变量选入列表框中，此处选入Y1、Y2、Y3、Y4。

② 因子列表(Between-Subject Factors)：即组间因子，将要进行分析的组间变量选入此列表框中，此处选入X1。

③ 协变量(Covariates)：将需要控制的协变量选入此列表框中。

(3) 变量选择完成后，对模型、绘图、事后多重比较、选项等进行设置，重复测量方差分析的这些按钮功能与多因素方差分析完全一致。

3. 结果解释

(1) 查看描述统计结果(如表 9.23 所示),呈现了四个地区四个季度的销售业绩。其中,东部地区第二季度的销售业绩最好,为98.09;西部地区第四季度的销售业绩最差,为45.85。

(2) 查看协方差矩阵的球形检验结果(如表 9.24 所示)。Mauchly 球形检验结果显示,$p>0.05$(Sig.=0.248),说明重复测量数据之间不存在相关性,满足了协方差矩阵球形假设,不需要对结果的组内效应进行校正,直接查看组内效应的一元方差分析结果;如果协方差矩阵的球形检验未通过,即 $p<0.05$,说明一元方差分析结果的效能不高,则需要查看多元方差分析的结果,或者一元方差分析的校正结果。

(3) 如果协方差矩阵的球形检验未通过,查看组内效应的多元方差分析结果(如表 9.25 所示),表中显示了时间对销售业绩的影响,以及时间和商铺地区的交互作用,采用了四种多元检验方法。一般来说,四种检验方法的结果差异不大;如果存在差异,通常采用 Pillai's Trace 方法。由于本例满足了协方差矩阵球形假设,所以不参考此表结果。

表 9.23 描述统计结果

Descriptive Statistics

	商铺所在地区	Mean	Std. Deviation	N
第一季度销售业绩	东部地区	79.41	24.725	54
	北部地区	77.98	24.232	60
	南部地区	74.07	25.745	60
	西部地区	60.75	20.703	48
	Total	73.55	24.917	222
第二季度销售业绩	东部地区	98.09	24.597	54
	北部地区	91.05	23.960	60
	南部地区	89.90	26.037	60
	西部地区	83.25	22.301	48
	Total	90.77	24.713	222
第三季度销售业绩	东部地区	85.17	25.074	54
	北部地区	65.07	26.163	60
	南部地区	79.75	26.726	60
	西部地区	69.06	26.499	48
	Total	74.79	27.190	222
第四季度销售业绩	东部地区	65.54	20.976	54
	北部地区	61.32	21.490	60
	南部地区	62.13	24.540	60
	西部地区	45.85	18.810	48
	Total	59.22	22.735	222

表 9.24 协方差矩阵的球形检验结果

Mauchly's Test of Sphericity[a]

Measure: MEASURE_1

Within Subjects Effect	Mauchly's W	Approx. Chi-Square	df	Sig.	Epsilon[b]		
					Greenhouse-Geisser	Huynh-Feldt	Lower-bound
time	.970	6.655	5	.248	.981	1.000	.333

Tests the null hypothesis that the error covariance matrix of the orthonormalized transformed dependent variables is proportional to an identity matrix.

a. Design: Intercept + X1
   Within Subjects Design: time

b. May be used to adjust the degrees of freedom for the averaged tests of significance. Corrected tests are displayed in the Tests of Within-Subjects Effects table.

表 9.25　组内效应的多元方差分析结果

Multivariate Tests[a]

Effect		Value	F	Hypothesis df	Error df	Sig.
time	Pillai's Trace	.488	68.496[b]	3.000	216.000	.000
	Wilks' Lambda	.512	68.496[b]	3.000	216.000	.000
	Hotelling's Trace	.951	68.496[b]	3.000	216.000	.000
	Roy's Largest Root	.951	68.496[b]	3.000	216.000	.000
time * X1	Pillai's Trace	.073	1.825	9.000	654.000	.061
	Wilks' Lambda	.927	1.846	9.000	525.838	.058
	Hotelling's Trace	.078	1.861	9.000	644.000	.055
	Roy's Largest Root	.069	5.001[c]	3.000	218.000	.002

a. Design: Intercept + X1
　Within Subjects Design: time
b. Exact statistic
c. The statistic is an upper bound on F that yields a lower bound on the significance level.

(4)　查看组内效应的一元方差分析结果(如表 9.26 所示)。表格中同样显示了时间对销售业绩的影响，以及时间和商铺地区的交互作用，第一行(Sphericity Assumed)为满足球形检验的结果。后面三行为未满足球形检验时，一元方差分析的校正结果；三种方法的结果存在差异时，一般选用第二行结果(Greenhouse-Geisser)。

表 9.26　组内效应的一元方差分析结果

Tests of Within-Subjects Effects

Measure:　MEASURE_1

Source		Type III Sum of Squares	df	Mean Square	F	Sig.
time	Sphericity Assumed	112181.809	3	37393.936	59.104	.000
	Greenhouse-Geisser	112181.809	2.942	38132.634	59.104	.000
	Huynh-Feldt	112181.809	3.000	37393.936	59.104	.000
	Lower-bound	112181.809	1.000	112181.809	59.104	.000
time * X1	Sphericity Assumed	10948.537	9	1216.504	1.923	.046
	Greenhouse-Geisser	10948.537	8.826	1240.535	1.923	.047
	Huynh-Feldt	10948.537	9.000	1216.504	1.923	.046
	Lower-bound	10948.537	3.000	3649.512	1.923	.127
Error(time)	Sphericity Assumed	413769.994	654	632.676		
	Greenhouse-Geisser	413769.994	641.331	645.174		
	Huynh-Feldt	413769.994	654.000	632.676		
	Lower-bound	413769.994	218.000	1898.027		

本例协方差矩阵满足球形假设，因此参考第一行结果：时间和商铺地区的交互作用显著($p=0.046$)，同时，不同时间的销售业绩也存在显著差异($p=0.000$)。

(5)　查看组间效应的方差分析结果(如表 9.27 所示)。表格中显示了组间变量 X1(商铺所在地区)对销售业绩的影响，结果达到统计学意义的显著，说明不同地区的销售业绩存在显著差异。

表 9.27　组间效应的方差分析结果

Tests of Between-Subjects Effects

Measure:　MEASURE_1
Transformed Variable:　Average

Source	Type III Sum of Squares	df	Mean Square	F	Sig.
Intercept	4857467.674	1	4857467.674	11335.718	.000
X1	31664.408	3	10554.803	24.631	.000
Error	93415.165	218	428.510		

9.4 多元回归分析

多元回归分析(Multiple Regression Analysis)通常用于探讨单个因变量(independent variable)与多个自变量(dependent variable)之间的关系，是目前研究因果关系使用最广泛的分析方法。多元回归分析的目的是用观察到的多个自变量去预测一个因变量的值。在回归分析的过程中，每一个自变量将会被加权，以便能最好地预测因变量。这些权重代表各个自变量对因变量影响的大小。

一般来说，多元回归分析中的变量必须是连续变量，但特殊情况下也可以进行处理：如果自变量为分类变量，可以通过虚无编码进行解决；如果因变量为分类变量，则采用Logisitic回归。

9.4.1 多元线性回归

多元线性回归是多元回归分析中最常用的分析方法，用于考查一个因变量和多个自变量之间的线性关系。

目前，通过多元线性回归分析建立回归模型一般用于解释和预测两类研究目的。解释主要有三个方面作用：解释每个自变量对因变量的相对重要性、解释自变量与因变量之间的关系、解释自变量与自变量之间的关系。当回归模型能够很好地拟合实测数据时，模型还可以用于预测，通过一系列回归变量预测因变量的值。

1. 自变量与因变量的选择

在进行多元线性回归分析之前，研究者的首要任务是在一系列变量中分别确定因变量与自变量。从严格意义上讲，因果关系不能完全通过统计分析证明，因为在回归分析中，将因变量和自变量互换也同样可能很好地拟合数据。因此，因变量和自变量的选择主要参考已有研究的理论基础，回归分析是在理论支撑的基础上，验证因果关系的假设。除此以外，自变量的选择还需要考虑特定误差(Specification Error)，即选择了不相关的变量，或忽略了相关变量。选择不相关的变量，不会造成结果的偏差，但会让回归模型繁杂冗余，掩盖真正有用的变量；而忽略了相关变量则会造成结果偏差。因此，当对自变量选择有所怀疑时，宁可纳入不相关的变量。

2. 多重共线性问题

多重共线性(Multicollinearity)是指线性回归模型中的多个自变量之间由于存在高相关而使模型估计失真或难以估计准确。在回归分析中，要尽量避免多重共线性问题。

多重共线性的诊断一般采用两种方式：第一种是相关性分析，当自变量之间的相关系数高于 0.8 时，表明存在多重共线性，但相关系数低，并不能表示不存在多重共线性；第二种是共线性诊断(Collinearity diagnostics)。

当发生多重共线性时，可采取以下解决方式。

(1) 多重共线性是普遍存在的，轻微的多重共线性问题可不采取措施。

(2) 可通过增加被试量减少多重共线性。

(3) 删除引起共线性的一个或几个变量。

(4) 模型只做预测，不具体解释回归系数。

3. 多元线性回归的适用条件

(1) 样本量，具体内容如下。

① 样本量与自变量数量的比值至少为 5：1，理想状态是 15：1 至 20：1。

② 使用逐步(Stepwise)方法进行多元线性回归时，样本量与自变量数量的比值要增加到 50：1，因为此方法只挑选最强的因果关系。

③ 样本量太大或太小都不利于多元线性回归。小样本，例如低于 30 人时，只适合使用一个自变量的简单回归，即使这样，也只有特别强的因果关系才能够被鉴别出来；大样本，例如超过 1000 人时，则特别容易使变量间的因果关系达到显著，即使关系极其微弱，也可能会被认定为存在显著的因果关系。

(2) 自变量和因变量均为连续变量。如果有自变量为分类变量，则需要进行虚无编码。

(3) 假设检验，具体内容如下。

① 线性假设：因变量与自变量之间存在一定程度的线性关系。若发现因变量和自变量呈现非线性关系，可以通过转换数据变成线性关系后，再进行回归分析。

② 自变量方差齐性。

③ 误差独立：自变量的误差，相互之间应该独立，即误差与误差之间没有相互关系，否则在估计回归参数时会降低统计的鉴定力。

④ 自变量的误差服从正态分布。

案例： 分析学生的阅读能力、计算能力、信息提取能力、学习习惯对学生的数学学业成绩的影响。X1、X2、X3 分别代表上述的三种能力，X4 代表学生的学习习惯，Y 代表学生的学业成绩。

---

4. 在 SPSS 中执行多元线性回归分析

(1) 选择"分析"(Analyze)→"回归"(Regression)→"线性"(Linear)菜单命令，弹出"线性回归"(Linear Regression)对话框，如图 9.40 所示。

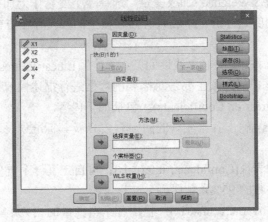

图 9.40 "线性回归"对话框

① 因变量(Dependent)、自变量(Independents)：选择因变量和自变量，将研究假设确定出的因变量 Y 选入"因变量"列表框中，将自变量 X1～X4 选入"自变量"列表框中。

② 块(B)1 的 1：由"上一页"(Previous)和"下一页"(Next)两个按钮组成，用于将"自变量"列表框中选入的自变量分组。由于回归分析中自变量有多种选入方法，如果对不同的自变量选择不同的选入方法，则用该按钮将自变量分成不同的组即可。

③ 方法(Method)："方法"后的下拉菜单用于选择回归分析中自变量的选入方法。

- 输入(Enter)：强制进入法，这种方法是强制使用"自变量"列表框中的所有自变量。此为默认选项。

- 删除(Remove)：强制删除法，将定义的全部自变量均删除。

- 前进(Forward)：向前增加法，选取达到了显著水平的自变量。根据解释力的大小，以逐步增加的方式，依次选取进入回归方程中。

- 后退(Backward)：往后删除法，先将所有自变量选入回归方程中，得出一个回归模型。然后逐步将最小解释力的自变量删除，直到所有未达到显著的自变量都删除为止。

- 逐步(Stepwise)：逐步法，结合向前增加法和往后删除法，解释力最大的变量最先进入，成为一个简单回归；接着检查偏相关系数，选取剩下变量中最显著的变量进入方程；每新增一个自变量，就利用往后删除法检验回归方程中的所有原变量是否仍然显著，如果不显著就删除相应变量。不断通过向前增加法选取变量，往后删除法进行检验，直到所有选取的变量都达到显著水平。

④ 选择变量(Selection Variable)：选入一个控制变量，利用右侧的"规则"(Rules)按钮建立一个规则条件，只有满足该变量设置条件的观测值才会进入回归分析，如图 9.41 所示。

在"线性回归：设置规则"对话框中，右边的"值"(Value)文本框用于输入数值，左边的下拉列表中列出了各种条件，包括等于(equal to)、不等于(not equal to)、小于(less than)、小于或等于(less than or equal)、大于(greater than)、大于或等于(greater than or equal)。

⑤ 个案标签(Case Labels)：标签变量。选择一个变量，它的取值将作为每条记录的标签。最经常使用的是记录 ID 号或者年份的变量。

⑥ WLS 权重(WLS Weight)：加权变量。选择一个变量作为加权变量，这一变量将会进行权重最小二乘法的回归分析。一般只有回归模型的残差存在方差不齐时，才采用加权变量。

(2) 单击 Statistics 按钮，弹出"线性回归：统计"(Linear Regression: Statistics)对话框，如图 9.42 所示。对话框中的选项主要是对需要的数据进行描述性统计。

① 回归系数(Regression Coefficients)：包括如下内容。

- 估计(Estimates)：输出各自变量的回归系数 B 及其标准误、标准化的回归系数 beta、t 值和 p 值。

- 误差条形图的表征(Confidence intervals)：可自定义一个置信区间，默认状态下输出每个回归系数的 95%置信区间。

- 协方差矩阵(Covariance matrix)：输出各个自变量的相关矩阵和方差-协方差矩阵。方差-协方差矩阵的对角线上为方差，对角线以外的数据为协方差。

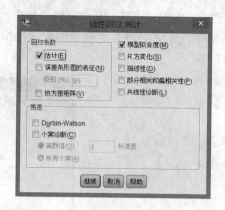

图 9.41　"线性回归：设置规则"对话框　　　　图 9.42　"线性回归：统计"对话框

② 残差(Residuals)：用于检验残差的独立性。

● Durbin-Watson：用 D-W 方法对残差相关性进行检验。

● 个案诊断(Casewise diagnostic)：对被试个案进行诊断，可以规定超出 n 倍标准差的被试残差列表，或者输出所有被试的残差。

③ 模型拟合度(Model fit)：显示模型拟合过程中进入模型和从模型中删除的变量，并输出模型拟合度的相关统计量(R^2、调整的 R^2、标准误差及方差分析表)。

④ R 方变化(R squared change)：显示由于添加或者删除自变量而引起的 R^2、F 值和 p 值的变化。R^2 代表回归模型的拟合程度，R^2 越大，回归模型的拟合度越好。如果某个变量引起了较大的 R^2 变化，则说明该自变量对因变量的解释力较大。

⑤ 描述性(Descriptives)：输出显示每个变量的均值、标准差、有效样本量等描述性分析结果，同时还输出一个所有变量间的相关矩阵。

⑥ 部分相关和偏相关性(Part and partial correlations)：显示变量间的部分相关和偏相关系数。

● 部分相关 part correlation：指每个自变量剔除了其他自变量，单独与因变量的相关性。

● 偏相关 partial correlation：指每个自变量剔除了其他自变量的影响，同时，因变量也剔除了其他自变量可以解释的那部分后，分析每个自变量与因变量之间剩余的相关性。

⑦ 共线性诊断(Collinearity diagnostics)：输出多重共线性诊断的统计量，如容忍度(Tolerance)、方差膨胀因子(VIF)、特征根(Eigenvalues)、条件指数(Condition Index)等。

● 容忍度(Tolerance)：代表一个变量没有被其他变量所解释的差异，容忍度为 0～1，越大越好。容忍度越接近 1，代表多重共线性问题越小。

● 方差膨胀因子(VIF)：Variance Inflation Factor 的缩写，Tolerance 的倒数。VIF 表示标准误被共线性影响的程度。例如，VIF 是 4，表示标准误被扩大了 2 倍。因此，VIF 越小越好，越接近 1，代表多重共线性问题越小，如果 VIF 大于 10，说明多重共线性问题比较严重。

● 特征根(Eigenvalue)：特征根越接近 0，代表存在多重共线性。

● 条件指数(Condition Index)：若条件指数大于 10，代表存在多重共线性。

(3) 单击"绘图"(Plots)按钮，弹出"线性回归：图"(Linear Regression: Plots)对话框，如图 9.43 所示。通过对话框中的选项绘制出的图形，主要用于检验正态性、线性和方差齐性等问题。

图 9.43 "线性回归：图"对话框

① 散点 1 的 1(Scatter 1 of 1)：在左边的列表框中选取两个变量绘制散点图，其中一个为 X 轴的变量，另一个为 Y 轴的变量。一般来说，用 ZPRED(标准化预测值)和 ZRESID(标准化残差值)绘制图形，可以检验线性关系和方差齐性。

② 标准化残差图(Standardized Residual Plots)：包括直方图和正态概率图两个内容。

● 直方图(Histogram)：用直方图显示标准化残差。

● 正态概率图(Normal probability plot)：将标准化残差的分布与正态分布进行比较。

③ 产生所有部分图(Produce all partial plot)：输出每一个自变量残差与因变量残差的散点图。

(4) 单击"保存"(Save)按钮，弹出"线性回归：保存"(Linear Regression:Save)对话框，如图 9.44 所示。对话框中的命令用于保存预测值、残差和其他统计量。

(5) 单击"选项"(Options)按钮，弹出"线性回归：选项"(Linear Regression: Options)对话框，如图 9.45 所示。对话框中的命令用于设置回归分析的选项。

图 9.44 "线性回归：保存"对话框

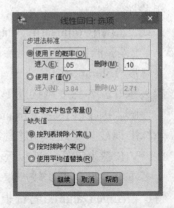

图 9.45 "线性回归：选项"对话框

①　步进法标准(Stepping Method Criteria)：用于设置逐步回归方法中进入和剔除的标准，可按 P 值或 F 值来设置。

- 使用 F 的概率(Use probability of F)：如果某个变量的 F 值的概率(即 p 值)小于所设置的 "进入" 值，那么该变量将被选入回归方程；如果 F 值的概率大于设置的 "删除" 值，则该变量将从回归方程中被剔除。
- 使用 F 值(Use F value)：如果某个变量的 F 值大于所设置的 "进入" 值，那么这个变量将被选入回归方程；如果 F 值小于设置的 "删除" 值，则该变量将从回归方程中被剔除。

②　在等式中包含常量(Include constant in equation)：是否在模型中包括常数项。

③　缺失值(Missing Values)：处理缺失值的三种方式如下所述。

- 按列表排除个案(Exclude cases listwise)：成列删除，含有缺失值的被试的所有数据都不被分析。
- 按对排除个案(Exclude cases pairwise)：成对删除，只删除统计分析的变量中缺失的数据，对含有缺失值的被试的其他数据不受影响。
- 使用平均值替换(Replace with mean)：用变量的均值取代缺失值。

5. 结果解释

(1)　查看进入回归方程的自变量结果，如表 9.28 所示。

表 9.28　进入回归方程的自变量结果

Variables Entered/Removed[a]

Model	Variables Entered	Variables Removed	Method
1	X3		Stepwise (Criteria: Probability-of-F-to-enter <= .050, Probability-of-F-to-remove >= .100).
2	X2		Stepwise (Criteria: Probability-of-F-to-enter <= .050, Probability-of-F-to-remove >= .100).

a. Dependent Variable: Y

　　表 9.28 中显示了模型的筛选过程，模型 1 通过逐步进入法选择了 X3，模型 2 再次用逐步进入法加入了 X2。加入标准为进入变量 p 值小于等于 0.05，移出变量的 p 值大于等于 0.1，X1 和 X4 没有达到进入标准，因此没有进入回归方程模型。

(2)　查看模型整体拟合度，如表 9.29 所示。

　　表 9.29 显示了 a 和 b 两个模型的拟合度，R^2 分别为 0.772 和 0.795，说明含有 X3 的回归模型能解释 Y 变异的 77.2%，而加入 X2 后，回归模型对 Y 的解释率提高到 79.5%，adjusted R^2 显著提高，因此选择模型 2。

表 9.29　模型拟合度结果

Model Summary

Model	R	R Square	Adjusted R Square	Std. Error of the Estimate
1	.879[a]	.772	.772	38.0639556
2	.892[b]	.795	.795	36.1095626

a. Predictors: (Constant), X3

b. Predictors: (Constant), X3, X2

进一步查看方差分析结果，如表 9.30 所示。从表 9.30 可知，两个模型的方差分析检验结果都达到显著，说明模型具有统计学意义。

表 9.30　方差分析结果

ANOVA[a]

Model		Sum of Squares	df	Mean Square	F	Sig.
1	Regression	3639406.350	1	3639406.350	2511.902	.000[b]
	Residual	1072159.892	740	1448.865		
	Total	4711566.242	741			
2	Regression	3747983.764	2	1873991.882	1437.220	.000[c]
	Residual	963582.477	739	1303.901		
	Total	4711566.242	741			

a. Dependent Variable: Y

b. Predictors: (Constant), X3

c. Predictors: (Constant), X3, X2

(3)　查看回归系数，如表 9.31 所示。

表 9.31　回归系数结果

Coefficients[a]

Model		Unstandardized Coefficients		Standardized Coefficients	t	Sig.	Collinearity Statistics	
		B	Std. Error	Beta			Tolerance	VIF
1	(Constant)	70.332	9.824		7.159	.000		
	X3	.859	.017	.879	50.119	.000	1.000	1.000
2	(Constant)	24.769	10.573		2.343	.019		
	X3	.816	.017	.835	48.173	.000	.922	1.085
	X2	.133	.015	.158	9.125	.000	.922	1.085

a. Dependent Variable: Y

对模型的截距和各个变量进行 T 检验，p 值均低于 0.05，说明模型 2 中的所有系数都具有统计学意义。读取各个变量的回归系数 B，得出最终的回归模型：Y=24.769+0.816*X3+0.133*X2。

同时，多重共线性检验结果发现，Tolerance 和 VIF 都在可接受范围内，说明多重共线性问题较小。

9.4.2　Logistic 回归

线性回归的前提假设是因变量为正态分布的连续变量，且自变量与因变量之间存在线性关系。当因变量为分类变量时，线性回归模型的假设被打破，这时只能采用 Logistic 回归。与线性回归相比，Logistic 回归对假设(正态性、方差齐性)的要求比较低，模型基本相同，区别在于线性回归的因变量为连续变量，Logistic 回归的因变量一般为分类变量。

1. Logistic 回归的适用条件

(1)　样本量与自变量数量的比值至少为 5∶1，理想状态是 15∶1 至 20∶1。

(2)　自变量既可以是连续变量，又可以是分类变量。

(3)　因变量为分类变量，尤其是二分类变量。

案例：为分析学生网瘾的成因，现选择两组人群，一组是有网瘾的学生组，一组是没有网瘾的学生组。因变量为是否有网瘾，值为"有"或"无"，需要考虑的自变量包括学生父母对网络行为的指导、学生的情绪管理能力、时间管理能力、学生的行为习惯、学生的学习兴趣。Y 为因变量，X1～X5 为自变量。

---

2. 在 SPSS 中执行 Logistic 回归

(1)　选择"分析"(Analyze)→"回归"(Regression)→"二元 Logistic"(Binary Logistic)菜单命令，弹出"Logistic 回归"对话框，如图 9.46 所示。

①　因变量(Dependent)、协变量(Covariates)：选择因变量和自变量，将确定出的因变量 Y 选入"因变量"列表框中，自变量 X1～X5 选入"协变量"列表框中。

②　方法(Method)：与多元线性回归选入自变量的方法不同，Logistic 回归选入自变量的方法共有以下三大类。

● 输入(Enter)：强制进入法，这种方法是强制使用进入"协变量"框中的所有自变量。此为默认选项。

● 向前(Forward)：向前增加法，选取达到了显著水平的自变量。根据解释力的大小，以逐步增加的方式，依次选取进入回归方程中。

● 向后(Backward)：往后删除法，先将所有自变量选入回归方程中，得出一个回归模型，然后逐步将最小解释力的自变量删除，直到所有未达到显著的自变量都删除为止。

其中，向前和向后两种方法剔除变量的方式又分为有条件的(Conditional)、LR 和 Wald 三种。

(2)　如果自变量中有分类变量，则单击"分类"(Categorical)按钮，弹出"Logistic 回归：定义分类变量"(Logistic Regression: Define Categorical Variables)对话框，如图 9.47 所示。将为分类变量的自变量选入"分类协变量"(Categorical Covariates)列表框中，对分类变量进行设置。

图 9.46　"Logistic 回归"对话框

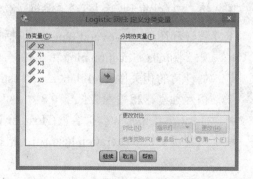

图 9.47　"Logistic 回归：定义分类变量"对话框

自变量若为分类变量，需通过"更改对比"(Change Contrast)栏对它进行虚无变量设置。如果变量有 K 类，系统会自动生成 $K-1$ 个虚无变量。虚无变量的具体取值方法如下。

- 指示灯(Indicator)、简单(Simple)：分类变量中的参照分类编码为 0，其余为 1，各分类与参照分类比较。
- 差值(Difference)：除第一类分类外，各分类与其之前各类的平均效应比较。
- 重复(Repeated)：除第一类分类外，各分类与其之前一类比较。
- Helmert：除最后一类外，各分类与其之后各类的平均效应比较。
- 多项式(Polynomial)：仅适用于数字型变量，正交多项式设置。
- 偏差(Deviation)：除参照分类外，每一类与总体效应比较。

"参照类别"可选择"最后一个"(Last)或者"第一个"(First)。

(3) 单击"保存"(Save)按钮，弹出"Logistic 回归：保存"对话框，如图 9.48 所示。与多元线性回归类似，对话框中的命令用于保存预测值、残差和影响强度因子。

① 预测值(Predicted value)：包括如下两项。
- 概率(Probabilities)：预测概率值。
- 组成员(Group membership)：根据预测概率值判定每一个观测量的分组情况。
② 残差(Residuals)和影响(Influence)：与多元线性回归的选项基本相同。

(4) 单击"选项"(Options)按钮，弹出"Logistic 回归：选项"对话框，如图 9.49 所示。对话框中的命令用于对模型做精确定义。

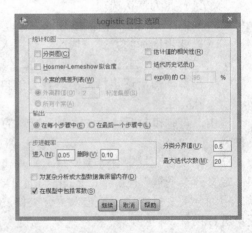

图 9.48 "Logistic 回归：保存"对话框   图 9.49 "Logistic 回归：选项"对话框

① 统计和图(Statistics and Plots)：包括如下几项。
- 分类图(Classification plots)：绘制分类图。
- 估计值的相关性(Correlations of estimates)：参数估计的相关矩阵，各自变量间应相互独立，相关性应低于 0.8。
- Hosmer-Lemeshow 拟合度(Hosmer-Lemeshow goodness-of-fit)：模型拟合度。
- 迭代历史记录(Iteration history)：根据迭代的具体情况，观察模型在迭代时是否存在病态。
- 个案的残差列表(Casewise listing of residual)：观测量的残差列表(或者大于设置的

某个标准差的观测量的残差)。

exp(B)的 C1：置信区间。

② 输出(Display)：包括如下几项。

● 在每个步骤中(At each step)：显示计算过程中每一步的表格、统计量和图形。

● 在最后一个步骤中(At last step)：只在最后一步显示表格、统计量和图形。

③ 步进概率(Probability for Stepwise)：确定变量进入模型和被剔除的概率标准。

④ 分类分界值(Classification cutoff)：设置系统划分观测量类别的标准值，大于设置值的观测量被归于一组。

⑤ 最大迭代次数(Maximum Iterations)：默认为 20。

⑥ 为复杂分析或大型数据集保留内存(Conserve memory for complex analyses or large datasets)：为复杂分析或大数据节省内存。

⑦ 在模型中包括常数(Include constant in model)：模型包括常数项。

3. 结果解释

(1) 基本描述统计结果，包括计入分析的数据总量、缺失值，具体如表 9.32 所示。

表 9.32　回归分析基本描述统计结果

Case Processing Summary

Unweighted Cases[a]		N	Percent
Selected Cases	Included in Analysis	200	100.0
	Missing Cases	0	.0
	Total	200	100.0
Unselected Cases		0	.0
Total		200	100.0

a. If weight is in effect, see classification table for the total number of cases.

(2) 进行模型拟合，首先计算的模型是不含任何自变量、只含有常数项的模型。表 9.33 显示不含任何自变量的模型的预测准确率为 51%。

表 9.33　回归分析只含常数项的模型预测作用

Block 0: Beginning Block

Classification Table[a,b]

			Predicted		
			X3		Percentage Correct
	Observed		0	1	
Step 0	X3	0	0	98	.0
		1	0	102	100.0
	Overall Percentage				51.0

a. Constant is included in the model.

b. The cut value is .500

表 9.34 显示了不含任何自变量的模型各参数的检验结果，此处只有常数项，P 值 (Sig=0.777)不显著，说明模型没有统计学意义。

表 9.34 回归分析只含常数项的模型参数检验结果

Variables in the Equation

		B	S.E.	Wald	df	Sig.	Exp(B)
Step 0	Constant	.040	.141	.080	1	.777	1.041

进一步查看，如果变量纳入模型后是否有意义，如表 9.35 所示。

表 9.35 变量纳入模型后的拟合度结果

Variables not in the Equation

			Score	df	Sig.
Step 0	Variables	X1	7.046	1	.008
		X2	18.041	1	.000
		X3	21.461	1	.000
		X4	17.609	1	.000
		X5	13.647	1	.000
	Overall Statistics		63.377	5	.000

表 9.35 检验了如果将现有模型外的其余变量纳入模型，整个模型的拟合度改变是否有统计学意义。结果显示若将 X1～X5 纳入模型，P 值都显著，说明模型改变有统计学意义。

（3）引入自变量后，进行新模型的拟合，查看纳入新变量后的模型拟合结果，如表 9.36 所示。

表 9.36 纳入新变量后的模型拟合结果

Block 1: Method = Enter

Omnibus Tests of Model Coefficients

		Chi-square	df	Sig.
Step 1	Step	77.567	5	.000
	Block	77.567	5	.000
	Model	77.567	5	.000

表 9.36 显示了加入新变量后模型的统计学意义，采用三种卡方统计量：Step 卡方值是在建立模型过程中，每一步与前一步相比的似然比结果；Block 卡方值为 Block1 与 Block0 相比的似然比结果；Model 统计量为上一个模型与变量有变化后的模型的似然比检验结果。由于选择了 Enter 方法，所以三种统计量结果完全一致，P 值都显著，说明新加入的变量使新模型具有统计学意义。

进一步考察总体模型拟合度结果，如表 9.37 所示。表 9.37 为模型的拟合度检验，后两个指标与线性模型中的 R^2 相似，即此模型解释的变异程度。

表 9.37 总体模型拟合度结果

Model Summary

Step	-2 Log likelihood	Cox & Snell R Square	Nagelkerke R Square
1	199.612[a]	.321	.429

a. Estimation terminated at iteration number 5 because parameter estimates changed by less than .001.

接着查看总体模型的预测作用，如表 9.38 所示。表 9.38 显示了新加入变量后的模型对因变量分类的预测作用，由图可以看出，预测准确率提高到了 73.5%，说明自变量的引入提高了模型的预测效果。

表 9.38　总体模型的预测作用

Classification Table[a]

			Predicted		
			X3		Percentage Correct
Observed			0	1	
Step 1	X3	0	70	28	71.4
		1	25	77	75.5
	Overall Percentage				73.5

a. The cut value is .500

最后，读出最终模型，得到各个变量的系数，如表 9.39 所示。表 9.39 呈现了最终模型。由其中数据可以看出，X2 的 P 值不显著，说明 X2 对因变量没有显著的影响，而其余四个变量和常数项都达到了显著，能较好地预测因变量。

表 9.39　最终模型

Variables in the Equation

		B	S.E.	Wald	df	Sig.	Exp(B)
Step 1[a]	X1	-.732	.193	14.347	1	.000	.481
	X2	-.007	.180	.001	1	.970	.993
	X3	.562	.138	16.716	1	.000	1.755
	X4	.940	.252	13.944	1	.000	2.559
	X5	.892	.297	9.014	1	.003	2.439
	Constant	-11.387	2.422	22.111	1	.000	.000

a. Variable(s) entered on step 1: X1, X2, X3, X4, X5.

9.5　聚 类 分 析

聚类分析是根据个体或物品在一系列特征上的相似性将其分类，分成同一类的个体具有较高的同质性(homogeneity)。与因子分析不同，因子分析是直接对变量(variable)进行处理，将变量简化，起到降维的效果；聚类分析也可以将变量进行分类，但更多的是通过对变量的分析，将样本(case)进行分类。聚类分析的使用前提如下所述。

1. 样本量

(1) 聚类分析的样本量与统计检验力无关，因此样本量没有具体要求，只要样本具有代表性即可。

(2) 由于样本的代表性问题，聚类分析对极端值(outlier)极其敏感，进行分析前，需要对极端值的情况进行判定。如果由于抽样或取值错误，使其成为极端值，则需要被删除；如果确实代表了某一个类别，则必须被保留。

2. 理论假设

不管实际情况如何，聚类分析总能将被试分成不同的类别，分类结果完全依赖于研究者所选择的聚类变量，增加或删除变量都会影响最后的分类结果。因此，选择聚类变量一定要有理论基础。

3. 多重共线性问题

由于聚类分析不是推论性的分析方法，所以没有严格的统计假设，不需要常用的正态性、线性、方差齐性等假设，但需要注意多重共线性问题。

在聚类分析中，每个变量的权重是相同的，如果变量之间存在多重共线性，相当于这些变量的权重变大，从而导致聚类结果发生变化。如果发生多重共线性问题，可以将每类中的变量限定为相同的个数，或是使用马氏距离补偿这种相关。

4. 数据标准化

由于大部分聚类分析根据样本之间的距离测量将样本分类，所以聚类分析对变量的测量尺度比较敏感，变量的标准差越大，对最终的相似性的值的影响就越大。因此，进行聚类分析前一般需要将变量进行标准化，使用 Z 分数。

9.5.1 两步聚类分析

Two-Step Cluster(两步聚类法)是通过聚类特征(Cluster Feature, CF)形成聚类特征树(Cluster Feature Tree，CF Tree)，采用预聚类和正式聚类两步进行聚类分析的方法。

1. 两步聚类分析的适用条件

(1) 满足聚类分析的使用前提。

(2) 可以处理超大样本量的数据。

(3) 可以同时处理连续变量和分类变量。

(4) 自动识别聚类数。

(5) 可以选取样本中的部分数据预先构建聚类模型。

案例：q1～q5 是一个小型测量量表的 5 道题，根据这 5 道题的结果，将被试分成不同的类别。

---

2. 在 SPSS 中执行两步聚类分析

(1) 选择"分析"(Analyze)→"分类"(Classify)→"两步聚类"(TwoStep Cluster)菜单命令，弹出"二阶聚类分析"(TwoStep Cluster Analysis)对话框，如图 9.50 所示。

① 分类变量(Categorical Variables)：将要进行聚类分析的分类变量选入此列表框中。

② 连续变量(Continuous Variables)：将要进行聚类分析的连续变量选入此列表框中。如本例中的 Zq1～Zq5(Zq1～Zq5 是将 q1～q5 进行标准化后转换的 Z 分数)。选择连续变量后，下方会自动统计"连续变量计数"(Count of Continuous Variables)。

③ 距离测量(Distance Measure)：可采用对数相似值(Log-likelihood)或 Euclidean(欧式距离)两种方式。

④ 聚类数量(Number of Clusters)：包括自动确定和指定固定值两项内容。

● 自动确定(Determine automatically)：可以由程序计算自动确定聚类数量，可输入不超过的最大值，默认为 15。

● 指定固定值(Specify fixed)：可以提前指定聚类数量。

图 9.50　"二阶聚类分析"对话框

⑤ 聚类准则(Clustering criterion)：包括 BIC 和 AIC 两种准则，使 BIC 或者 AIC 函数的模型的聚类结果达到最小的即为最优模型。

(2) 单击"选项"(Options)按钮，弹出如图 9.51 所示对话框，这一对话框中的命令用于对聚类选项做精确定义。

① 离群值处理(Outlier Treatment)：对极端值进行处理。

● 使用噪声处理(Use noise handing)：当聚类特征树的某一个树叶包含的个案数占最大树叶个案数的百分比小于指定百分比时，认为树叶比较稀疏，将稀疏树叶的个案放到"噪声"叶子中重新聚类。

② 内存分配(Memory Allocation)：指定聚类算法应使用的最大的内存量。

③ 连续变量的标准化(Standardization of Continuous Variable)：具体包括如下内容。

● 假定已标准化的计数(Assumed Standardized)：已提前进行标准化的数据。

● 要标准化的计数(To be Standardized)：没有进行标准化的数据需要进入此列表框中，系统在聚类之前会先对数据进行标准化。

(3) 单击"输出"(Output)按钮，弹出"二阶聚类：输出"对话框，如图 9.52 所示。对话框中的命令用于对输出进行定义。

① 输出(Output)：具体包括如下内容。

● 透视表(Pivot tables)：输出数据透视表。

● 图表和表格(Chart and tables in Model Viewer)：在模型视图中输出图表和表格。可以将下方"变量"列表框中的变量选入右方的"评估字段"(Evaluation Fields)列表框，指定为评估字段的变量可以根据描述统计分析输出图表和表格。

② 工作数据文件(Working Data File)：创建一个新变量，标记出每一个样本所属类别。

3. 结果解释

(1) 查看聚类分析结果(如图 9.53 所示)，显示共生成两类，聚类的质量超过 0.5，属于比较好的水平。

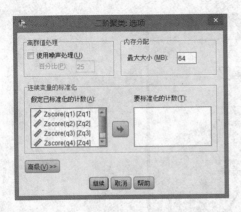

图 9.51 "二阶聚类：选项"对话框

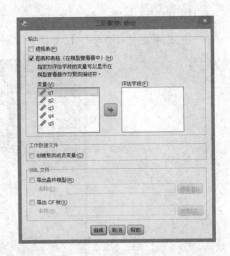

图 9.52 "二阶聚类：输出"对话框

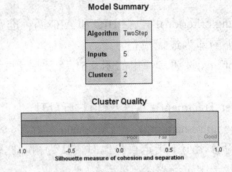

图 9.53 Two-Step 聚类分析结果

双击图 9.53 中的聚类分析结果，会出现模型视图，模型视图对聚类大小等有具体的描述统计分析，如图 9.54 所示。

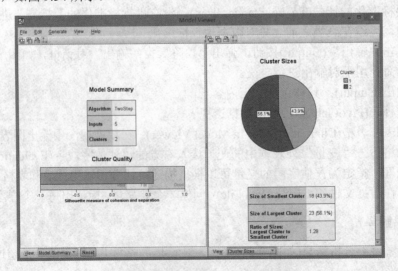

图 9.54 Two-Step 聚类分析模型视图结果

(2) 回到数据表，查看每一个样本所属类别聚类分析结果(如图 9.55 所示)，可以看到数据表中增加了一个新变量 TSC_5203，这个变量中的值即代表样本被聚的类别。

	q1	q2	q3	q4	q5	Zq1	Zq2	Zq3	Zq4	Zq5	TSC_5203
1	4.06	4.02	3.97	4.18	4.10	1.59514	1.65392	1.51282	2.10125	1.62329	1
2	1.81	1.85	2.07	2.00	2.08	-.58549	-.45386	-.31464	-.44831	-.33572	2
3	2.16	2.06	2.11	2.55	3.08	-.24660	-.24933	-.27980	.19787	.63436	2
4	2.97	2.89	2.92	2.91	2.93	.53275	.55754	.50511	.61824	.49153	1
5	2.88	2.97	2.97	1.89	1.76	.45313	.63842	.54983	-.57283	-.64542	2
6	1.11	1.14	1.00	2.54	2.95	-1.26951	-1.13776	-1.34453	.18619	.50832	2
7	3.56	3.07	3.11	3.12	3.66	1.10960	.73218	.68585	.86347	1.19669	1
8	3.89	3.76	4.10	3.01	3.86	1.43006	1.40166	1.63783	.73819	1.39060	1
9	1.13	1.16	1.20	1.14	1.07	-1.25009	-1.12100	-1.15079	-1.45391	-1.31440	2
10	1.00	1.05	1.14	1.11	1.03	-1.37995	-1.22773	-1.21199	-1.47811	-1.35243	2
11	2.97	2.91	2.97	2.97	2.88	.53503	.57886	.55310	.68621	.44045	1
12	1.82	2.10	1.90	2.04	2.11	-.57686	-.20769	-.47583	-.39770	-.30850	2
13	2.92	1.01	2.16	2.11	1.14	.49010	-1.27047	-.22440	-.31593	-1.24389	2
14	2.35	2.04	2.93	2.93	2.07	-.06539	-.26626	.54735	.64472	-.34147	1
15	2.78	2.95	2.98	3.05	3.09	.35217	.62056	.56085	.78173	.64406	1
16	2.00	1.02	1.27	1.09	1.17	-.40560	-1.25683	-1.08348	-1.50701	-1.21745	2
17	1.67	1.53	1.97	2.04	1.98	-.72572	-.76200	-.41203	-.39657	-.43213	2
18	1.06	2.07	2.98	2.95	2.91	-1.31807	-.23851	.56214	.67074	.47145	1
19	4.14	4.11	4.01	3.96	4.07	1.67282	1.74124	1.55129	1.84435	1.59420	1
20	2.03	2.92	1.14	1.68	1.83	-.37613	.58862	-1.20849	-.81805	-.57756	2

图 9.55　Two-Step 聚类分析数据结果

9.5.2　K-平均值聚类分析

k-means Cluster(K 平均值聚类法)采用的是逐步聚类分析，即先把被聚类的所有样本进行初始分类，然后逐步调整，得到最终 K 个分类，又称为快速样本聚类法，是聚类分析中最常用的聚类分析方法。

1. K-平均值聚类分析的适用条件

(1) 满足聚类分析的使用前提。

(2) 计算量小、处理速度快，特别适合大样本的聚类分析。

(3) 聚类变量必须是连续变量。

(4) 只能对样本聚类，不能对变量聚类。

(5) 需要研究者自行确定聚类数。

(6) 不会自动对数据进行标准化处理，需要先自己手动进行标准化分析。

案例：q1 ~ q5 是一个小型测量量表的 5 道题，根据这 5 道题的结果，将被试分成不同的 2 类。

---

2. 在 SPSS 中执行 K-平均值聚类分析

(1) 选择"分析"(Analyze)→"分类"(Classify)→"K-平均值聚类"(K-Means Cluster)菜单命令，弹出"K 平均值聚类分析"对话框，如图 9.56 所示。

① 变量(Variables)：将要进行聚类分析的变量选入此列表框中。只能选择连续变量，此处选入 Zq1~Zq5(Zq1~Zq5 是将 q1~q5 进行标准化后转换的 Z 分数)。

② 标注个案(Label Cases by)：选择一个变量，它的取值将作为每条记录的标签。

③ 聚类数(Number of Clusters)：在后面的文本框中确定聚类数，此处聚类数为 2。

④ 方法(Method)：选择聚类方法。

- 迭代与分类(Iterate and classify)：即选择初始类中心，在迭代过程中使用 K-平均值算法不断更换类中心，把观测量分派到与之最近的以类中心为标志的类中。
- 仅分类(Classify only)：即只使用初始类中心对观测量进行分类。

⑤ 聚类中心(Cluster Centers)：可以通过外部数据读取初始聚类中心，也可以将聚类中心写入外部数据。

(2) 单击"迭代"(Iterate)按钮，弹出"K-平均值聚类分析：写入文件"(K-Means Cluster Analysis: Iterate)对话框，如图 9.57 所示。对话框中的命令用于定义迭代规则。

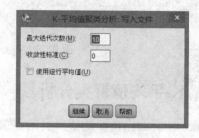

图 9.56　"K 平均值聚类分析"对话框　　图 9.57　"K-平均值聚类分析：写入文件"对话框

① 最大迭代次数(Maximum iterations)：对最大迭代次数进行定义，默认为 10 次。

② 收敛性标准(Convergence criterion)：默认为 0，即当两次迭代计算的最小的类中心的变化距离为 0 时，迭代停止。

③ 使用运行平均值(Use running means)：选择此项后，会在每个样本被分配到一类后立刻计算新的类中心。不选此项会节省迭代时间。

(3) 单击"保存"(Save)按钮，弹出"K-Means 聚类：保存新变量"(K-Means Cluster Analysis: Save New Variable)对话框，如图 9.58 所示。对话框中的命令用于存储新变量。

① 聚类成员(Cluster membership)：新生成的变量会标记出每一个样本所属类别。

② 与聚类中心的距离(Distance from cluster center)：新变量会输出每一个样本与聚类中心的距离。

(4) 单击"选项"(Options)按钮，弹出"K 平均值聚类分析：选项"(K-Means Cluster Analysis: Options)对话框，如图 9.59 所示。对话框中的命令用于对选项进行设置。

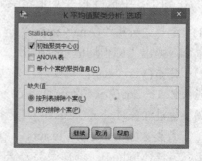

图 9.58　"K-Means 聚类：保存新变量"对话框　　图 9.59　"K 平均值聚类分析：选项"对话框

①　Statistics：统计，具体包括如下几项。

● 初始聚类中心(Initial cluster centers)：输出初始类中心点。

● ANOVA 表(ANOVA table)：输出方差分析表。

● 每个个案的聚类信息(Cluster information for each case)：输出每个样本的分类信息，如分配到哪一类和该样本距所属类中心的距离。

②　缺失值(Missing values)：包括两种常用的缺失值处理办法，即按列表排除个案(Exclude cases listwise)和按对排除个案(Exclude cases pairwise)。

3. 结果解释

(1)　查看初始聚类中心及迭代情况(如表 9.40 所示)，本次聚类一共迭代了两次。

表 9.40　初始聚类中心及迭代情况

Initial Cluster Centers

	Cluster	
	1	2
Zscore(q1)	1.59514	-1.37995
Zscore(q2)	1.65392	-1.22773
Zscore(q3)	1.51282	-1.22772
Zscore(q4)	2.10125	-1.47811
Zscore(q5)	1.62329	-1.35243

Iteration History[a]

Iteration	Change in Cluster Centers	
	1	2
1	1.634	1.707
2	.000	.000

a. Convergence achieved due to no or small change in cluster centers. The maximum absolute coordinate change for any center is .000. The current iteration is 2. The minimum distance between initial centers is 6.807.

(2)　查看最终的聚类中心(如表 9.41 所示)，可以看出，第一类明显高于第二类。

表 9.41　最终聚类中心

Final Cluster Centers

	Cluster	
	1	2
Zscore(q1)	.99195	-.57228
Zscore(q2)	1.00488	-.57974
Zscore(q3)	.98535	-.56847
Zscore(q4)	.98135	-.56616
Zscore(q5)	1.03010	-.59429

(3)　查看每一类的数据(如表 9.42 所示)，第一类共 15 个样本，第二类 26 个样本。

表 9.42　每一类样本数量

Number of Cases in each Cluster

Cluster	1	15.000
	2	26.000
Valid		41.000
Missing		.000

(4)　回到数据表，查看每一个样本所属类别聚类分析结果(如图 9.60 所示)，可以看到数据表中增加了一个新变量 QCL_1，这个变量中的值即代表样本被聚的类别。

	q1	q2	q3	q4	q5	Zq1	Zq2	Zq3	Zq4	Zq5	QCL_1
1	4.06	4.02	3.97	4.18	4.10	1.59514	1.65392	1.51282	2.10125	1.62329	1
2	1.81	1.85	2.07	2.00	2.08	-.58549	-.45386	-.31464	-.44831	-.33572	2
3	2.16	2.06	2.11	2.55	3.08	-.24660	-.24933	-.27980	.19787	.63436	2
4	2.97	2.89	2.92	2.91	2.93	.53275	.55754	.50511	.61824	.49153	1
5	2.88	2.97	2.97	1.89	1.76	.45313	.63842	.54983	-.57283	-.64542	2
6	1.11	1.14	1.00	2.54	2.95	-1.26951	-1.13776	-1.34453	.18619	.50832	2
7	3.56	3.07	3.11	3.12	3.66	1.10960	.73218	.68585	.86347	1.19669	1
8	3.89	3.76	4.10	3.01	3.86	1.43006	1.40166	1.63783	.73819	1.39060	1
9	1.13	1.16	1.20	1.14	1.07	-1.25009	-1.12100	-1.15079	-1.45391	-1.31440	2
10	1.00	1.05	1.14	1.11	1.03	-1.37995	-1.22773	-1.21199	-1.47811	-1.35243	2
11	2.97	2.91	2.97	2.97	2.88	.53503	.57806	.55310	.68621	.44045	1
12	1.82	2.10	1.90	2.04	2.11	-.57686	-.20769	-.47583	-.39770	-.30850	2
13	2.92	1.01	2.16	2.11	1.14	.49010	-1.27047	-.22440	-.31593	-1.24389	2
14	2.35	2.04	2.97	2.93	2.07	-.06539	-.26626	.54735	.64472	-.34147	1
15	2.78	2.95	2.98	3.05	3.09	.35217	.62056	.56085	.78173	.64406	1
16	2.00	1.02	1.27	1.09	1.17	-.40560	-1.25683	-1.08348	-1.50701	-1.21745	2
17	1.67	1.53	1.97	2.04	1.98	-.72572	-.76200	-.41203	-.39657	-.43213	2
18	1.06	2.07	2.98	2.95	2.91	-1.31807	-.23851	.56214	.67074	.47145	2
19	4.14	4.11	4.01	3.96	4.07	1.67282	1.74124	1.55129	1.84435	1.59420	1
20	2.03	2.92	1.14	1.68	1.83	-.37613	.58862	-1.20849	-.81805	-.57756	2

图 9.60   K-Means 聚类分析数据结果

9.5.3 系统聚类分析

Hierarchical cluster(系统聚类法)是将一定数量的样本或变量各自看成一类,然后根据样本(或变量)的亲疏程度,将亲疏程度最高的两类进行合并,然后考虑合并后的类与其他类之间的亲疏程度,再进行合并;重复这一过程,使具有相似特征的样本聚集在一起,差异性大的样本分离开来。

1. Hierarchical 聚类分析的适用条件

(1) 满足聚类分析的使用前提。

(2) 适合小样本,因为系统聚类法产生的树状图更加直观形象,易于解释。

(3) 既可以处理连续变量,又可以处理分类变量,但不能同时处理两种变量类型。

(4) 既可以对样本聚类,又能对变量聚类,对样本的聚类称为 Q 型聚类,对变量的聚类称为 R 型聚类。

案例:q1 ~ q5 是一个小型测量量表的 5 道题,根据这 5 道题的结果,将被试分成不同的类别。

2. 在 SPSS 中执行 Hierarchical 聚类分析

(1) 选择"分析"(Analyze)→"分类"(Classify)→"系统聚类"(Hierarchical Cluster)菜单命令,弹出"系统聚类分析"对话框,如图 9.61 所示。

① 变量(Variables):将要进行聚类分析的变量选入此列表框中,此处选入 Zq1～Zq5(Zq1～Zq5 是将 q1～q5 进行标准化后转换的 Z 分数)。

② 标注个案(Label Cases by):标签变量,选择一个变量,它的取值将作为每条记录的标签。

③ 聚类(Cluster):聚类对象,可以选择对个案聚类,也可以选择对变量(Variables)聚类。

④ 输出(Display):输出显示统计结果(Statistics)或者图(Plots)。

(2) 单击 Statistics 按钮,弹出"系统聚类分析:统计"(Hierarchical Cluster Analysis:Statistics)对话框,如图 9.62 所示。对话框中的命令用于设置输出的统计量。

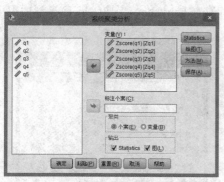
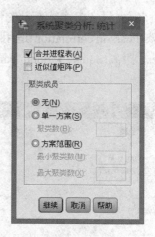

图 9.61　"系统聚类分析"对话框　　　图 9.62　"系统聚类分析：统计"对话框

① 合并进程表(Agglomeration schedule)：输出聚合过程表。

② 近似值矩阵(Proximity matrix)：输出每个案例之间的欧氏距离平方表。

③ 聚类成员(Cluster membership)：输出聚类成员。

● 无(None)：不输出，试探性做聚类分析时选择此项。

● 单一方案(Single solution)：确定固定的聚类数。

● 方案范围(Range of solution)：确定一个聚类数的范围。

(3) 单击"绘图"(Plots)按钮，弹出"系统聚类分析：图"对话框，如图 9.63 所示。对话框中的命令用于设置统计图表。

① 谱系图(Dendrogram)：树形图。

② 冰柱(Icicle)：冰柱图。

● 所有聚类(All clusters)：聚类的每一步都表现在图中。此图可以查看聚类的全过程。但如果参与聚类的样本量很大，图则会特别大。

● 聚类的指定全距(Specified range of clusters)：指定聚类范围。可以在"开始聚类"文本框中输入在冰柱图中显示的聚类过程的起始步数，在"停止聚类"文本框中输入在冰柱图中显示的结束步数，在"排序标准"文本框中输入步数增量。例如，设置"开始聚类"为 2，"停止聚类"为 6，"排序标准"为 2。则生成的冰柱图从第二步开始，显示第二、第四、第六步聚类的情况。

● 无(None)：不生成冰柱图。

③ 方向(Orientation)：可选择垂直(Vertical)纵向显示冰柱图，也可选择水平(Horizontal)横向显示冰柱图。

(4) 单击"方法"(Method)按钮，弹出"系统聚类分析：方法"对话框，如图 9.64 所示。对话框中的命令用于设置聚类方法。

① 聚类方法(Cluster Method)：选择聚类方法，包括组之间的链接(Between-groups linkage)、组内的链接(Within-groups linkage)等七种具体方法。

② 测量(Measure)：选择距离的具体计算方法，分为区间(Interval，即等间隔测度的变量，一般为连续变量)、计数(Counts，一般为分类变量)、二分类(Binary，即二值变量)三种

情况。一般来说，只考虑连续变量的情况。连续变量对距离的计算方法有多种，其中，Pearson相关性距离(Pearson correlation)适用于 R 型聚类；而 Euclidean 距离(Euclidean distance)、平方 Euclidean 距离(Squared Euclidean distance)、余弦(Chebychev)、块(Block)等都适用于 Q型聚类。

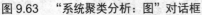

图 9.63　"系统聚类分析：图"对话框　　　图 9.64　"系统聚类分析：方法"对话框

③　转换值(Transform Values)：对数据进行标准化转换。

④　转换测量(Transform Measure)：对距离测量数据进行转换。

●　绝对值(Absolute Values)：转换为绝对值。

●　更改符号(Change sign)：更改数据的正负符号。

●　重新标度到 0-1 全距(Rescale to 0- 1 range)：将数据转换到 0～1 的范围内。

(5)　单击"保存"(Save)按钮，弹出"系统聚类分析：保存"对话框，如图 9.65 所示。对话框中的命令用于存储新变量。

通过"聚类成员"(Cluster membership)栏可设置存储变量。

①　无(None)：不生成新变量。

②　单一方案(Single solution)：确定固定的聚类数，将生成一个新变量，标记出每一个样本所属类别。此处定义为 2 类。

图 9.65　"系统聚类分析：
保存"对话框

③　方案范围(Range of solution)：确定一个聚类数的范围，将生成若干个新变量，表明聚为若干个类时每个个体聚类后所属的类。例如，范围为 2～4，则会生成 3 个变量，分别表示每一个样本在聚为 2 类、3 类、4 类时所属类别。

3. 结果解释

(1)　查看聚类步骤(如表 9.43 所示)，可以看到第一步是第 16 号样本与第 32 号样本聚到一类，第二步是 14 号样本与第 30 号样本聚到一类，依此类推。

表 9.43　聚类步骤

Agglomeration Schedule

Stage	Cluster Combined		Coefficients	Stage Cluster First Appears		Next Stage
	Cluster 1	Cluster 2		Cluster 1	Cluster 2	
1	16	32	.000	0	0	28
2	14	30	.000	0	0	32
3	13	29	.000	0	0	36
4	12	28	.000	0	0	25
5	11	27	.000	0	0	14
6	9	25	.000	0	0	17
7	8	24	.000	0	0	19
8	7	23	.000	0	0	15
9	6	22	.000	0	0	16
10	5	21	.000	0	0	21
11	20	34	.000	0	0	33
12	10	26	.000	0	0	18
13	19	33	.000	0	0	23
14	11	41	.000	5	0	20
15	7	37	.002	8	0	29
16	6	36	.002	9	0	38
17	9	39	.005	6	0	22
18	10	40	.008	12	0	22
19	8	38	.009	7	0	31
20	4	11	.010	0	14	24
21	5	35	.011	10	0	35
22	9	10	.035	17	18	28
23	1	19	.084	0	13	31
24	4	15	.089	20	0	27
25	2	12	.090	0	4	26
26	2	17	.278	25	0	30
27	4	31	.766	24	0	29
28	9	16	.826	22	1	38
29	4	7	1.295	27	15	34
30	2	3	1.576	26	0	33
31	1	8	1.629	23	19	40
32	14	18	2.232	2	0	34
33	2	20	2.383	30	11	35
34	4	14	3.472	29	32	37
35	2	5	3.683	33	21	36
36	2	13	4.265	35	3	37
37	2	4	5.862	36	34	39
38	6	9	6.297	16	28	39
39	2	6	10.550	37	38	40
40	1	2	19.404	31	39	0

图 9.66 所示的树形图能够更清晰直观地看到聚类的全过程。

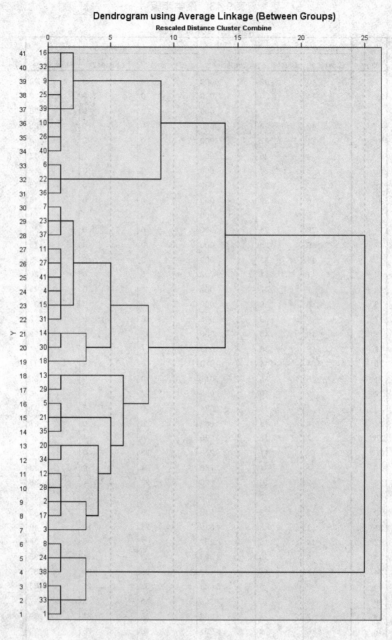

图 9.66　树形图

（2）　回到数据表，查看每一个样本所属类别聚类分析结果(如图 9.67 所示)，可以看到数据表中增加了一个新变量 CLU2_1，这个变量中的值即代表样本被聚的类别。

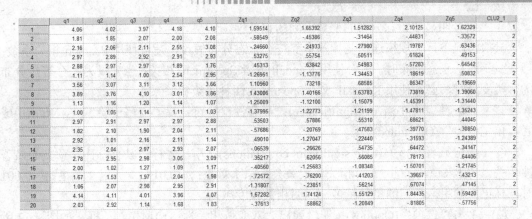

	q1	q2	q3	q4	q5	Zq1	Zq2	Zq3	Zq4	Zq5	CLU2_1
1	4.06	4.02	3.97	4.18	4.10	1.59514	1.65392	1.51282	2.10125	1.62329	1
2	1.81	1.85	2.07	2.00	2.08	-.58549	-.45386	-.31464	-.44831	-.33572	2
3	2.16	2.06	2.11	2.55	3.08	-.24660	-.24933	-.27980	.19787	.63436	2
4	2.97	2.89	2.92	2.91	2.93	.53275	.55754	.50511	.61824	.49153	2
5	2.88	2.97	2.97	1.89	1.76	.45313	.63842	.54983	-.57283	-.64542	2
6	1.11	1.14	1.00	2.54	2.95	-1.26951	-1.13776	-1.34453	.18619	.50832	2
7	3.56	3.07	3.11	3.12	3.66	1.10960	.73218	.68585	.86347	1.19669	2
8	3.89	3.76	4.10	3.01	3.86	1.43006	1.40166	1.63783	.73819	1.39060	1
9	1.13	1.16	1.20	1.14	1.07	-1.25009	-1.12100	-1.15079	-1.45391	-1.31440	2
10	1.00	1.05	1.14	1.11	1.03	-1.37995	-1.22773	-1.21199	-1.47811	-1.35243	2
11	2.97	2.91	2.97	2.97	2.88	.53503	.57886	.55310	.68621	.44045	2
12	1.82	2.10	1.90	2.04	2.11	-.57686	-.20769	-.47583	-.39770	-.30850	2
13	2.92	1.01	2.16	2.11	1.14	.49010	-1.27047	-.22440	-.31593	-1.24389	2
14	2.35	2.04	2.97	2.04	2.02	-.06524	-.26626	.54735	.64472	-.34147	2
15	2.78	2.95	2.98	3.05	3.09	.35217	.62056	.56085	.78173	.64406	2
16	2.00	1.02	1.27	1.09	1.17	-.40560	-1.25683	-1.08348	-1.50701	-1.21745	2
17	1.67	1.53	1.97	2.04	1.98	-.72572	-.76200	-.41203	-.39657	-.43213	2
18	1.06	2.07	2.98	2.95	2.91	-1.31807	-.23851	.56214	.67074	.47145	2
19	4.14	4.11	4.01	3.96	4.07	1.67282	1.74124	1.55129	1.84435	1.59420	1
20	2.03	2.92	1.14	1.68	1.83	-.37613	.58862	-1.20849	-.81805	-.57756	2

图 9.67 系统聚类分析数据结果

9.6 相 关 分 析

在现实生活中，多个事件或者事物的多个属性总是相互联的，为探讨事物间或者变量间的相关关系，采用相关分析，其相关方向以及相关程度用相关系数表示。相关关系不能证明因果，因为变量 X 和变量 Y 之间存在相关关系，可能是因为因果关系(例如 X 导致了 Y，或者 Y 导致了 X)，但也可能是伴随关系(即 X 和 Y 之间存在着某些复杂的公共因素所致)。

9.6.1 线性相关分析

1. 线性相关分析的适用条件

(1) 样本必须来自总体的随机样本，而且样本必须相互独立。

(2) 变量中的极端值会对相关系数有较大影响，进行相关分析前应先查看极端值情况。如果有，应将其删除或者替换。

案例：考查学生五门成绩的相关程度，X1～X5 分别代表学生的物理、化学、英语、数学、语文成绩。

------

2. 在 SPSS 中执行线性相关分析

(1) 选择"分析"(Analyze)→"相关"(Correlate)→"双变量"(Bivariate)菜单命令，弹出"双变量相关性"对话框，将需要进行相关分析的变量 X1～X5 选入"变量"(Variables)列表框中，如图 9.68 所示。

① 相关系数(Correlation Coefficients)：选择相关系数的不同计算方法并做显著性检验。

● Pearson：Pearson 积差相关，适用于检验都为正态分布的连续变量之间的相关性。

● Kendall's tau-b：Kendall tau-b 等级相关，对数据分布没有严格要求，适用于检验分类变量之间的相关性。

● Spearman：spearman 等级相关，对数据分布没有严格要求，适用于检验分类变量或者明显非正态分布的变量之间的相关性。

一般情况下，大规模连续变量基本都符合正态分布假设，适合使用 Pearson 相关系数；当变量不服从正态分布时，适合使用 Kendall 或者 Spearman 相关；当变量为完全等级分布的分类变量时，必须使用 Kendall 或者 Spearman 两种等级相关系数。

② 显著性检验(Test of significance)：显著性检验可选择"双尾检验"(Two-tailed)或者"单尾检验"(One-tailed)。

③ 标记显著性相关(Flag significant correlations)：用星号标记具有统计学意义的显著性相关。一般来说，$p<0.05$ 时，相关系数旁会标记 1 颗星；$p<0.01$ 时，标记 2 颗星；$p<0.001$ 时，标记 3 颗星。标记的星号越多，说明相关程度越高。

(2) 单击"选项"(Options)按钮，弹出"双变量相关性：选项"对话框，如图 9.69 所示。对话框中的命令用于设置相关分析的选项。

图 9.68 "双变量相关性"对话框

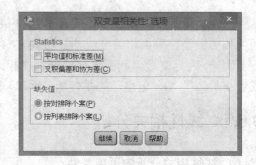

图 9.69 "双变量相关性：选项"对话框

① Statistics：统计量。

● 平均值和标准差(Means and standard deviations)：每个变量的均值和标准差。

● 叉积偏差和协方差(Cross-product deviations and covariances)：各对变量的离差平方和、协方差矩阵。

② 缺失值(Missing Values)：缺失值处理。

● 按对排除个案(Exclude cases pairwise)：成对删除，只删除统计分析的变量中缺失的数据，含有缺失值的被试的其他数据不受影响。

● 按列表排除个案(Exclude cases listwise)：成列删除，含有缺失值的被试的所有数据都被删除。

3. 结果解释

查看相关分析的结果，如表 9.44 所示。

(1) 查看两个变量之间的相关程度，一般有以下两种方式。

① 相关系数的显著性检验结果，一般来说，$p<0.05$ 时，说明两个变量之间存在统计学意义的显著性相关，P 越小，两个变量的相关程度越高。但是，显著性检验容易受样本量的影响，当样本量较大的时候(如超过 1000 人)，即使是微弱的相关关系也有可能导致统

计学意义的显著。

表 9.44　相关分析结果

Correlations

		X1	X2	X3	X4	X5
X1	Pearson Correlation	1	.840**	.883**	.713**	.673**
	Sig. (2-tailed)		.000	.000	.000	.000
	N	41	41	41	41	41
X2	Pearson Correlation	.840**	1	.857**	.742**	.773**
	Sig. (2-tailed)	.000		.000	.000	.000
	N	41	41	41	41	41
X3	Pearson Correlation	.883**	.857**	1	.807**	.736**
	Sig. (2-tailed)	.000	.000		.000	.000
	N	41	41	41	41	41
X4	Pearson Correlation	.713**	.742**	.807**	1	.914**
	Sig. (2-tailed)	.000	.000	.000		.000
	N	41	41	41	41	41
X5	Pearson Correlation	.673**	.773**	.736**	.914**	1
	Sig. (2-tailed)	.000	.000	.000	.000	
	N	41	41	41	41	41

**. Correlation is significant at the 0.01 level (2-tailed).

②　查看相关系数 r 的大小。相关系数 r 在 $-1 \sim +1$ 之间。绝对值越大，说明两个变量之间的相关程度越高。一般来说，$|r| > 0.95$ 说明两个变量之间存在非常显著的相关；$|r| \geqslant 0.8$ 说明两个变量之间高度相关；$0.5 \leqslant |r| < 0.8$ 说明两个变量中度相关；$0.3 \leqslant |r| < 0.5$ 说明两个变量低相关；$|r| < 0.3$ 说明两个变量关系极弱，认为不相关。

(2)　确定两个变量的相关程度后，查看两者的相关方向。相关系数的正负代表两个变量相关性的方向，正相关代表两个变量同增或同减；负相关代表一个变量增时，另一个变量减，反之亦然。

本例中所有变量两两之间都存在显著性的正相关。

9.6.2　偏相关分析

实际问题中，变量之间的相关关系可能被其他因素所影响。偏相关分析，就是在研究两个或多个变量之间的线性相关关系时，控制可能对其产生影响的其余变量，因此也被称为净相关分析。

1. 偏相关分析的适用条件

(1)　要进行偏相关分析的所有变量必须符合正态分布。

(2)　符合线性相关分析的所有使用前提。

案例：考查学生物理、化学、英语成绩的相关程度，排除数学和语文成绩的影响。X1～X5 分别代表学生的物理、化学、英语、数学、语文成绩。

---

2. SPSS 中执行偏相关分析

(1)　选择"分析"(Analyze)→"相关"(Correlate)→"偏相关"(Partial)菜单命令，弹出"偏相关"对话框，如图 9.70 所示。

①　选择分析变量和控制变量，将需要进行偏相关分析的所有变量 X1、X2、X3 选入

"变量(Variables)"列表框中，需要被控制的变量 X4 和 X5 选入"控制(Controlling for)"列表框中。

② 显著性检验(Test of significance)：显著性检验选择"双尾检验"(Two-tailed)或者"单尾检验"(One-tailed)。

③ 显示实际显著性水平(Display actual significance level)：在结果中会显示出显著性检验的 P 值。

(2) 单击"选项"(Options)按钮，弹出"偏相关性：选项"对话框，如图 9.71 所示。对话框中的命令用于设置偏相关分析的选项。

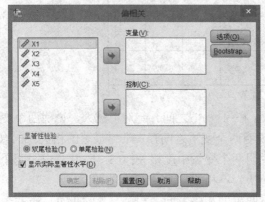 

图 9.70 "偏相关"对话框   图 9.71 "偏相关性：选项"对话框

① Statistics：统计量。

● 平均值和标准差(Means and standard deviations)：输出每个变量的均值和标准差。

● 零阶相关系数(Zero-order correlation)：输出包括控制变量在内的所有变量的相关矩阵。

② 缺失值(Missing Values)：缺失值处理，与线性相关分析方法一致。

3. 结果解释

查看偏相关分析的结果(如表 9.45 所示)，结果解释方法与线性相关分析完全一致。可以看到，排除数学和语文的影响后，学生的物理、化学、英语成绩仍然存在较高的相关性。

表 9.45 偏相关分析结果

Correlations

Control Variables			X1	X2	X3
X4 & X5	X1	Correlation	1.000	.680	.745
		Significance (2-tailed)	.	.000	.000
		df	0	37	37
	X2	Correlation	.680	1.000	.699
		Significance (2-tailed)	.000	.	.000
		df	37	0	37
	X3	Correlation	.745	.699	1.000
		Significance (2-tailed)	.000	.000	.
		df	37	37	0

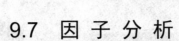

9.7　因 子 分 析

一般来说，数据分析时采集到的变量越多，研究就越接近事实真相；但另一方面，变量的增加一定程度上会让观测指标变得庞杂而混乱。因此，人们希望能够将原始的众多观测变量进行简化，探索出数据的内部结构，用较少的指标来替代原来较多的观测变量，同时能反映原有的大部分信息。于是就产生了因子分析这一方法。

具体来说，因子分析(Factor Analysis)就是在信息损失最小化的前提下，用少数几个因子来代替原来的众多变量，即将相关比较密切的几个变量归到同一类，每一类变量就称为一个因子(Factor)。因子是不可观测的，并非具体的测量变量，因此也被称为"潜变量"。

1. 因子分析的适用条件

(1)　样本量。

①　每个因子最好超过 4 个观测变量。

②　样本量至少为 50，最好超过 100。

③　样本量与变量数的比值至少为 5∶1，最好超过 10∶1。例如，对 10 个观测变量进行因子分析，最好有超过 100 个样本的数据。

(2)　因子分析的最重要假设是多个观测变量存在潜在的维度或内部结构，因此进行因子分析之前，需要有理论基础支持这一假设。同时，因为因子分析不存在因变量和自变量，因此不能将存在因果关系假设的因变量、自变量同时放到一个因子中。

(3)　进行因子分析的多个变量之间必须存在足够的相关性才能产生因子。通常用三种统计学办法进行检验。

①　相关矩阵检验：所有变量之间的相关性都需要超过 0.3；如果没有，则要删除相关度较低的变量。

②　Bartlett 球形检验(Bartlett test of sphericity)：检验达到显著，即 sig<0.05；如果不显著，则不适合进行因子分析。

③　MSA 检验：通过 KMO 检验总体的样本适用性(measure of sampling adequacy, MSA)，KMO 值为 0～1，总体要求大于 0.5。如果小于 0.5，就要使用 Anti-image Correlation 检验每一个变量的 MSA 值，逐次删除 MSA 小于 0.5 的变量；每次删除一个 MSA 值最小的变量，直到总体 KMO 值大于 0.5。

案例：X1～X15 是一个测量量表的 15 道题，对这 15 道题进行降维，提取公共因子。

---

2. 在 SPSS 中执行因子分析

(1)　选择"分析"(Analyze)→"降维"(Data Reduction)→"因子分析"(Factor)菜单命令，弹出如图 9.72 所示的对话框，将需要进行因子分析的变量 X1～X15 选入"变量"(Variables)列表框中。

(2)　单击"描述"(Descriptives)按钮，弹出"因子分析：描述统计"(Factor Analysis:Descriptives)对话框，如图 9.73 所示。对话框中的命令主要是对变量进行描述性统计和相关矩阵分析的设置。

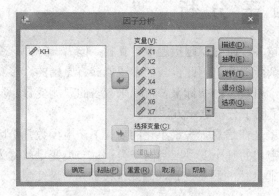

图9.72 "因子分析"对话框

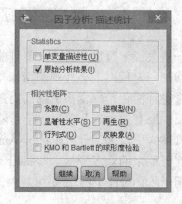

图9.73 "因子分析：描述统计"对话框

① Statistics：统计量。

- 单变量描述性(Univariate descriptives)：计算每一个变量的平均数、标准差。
- 原始分析结果(Initial solution)：初始解决方案的统计量，即计算因子分析未转轴时的共同度、特征值、变异数百分比及累积百分比。

② 相关性矩阵(Correlation Matric)：包括以下七项内容。

- 系数(Coefficients)：显示所有变量之间的两两相关矩阵。
- 显著性水平(Significance levels)：计算相关矩阵的显著性水平。
- 行列式(Determinant)：计算相关矩阵的行列式值。
- KMO与Bartlett的球形度检验(KMO and Bartlett's test of sphericity)：计算KMO值，检验总体的样本适用性以及Bartlett球形检验的结果。
- 逆模型(Inverse)：倒数模式，计算相关矩阵的反矩阵。
- 再生(Reproduced)：重制矩阵，给出因子分析后的相关矩阵及残差，上三角形矩阵代表残差值，主对角线及下三角形代表相关系数。
- 反映象(Anti-image)：即计算反映像的共变量及相关矩阵，主对角线上的值代表每一个变量的MSA值。

(3) 单击"抽取"(Extraction)按钮，弹出"因子分析：抽取"对话框，如图9.74所示。对话框中的命令主要是对因子分析中因子的抽取选项进行设置。

① 方法(Method)：下拉列表框用于选择因子抽取的方法，包括主成分(Principal components)分析法、未加权最小平方法(Unweighted least squares)等七种方法。其中，主成分分析法最常用。

② 分析(Analyze)：具体包括以下两项内容。

- 相关性矩阵(Correlation matrix)：以相关矩阵来抽取因子。
- 协方差矩阵(Covariance matrix)：以协方差矩阵来抽取因子。

③ 输出(Display)：具体包括以下两项内容。

- 未旋转的因子解(Unrotated factor solution)：未旋转因子解决方案，即显示未转轴时因子负荷量、特征值及共同度。
- 碎石图(Scree plot)：显示一条根据每个因子的特征值绘出的曲线。

④　抽取(Extract)：具体包括以下两项内容。

● 基于特征值(Based on Eigenvalue)：表示基于特征值的大小抽取因子个数。"特征值大于"(Eigenvalues greater than)默认值为 1，表示因子抽取时，只抽取特征值大于 1 的因子。

● 因子的固定数量(Fixed number of factors)：表示自定义抽取因子的个数。在"要提取的因子"(Factors to extract)文本框内填写自定义的因子个数。

⑤　最大收敛性迭代次数(Maximum Iterations for Convergence)：执行因子分析的最大迭代次数，默认值为 25。

(4)　单击"旋转"(Rotation)按钮，弹出"因子分析：旋转"对话框，如图 9.75 所示。对话框中的命令主要用于设置因子分析的转轴。因子分析的假设是提取的所有因子两两正交，也就是说所有因子之间彼此不相关，但实际上提取的因子可能存在相关性。通过转轴可实现因子的相关。正交转轴状态下，所有的因子间彼此没有相关；但斜交转轴情况下，因子之间存在一定的相关性。

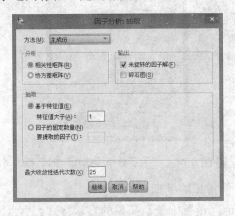

图 9.74　"因子分析：抽取"对话框

图 9.75　"因子分析：旋转"对话框

①　方法(Method)：具体包括以下几项内容。

● 无(None)：不需要转轴。

● 最大方差法(Varimax)：属正交转轴法之一。

● 最大四次方值法(Quartimax)：属正交转轴法之一。

● 最大平衡值法(Equamax)：属正交转轴法之一。

● 直接 Oblimin 方法(Direct Oblimin)：直接斜交转轴法，属斜交转轴法之一。

● Promax：Promax 转轴法，属斜交转轴法之一。

②　输出(Display)：具体包括以下两项内容。

● 旋转解(Rotated solution)：转轴后的因子解决方法，即显示转轴后的相关结果。其中，正交转轴显示因子组型矩阵及因子转换矩阵；斜交转轴显示因子组型矩阵、因子结构矩阵和因子相关矩阵。

● 载荷图(Loading plots)：绘出因子负荷量的图形。

③　最大收敛性迭代次数(Maximum Iterations for Convergence)：执行转轴后的因子分析的最大迭代次数，默认值为 25。

(5) 单击"得分"(Scores)按钮，弹出"因子分析：因子得分"(Factor Analysis:Factor Score)对话框，如图 9.76 所示。对话框中的命令主要用于设置因子分数。

① 保存为变量(Save as variables)：将因子分数存储成变量，默认的新变量名称为 fact_1、fact_2、fact_3 等。

② 方法(Method)：计算因子分数的方法，包括回归、Bartlett、Anderson-Robin。

③ 显示因子得分的系数矩阵(Display factor score coefficient matrix)：输出因子分数的系数矩阵表格。

(6) 单击"选项"(Options)按钮，弹出"因子分析：选项"对话框，如图 9.77 所示。对话框中的命令主要是对因子分析的选项进行设置。

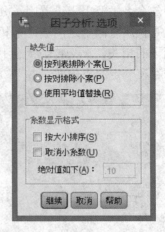

图 9.76 "因子分析：因子得分"对话框   图 9.77 "因子分析：选项"对话框

① 缺失值(Missing Values)：设置三种缺失值常见的处理方法。

② 系数显示格式(Coefficient Display Format)：设置因子负荷量的显示格式。

● 按大小排序(Sorted by size)：依据因子负荷量的大小排序。

● 取消小系数(Suppress small coefficients)：不显示因子负荷量小的因子，在"绝对值如下"(absolute value below)文本框输入数值，因子负荷量小于这一数值者不被显示，默认值为 0.1。

3. 结果解释

(1) 检验因子分析的假设，即检测 MSA 值(即 KMO 值)以及 Bartlett's test of Sphericity 是否显著，如表 9.46 所示。

表 9.46 球形检验结果

KMO and Bartlett's Test

Kaiser-Meyer-Olkin Measure of Sampling Adequacy.		.693
Bartlett's Test of Sphericity	Approx. Chi-Square	932400.695
	Df	105
	Sig.	.000

如表 9.46 所示，KMO 值为 0.693，大于 0.5；同时，Bartlett 球形检验结果 sig<0.05，

达到显著，适合进行因子分析。

(2) 查看共同度，如表 9.47 所示。

表 9.47 共同度结果

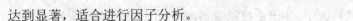

Communalities

	Initial	Extraction
X1	1.000	.950
X2	1.000	.936
X3	1.000	.756
X4	1.000	.981
X5	1.000	.982
X6	1.000	.985
X7	1.000	.984
X8	1.000	.894
X9	1.000	.975
X10	1.000	.974
X11	1.000	.971
X12	1.000	.975
X13	1.000	.941
X14	1.000	.971
X15	1.000	.986

Extraction Method: Principal
Component Analysis.

共同度是指某个变量被所有共同因子解释的变异百分比，具体的值为变量与共同因子间多元相关的平方。共同度的数值介于 0~1，体现的是某个原始变量与共同因子间的相关性。值越大，说明原始变量被共同因子解释的程度越大。一般来说，共同度应该要大于 0.5。表 9.47 说明所有变量的共同度较好。

(3) 确定因子个数及相应的特征根值，如表 9.48 所示。

表 9.48 因子个数及特征根值

Total Variance Explained

Component	Initial Eigenvalues			Extraction Sums of Squared Loadings		
	Total	% of Variance	Cumulative %	Total	% of Variance	Cumulative %
1	12.278	81.855	81.855	12.278	81.855	81.855
2	1.984	13.223	95.078	1.984	13.223	95.078
3	.345	2.303	97.381			
4	.169	1.129	98.510			
5	.092	.611	99.121			
6	.050	.331	99.452			
7	.030	.202	99.654			
8	.018	.122	99.775			
9	.014	.093	99.868			
10	.009	.063	99.931			
11	.004	.030	99.960			
12	.004	.025	99.986			
13	.001	.010	99.996			
14	.001	.004	100.000			
15	2.782E-5	.000	100.000			

Extraction Method: Principal Component Analysis.

表 9.48 显示：经过因子分析，一共计算出 15 个因子，但是只有前两个因子的特征值

大于 1，说明最终共提取了两个共同因子。由表中可以看到，第一个因子的特征值为 12.278，解释了所有变量的 81.855%；第二个因子的特征值为 1.984，解释了所有变量的 13.223%。提取的这两个因子累计解释了所有变量的 95.078%。

(4) 检查变量在不同因子上的载荷，如表 9.49 所示。

表 9.49　因子载荷结果

Component Matrix[a]

	Component	
	1	2
X1	.830	.511
X2	.882	.398
X3	-.553	.671
X4	.983	.122
X5	.918	.373
X6	.965	.231
X7	.984	.124
X8	.808	-.490
X9	-.969	.192
X10	.877	.452
X11	.973	-.153
X12	.986	.059
X13	.941	-.235
X14	.870	-.463
X15	-.935	.335

Extraction Method: Principal
Component Analysis.
a. 2 components extracted.

从表 9.49 可以看到每一个变量分别在两个因子上的载荷。值的绝对值越大，说明某个因子对这一变量的解释率越高。可以看到，只有 X3 在第二个因子上的载荷大于第一个因子，说明只有 X3 属于第二个因子，而其余变量都属于第一个因子。

一般来说，变量在因子上的载荷大于 0.4，说明变量能够很好地被这一因子解释。表中的 X2、X4、X5、X6、X7、X9、X11、X12、X13、X15 在第一个因子上的载荷都大于 0.4，在第二个因子上的载荷都小于 0.4，说明这些变量属于第一个因子。而其余几个变量在两个因子上的载荷都大于 0.4，说明这些变量对两个因子都有一定程度的贡献。从严格意义上讲，需要重新检查这几个变量的题目是否存在歧义，导致存在多维度，方法是删除部分不适合的变量，或者转轴后重新进行因子分析。

第 10 章　数据挖掘实验

为了广大读者更好地掌握 SQL Server 和 SPSS 的数据挖掘相关知识，提高广大读者的实践能力，本章对关联规则、聚类、贝叶斯方法及 SPSS 基本数据管理、数据转换、均值比较与回归分析、聚类、相关、因子分析等进行的介绍。

10.1　SQL Server 2012 数据挖掘实验

10.1.1　实践关联规则挖掘方法

1. 实验目的

在本实验中，将学习如何在 SSDT-BI 开发环境中创建新的 Analysis Services 数据库、添加数据源和数据源视图、创建关联挖掘结构、处理关联挖掘模型、浏览市场篮关联挖掘模型。

2. 实验要求

(1) 实验前：预习实验内容，学习相关知识。

(2) 实验中：按照实验内容要求进行实验；实验时注意挖掘算法参数含义，做好实验记录。

(3) 实验后：分析实验结果，总结实验知识，得出结论，按格式写出实验报告。

(4) 在整个实验过程中，要独立思考、独立按时完成实验任务，不懂的要虚心向教师或同学请教。

(5) 要求按指定格式书写实验报告，且报告中应反映出本次实验的总结，下次实验前交实验报告。

3. 实验的重点与难点

1) 重点

(1) 要确保将 OrderNumber 列从 vAssocSeqLineItems 嵌套表拖到 vAssocSeqOrders 事例表中，前者代表连接的多方，后者代表连接的一方。

(2) 如果遇到 vAssocSeqLineItems 不能用作嵌套表的错误，请返回本实验中的添加数据源视图，并确保通过从 vAssocSeqLineItems 表(多端)拖到 vAssocSeqOrders 表(一端)来创建多对一连接。还可以通过右击连接线来编辑这两个表之间的关系。

(3) Analysis Services 提供的用来测试模型准确性的方法(如提升图和交叉验证报告)旨在进行分类和估计。关联预测不支持这些方法。

2) 难点

(1) 关联模型算法模型中参数的调整。

(2) 预测 SQL 中的 DMX 语句。

(3) 更改预测查询的条件。

4. 仪器设备及用具

硬件：投影仪，每位同学分配一台 PC。

软件：Microsoft SQL Server 2012、Microsoft SQL Server Data Tools、AdventureWorks DW2012 示例数据库。

5. 教学过程

1) 实验预习

学习和理解关联规则模型的相关理论知识。

2) 实验原理

在 SSDT-BI 开发环境中，创建数据源、创建数据源视图、创建挖掘结构、处理和浏览关联规则挖掘模型。

3) 实验内容

(1) 添加数据源视图。

① 在解决方案资源管理器中，右击"数据源视图"，然后选择"新建数据源视图"，系统将打开"数据源视图向导"窗口。

② 在"欢迎使用数据源视图向导"页中，单击"下一步"按钮。

③ 在"选择数据源"界面的"关系数据源"下方，选择 6.6 节中创建的 Adventure Works DW2012 数据源，单击"下一步"按钮。在"选择表和视图"界面，选择可用对象中的 vAssocSeqOrders 和 vAssocSeqLineItems，放入包含的对象，如图 10.1 所示。

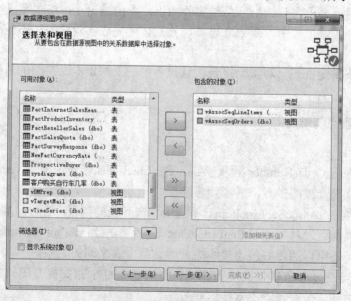

图 10.1 "选择表和视图"界面

④ 单击"下一步"按钮。

⑤ 在"完成向导"界面，系统默认将数据源视图命名为 Adventure Works DW2012。将此名称更改为 Orders，然后单击"完成"按钮。数据源视图设计器随即打开，并且 Orders 数据源视图将出现。

(2) 创建表之间的关系。

① 在数据源视图设计器中，定位 vAssocSeqLineItems 表和 vAssocSeqOrders 表，使其水平对齐，并且 vAssocSeqLineItems 表在左，vAssocSeqOrders 表在右。

② 选择 vAssocSeqLineItems 表中的 OrderNumber 列。

③ 将该列拖到 vAssocSeqOrders 表中，并将其放到第二列 OrderNumber 列上。

④ vAssocSeqLineItems 表和 vAssocSeqOrders 表之间现在存在一种新的多对一关系。如果已正确连接表，则数据源视图应如图 10.2 所示。

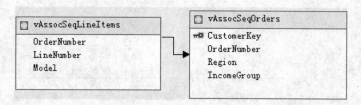

图 10.2 创建表之间的关联

(3) 创建市场篮结构和模型。

现在已经创建了一个数据源视图，我们将使用数据挖掘向导创建一个新的挖掘结构。在本实验中，我们将创建基于 Microsoft 关联算法的挖掘结构和挖掘模型。

(4) 创建关联挖掘结构。

① 在 SSDT-BI 的解决方案资源管理器中，右击"挖掘结构"，选择"新建挖掘结构"以打开数据挖掘向导。

② 在"欢迎使用数据挖掘向导"界面，单击"下一步"按钮。

③ 在"选择定义方法"界面，确保已选中"从现有关系数据库或数据仓库"选项后单击"下一步"按钮。

④ 在"创建数据挖掘结构"界面的"您要使用何种数据挖掘技术"下，选中列表中的"Microsoft 关联规则"后单击"下一步"按钮，"选择数据源视图"界面随即显示。

⑤ 在"可用数据源视图"下选择 Orders 后单击"下一步"按钮。

⑥ 在"指定表类型"界面，在 vAssocSeqLineItems 表的对应行中选中"嵌套"复选框，在 vAssocSeqOrders 表的对应行中选中"事例"复选框，如图 10.3 所示，单击"下一步"按钮。

⑦ 在"指定定型数据"界面，先清除任何可能处于选中状态的复选框。通过选中 OrderNumber 旁边的"键"复选框，为事例表 vAssocSeqOrders 设置键。由于市场篮分析的目的在于确定单个交易中包括哪些产品，因此，不必使用 CustomerKey 字段，通过选中 Model 旁边的"键"复选框，为嵌套表 vAssocSeqLineItems 设置键。当我们这样操作后，会自动选中"输入"复选框。对于"模型"也选中"可预测"复选框。选中 IncomeGroup 和 Region 左侧的复选框，但是不进行任何其他选择。这些列将添加到结构中以供日后参考，

但是不会用在模型中。选择完成后应如图 10.4 所示。

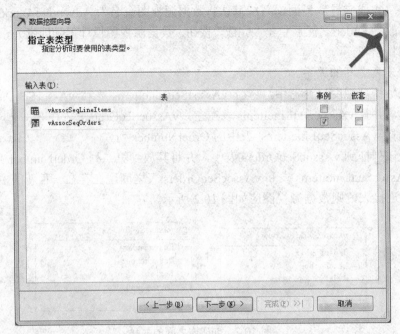

图 10.3 "指定表类型"界面

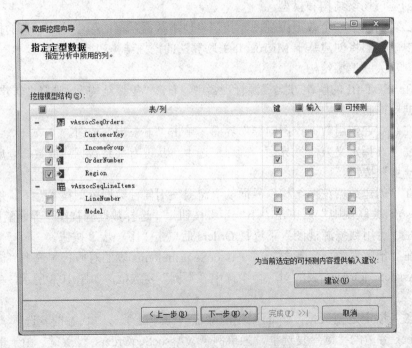

图 10.4 "指定定型数据"界面

⑧ 单击"下一步"按钮,在"指定列的内容和数据类型"界面,查看我们选择的内容,结果如表 10.1 所示。

表 10.1　定型数据取值

列	内容类型	数据类型
IncomeGroup	Discrete	Text
Order Number	Key	Text
Region	Discrete	Text
vAssocSeqLineItems		
Model	Key	Text

⑨　单击"下一步"按钮，在"创建测试集"界面，"测试数据百分比"选项的默认值为 30%，请将该选项更改为 0。

⑩　单击"下一步"按钮，在"完成向导"界面的"挖掘结构名称"中输入 Association。

⑪　在"挖掘结构名称"中，输入 Association。

⑫　选中"允许钻取"复选框，如图 10.5 所示，然后单击"完成"按钮。系统将打开数据挖掘设计器，显示刚刚创建的 Association 挖掘结构。

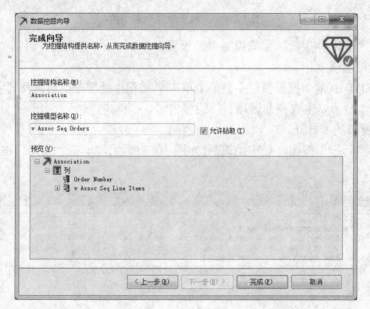

图 10.5　"完成向导"界面

(5)　修改和处理市场篮模型。

在处理创建的 Association 挖掘模型之前，必须更改以下两个参数的默认值：Support 和 Probability。两个参数的含义，我们在 7.4.3 节中做过详细的介绍。定义 Association 挖掘模型的结构和参数后，我们再处理该关联规则模型。

(6)　调整 Association 模型的参数。

①　打开数据挖掘设计器的"挖掘模型"选项卡。

②　右击设计器的网格中的 Microsoft_Association_Rules 列，然后选择"设置算法参数"以打开"算法参数"对话框。

③ 在"算法参数"对话框的"值"列中，设置 MINIMUM_PROBABILITY = 0.1、MINIMUM_SUPPORT = 0.01 参数，如图 10.6 所示。

图 10.6 "算法参数"对话框

④ 单击"确定"按钮，完成模型参数设置。

(7) 处理挖掘模型。

① 在 SSDT-BI 的"挖掘模型"菜单上单击 按钮，处理挖掘结构及其所有相关模型。

② 看到"是否要生成和部署项目"的警告时，请单击"是"按钮。"处理挖掘结构 - Association"窗口随即打开。

③ 单击"运行"按钮，处理结束后(如图 10.7 所示)，单击"关闭"按钮，关闭"处理进度"界面。

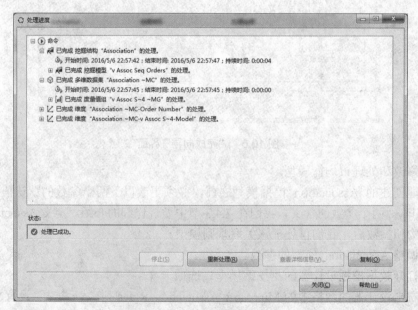

图 10.7 "处理进度"界面

(8) 浏览市场篮模型。

因为已经建立了关联规则模型，我们可以使用数据挖掘设计器的"挖掘模型查看器"选项卡中的 Microsoft 关联规则查看器浏览该模型。本实验指导读者使用查看器来浏览各项之间的关系。查看器可以帮助读者快速查看哪些产品通常会一起出现，并且大致了解出现的模式。Microsoft 关联规则查看器包含"规则""项集"和"依赖关系网络"三个选项卡。由于每个选项卡显示的数据视图略有差异，因此在浏览某个模型时，读者通常会在不同界面之间多次来回切换，以便深入了解数据。

在此实验中，我们将从"依赖关系网络"选项卡开始学习，然后使用"规则"和"项集"选项卡来对查看器中显示的关系进行深入了解。我们还将使用 Microsoft 一般内容树查看器来检索各个规则或项集的详细统计信息。

(9) "依赖关系网络"选项卡。

使用"依赖关系网络"选项卡，可以研究模型中不同项的交互。查看器中的每个节点代表一个项，而节点之间的线条则代表规则。通过选择节点，可以查看哪些其他节点预测选定项，还可以查看当前项预测哪些项。在某些情况下，项之间存在双向关联，这意味着它们可以出现在同一事务中。读者可以参考选项卡底部的颜色图例来确定关联的方向。

连接两个项的线条意味着这些项很可能共同出现在同一事务中。也就是说，客户很可能一起购买这些物品。上下移动滑块可以筛选出弱关联，弱关联意味着这些规则的概率很低，滑块越往下，关联越强。

依赖关系网络图显示了成对规则，这些规则在逻辑上可以用 A→B 表示，意思是如果购买了产品 A，就很可能购买产品 B。该图不能显示类型 AB→C 的规则。如果你们移动滑块来显示所有规则，但仍未在图中看到任何线条，则意味着没有成对规则满足算法参数的条件。还可以通过输入属性名称的前几个字母，按名称查找节点，如图 10.8 所示。

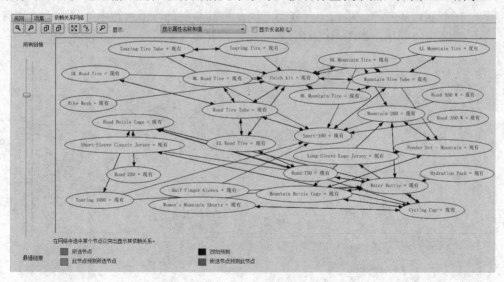

图 10.8 "依赖关系网络"界面

(10) 导航依赖关系图和查找特定节点。

① 多次单击"放大"按钮，直至可以轻松地查看每个节点的标签。在默认情况下，

该图会以所有节点都可见这种形式显示。复杂模型中可能有很多节点，使得每个节点都显得很小。

② 单击查看器右下角的"+"符号，并按住鼠标在该图上平移。

③ 在查看器的左侧，向下拖动滑块，将其从"所有链接"移至滑块控件的底部。

④ 查看器更新该图，只显示最强的关联，也就是 Touring Tire 和 Touring Tire Tube 项之间的关联。

⑤ 单击标记为"Touring Tire Tube = 现有"的节点。该图进行更新，只突出显示与此项紧密相关的项。请注意两个项之间箭头的方向，如图 10.9 所示。

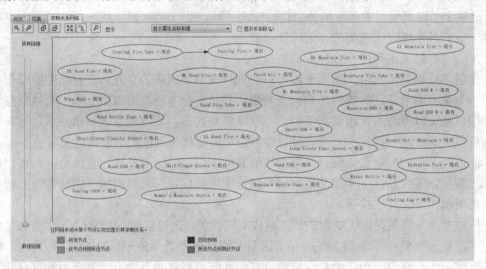

图 10.9 最强链接结果

⑥ 在查看器的左侧，重新向上拖动滑块，将其从底部移至大约中间位置。请注意连接两个项的箭头的变化，如图 10.10 所示。

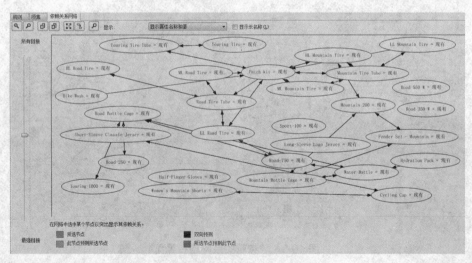

图 10.10 中等链接结果

⑦ 从"依赖关系网络"界面顶部的下拉列表中选择"仅显示属性名称"选项。图中

的文本标签会更新为仅显示模型名称，请读者自行尝试。

(11) "项集"选项卡。

接下来，读者将更加详细地了解 Touring Tire 和 Touring Tire Tube 产品的模型所生成的规则和项集。"项集"选项卡显示三种重要信息，这些信息与 Microsoft 关联规则算法发现的项集相关。

① 支持：其中出现项集的事务数。

② 大小：项集中的项数。

③ 项：每个项集中包含的项的列表。

根据算法参数的设置方式，算法可能生成多个项集。查看器中返回的每个项集都代表销售该项的事务。使用"项集"选项卡上方的控件，可以筛选查看器以仅显示包含指定的最小支持度和项集大小的项集。

如果读者使用不同的挖掘模型，并且没有列出项集，则原因在于没有项集满足算法参数的条件。在这种情况下，可以更改算法参数，以允许具有较低支持的项集。

(12) 按名称筛选在查看器中显示的项集。

① 切换到查看器的"项集"选项卡。

② 在"筛选项集"框中，输入 Touring Tire，然后在框外部单击。筛选器返回所有包含此字符串的项，如图 10.11 所示。

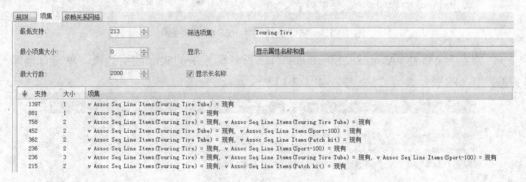

图 10.11　筛选项集结果

③ 在"显示"列表中，选择"仅显示属性名称"。

④ 选中"显示长名称"复选框，项集列表会更新为仅显示包含字符串 Touring Tire 的项集。项集的长名称包括了表的名称，而表名称包含每个项的属性和值。

⑤ 清除"显示长名称"复选框，项集的列表会更新为仅显示短名称。

"支持"列中的值指示每个项集的事务的数量。项集的事务表示该购买包括项集中的所有项。在默认情况下，查看器按支持的降序列出项集。可以单击列标题，按不同列(例如项集大小或名称)进行排序。如果读者有兴趣了解关于包括在项集中的各个事务的更多信息，可以选中项集，右击钻取到各个事例。

(13) 查看项集的详细信息。

① 在项集的列表中，单击"项集"列标题按名称进行排序。

② 查找支持度为 1397 的 Touring Tire 项。

③ 右击 Touring Tire，选择"钻取"，然后选择"模型和结构列"。"钻取"对话框

显示用作此项集的支持的各个事务，如图 10.12 所示。

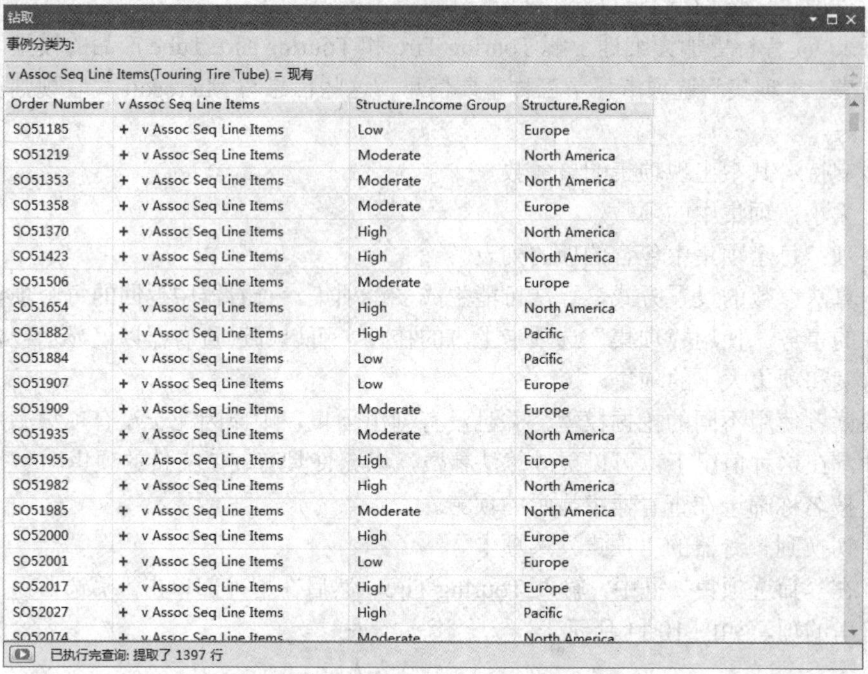

图 10.12　钻取支持度为 1397 项集结果

④　展开嵌套表 vAssocSeqLineItems 可以查看事务中的实际购买列表，单击订单编号为 SO51185 的嵌套表前 "+" 号，如图 10.13 所示。

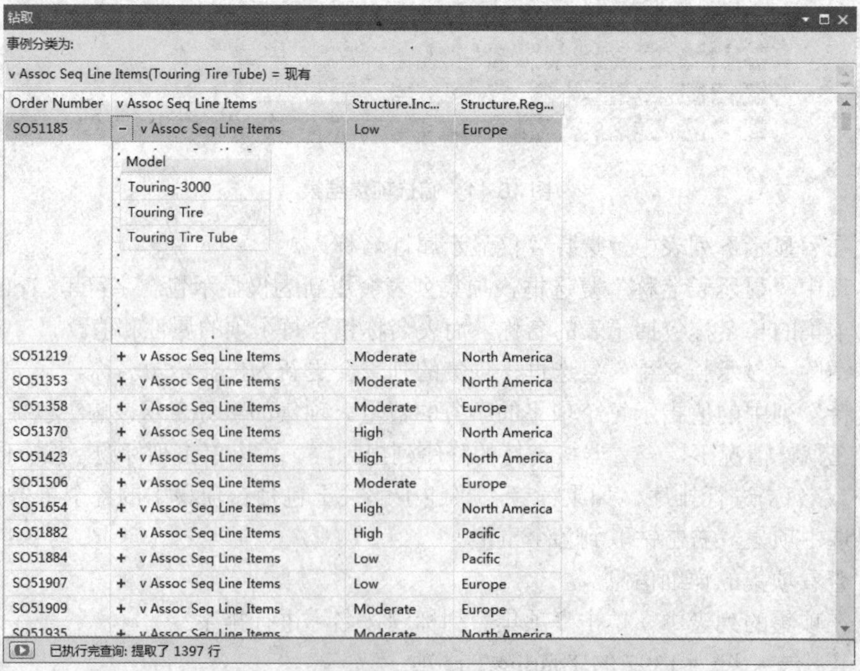

图 10.13　钻取订单编号为 SO51185 的实际购买结果

(14) 按支持或大小筛选项集。

① 先清除"筛选项集"框中可能包含的任何文本，这是因为文本筛选器和数值筛选器不能一起使用。

② 在"最低支持"框中输入 300，然后单击查看器的背景。项集的列表会更新为仅显示支持最低达到 300 的项集。

(15) "规则"选项卡。

"规则"选项卡显示与算法发现的规则相关的以下信息。

① 概率：规则的"可能性"，定义为在给定左侧项的情况下右侧项的概率。

② 重要性：用于度量规则的有用性。值越大则意味着规则越有用。重要性用于度量规则的有用性，因为只使用概率可能会发生误导。例如，如果每个事务都包含一个水壶(也许水壶是作为促销活动的一部分自动添加到每位客户的购物车中)，该模型会创建一条规则，预测水壶的概率为 1。仅依据概率来看，此规则非常准确，但它并未提供有用的信息。

③ 规则：规则的定义。对于市场篮模型，规则描述特定的项组合。每条规则都可以根据事务中其他项的发生情况来预测某个项的发生情况。与使用"项集"选项卡类似，你们可以筛选规则，以便仅显示最关心的规则。如果使用的挖掘模型没有任何规则，你们可能希望更改算法参数，以降低规则的概率阈值。

(16) 仅查看包括 Mountain-200 自行车的规则。

① 在"挖掘模型查看器"中切换到"规则"选项卡。

② 在"筛选规则"框中，输入 Mountain-200，清除"显示长名称"复选框。

③ 从"显示"列表中选择"仅显示属性名称"，查看器将仅显示包含 Mountain-200 字样的规则。通过规则的概率，读者可以知道：如果一个人购买了 Mountain-200 自行车，则此人购买其他所列产品的可能性有多大，如图 10.14 所示。

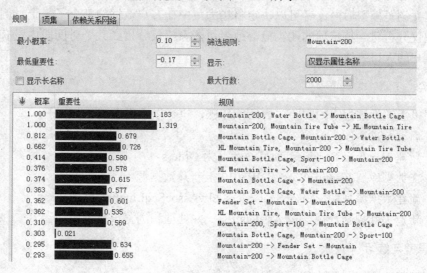

图 10.14　筛选规则的概率结果

这些规则按照概率降序排序，但读者可以单击栏标题来更改排序顺序。如果读者有兴趣查找关于某个特定规则的更多详细信息，可以使用钻取功能来查看支持事例。

(17) 查看支持特定规则的事例。

① 在"规则"选项卡中，右键单击要查看的规则。

② 选择"钻取"，然后选择"仅限模型列"或"模型和结构列"。"钻取"对话框在窗格顶部提供该规则的摘要，以及用作该规则的支持数据的所有事例的列表。

(18) 一般内容树查看器。

此查看器可用于所有模型，无论算法和模型类型为何均如此。"Microsoft 一般内容树查看器"可以从"查看器"下拉列表中找到。

内容树是挖掘模型的表示形式，由一系列节点组成，其中每个节点都表示与数据的某一子集相关的已发现的知识。节点可以包含一种模式、一组规则、一个群集或共享某些特性的日期范围的定义。根据算法和可预测属性的类型的不同，节点的具体内容也会不同，但内容的通用表示形式是相同的。读者可以展开每个节点以查看详细信息的递增级别，并可以将任何节点的内容复制到剪贴板。

(19) 使用内容查看器查看关于规则的详细信息。

① 在"挖掘模型查看器"选项卡中，从"查看器"列表中选择"Microsoft 一般内容树查看器"。

② 在"节点标题"界面中，滚动到列表的底部，然后单击最后一个节点。查看器首先显示项集，接下来显示规则，但不对它们进行分组。查找特定节点的最简单方法是创建内容查询。

③ 在"节点详细信息"界面中，查看 NODE_TYPE 和 NODE_DESCRIPTION 的值。节点类型 8 是规则，节点类型 7 是项集。对于规则来说，NODE_DESCRIPTION 的值指示了构成规则的条件。对于项集来说，NODE_DESCRIPTION 的值指示了包括在项集中的项。

(20) 筛选挖掘模型中的嵌套表。

创建并浏览模型后，读者可以决定将精力集中在客户数据的某个子集上。例如，读者可能希望仅分析包含特定项的购物篮，或者可能希望仅分析在某个时间段内没有购买任何物品的客户的人口统计信息。

6. 实验步骤

按照以上教学过程中的实验内容所示步骤，执行以下内容。

(1) 启动 SSDT-BI。

(2) 新建 Analysis Services 项目，命名为 Orders。

(3) 在数据库 AdventureWorksDW2012 上新建数据源。

(4) 新建数据源视图 vAssocSeqOrders 和 vAssocSeqLineItems。

(5) 新建关联规则挖掘结构 Association，并处理和浏览该挖掘模型。

7. 思考与练习

如何调整关联规则算法参数来提高预测的准确率？

10.1.2　实践聚类挖掘方法

1. 实验目的

在本实验中，将学习如何在 SSDT-BI 开发环境中创建新的 Analysis Services 数据库、添加数据源和数据源视图、创建聚类挖掘结构、处理聚类挖掘模型、浏览聚类挖掘模型。

2. 实验要求

(1)　实验前：预习实验内容，学习相关知识。

(2)　实验中：按照实验内容要求进行实验；实验时注意挖掘算法参数含义，做好实验记录。

(3)　实验后：分析实验结果，总结实验知识，得出结论，按格式写出实验报告。

(4)　在整个实验过程中，要独立思考、独立按时完成实验任务，不懂的要虚心向教师或同学请教。

(5)　要求按指定格式书写实验报告，且报告中应反映出本次实验的总结，下次实验前交实验报告。

3. 实验的重点与难点

1)　重点
(1)　创建聚类挖掘结构。
(2)　处理聚类挖掘模型。
(3)　浏览聚类挖掘模型。
2)　难点
(1)　设置聚类挖掘算法，输入变量和类型。
(2)　调整聚类挖掘算法中的参数。

4. 仪器设备及用具

硬件：投影仪，每位同学分配一台 PC。

软件：Microsoft SQL Server 2012、Microsoft SQL Server Data Tools、AdventureWorks DW2012 示例数据库。

5. 教学过程

1)　实验预习
学习和理解聚类模型相关理论知识。
2)　实验原理
在 SSDT-BI 开发环境中，创建数据源、创建数据源视图、创建挖掘结构、处理和浏览关联规则挖掘模型。
3)　实验内容
(1)　新建挖掘模型。
①　打开 6.5 节中的数据挖掘项目，切换到 SSDT-BI 中数据挖掘设计器的"挖掘模型"

选项卡，右击"结构"列，选择"新建挖掘模型"，如图 10.15 所示。

图 10.15 "新建挖掘模型"菜单

② 在"新建挖掘模型"对话框中的"模型名称"中输入 TM_Clustering。在"算法名称"中选择"Microsoft 聚类分析"，如图 10.16 所示，单击"确定"按钮。

图 10.16 "新建挖掘模型"对话框

③ 新模型显示在数据挖掘设计器的"挖掘模型"选项卡中。此模型是用 Microsoft 聚类分析算法生成的，它将具有相似特征的客户进行分类并预测每个分类的自行车购买行为。

④ 在 SSDT-BI 的数据挖掘设计器中，切换到"挖掘结构"选项卡，右击结构的属性，如图 10.17 所示。

⑤ TargetedMailing MiningStructure 显示在"属性"窗格中。确保 CacheMode 已设置为 KeepTrainingCases，HoldoutMaxCases 设置为 1000，HoldoutMaxPercent 设置为 30，HoldoutSeed 设置为 12，如图 10.18 所示。

(2) 处理挖掘模型。

① 在"挖掘模型"菜单上单击 ⓒ 按钮，处理挖掘结构和所有模型。如果更改了结构，系统将提示读者在处理模型之前生成和部署项目，如图 10.19 所示，单击"是"按钮。

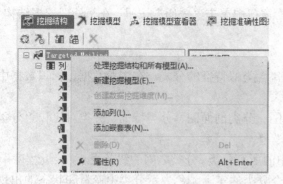

图 10.17　"挖掘结构"属性菜单　　　　　　　图 10.18　"挖掘结构"属性设置

图 10.19　"处理挖掘结构和模型"提示窗口

②　在"处理挖掘结构 - Targeted Mailing"对话框中单击"运行"按钮。"处理进度"窗口将打开以显示有关模型处理的详细信息，如图 10.20 所示。模型处理可能需要一些时间，具体取决于读者的计算机硬件配置情况。

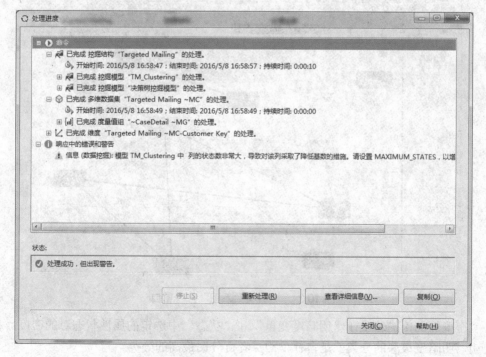

图 10.20　"处理进度"窗口

③ 模型处理完成后，在"处理进度"窗口中单击"关闭"按钮。在"处理挖掘结构"对话框中单击"关闭"按钮。

(3) 浏览聚类分析模型。

Microsoft 聚类分析算法将事例分组为包含类似特征的分类。在浏览数据、标识数据中的异常及创建预测时，这些分组十分有用。

Microsoft 分类查看器提供了分类关系图、分类剖面图、分类特征、分类对比和"分类关系图"选项卡，用于浏览聚类分析挖掘模型。

"分类关系图"选项卡显示挖掘模型中的所有分类。分类之间的线条表示"接近程度"，其明暗度取决于分类之间的相似程度。每个分类的实际颜色表示分类中变量和状态的出现频率。

(4) "分类关系图"选项卡。

① 使用"挖掘模型查看器"选项卡顶部的"挖掘模型"列表，可切换到 TM_Clustering 模型。

② 在"查看器"列表中，选择"Microsoft 分类查看器"。

③ 在"明暗度变量"框中，选择 Bike Buyer。

默认变量是"总体"，但可将其更改为模型中的任意属性，以发现其包含的成员具有所需属性的分类。

④ 在"状态"框中选择 1，可以浏览那些购买自行车的事例，如图 10.21 所示。

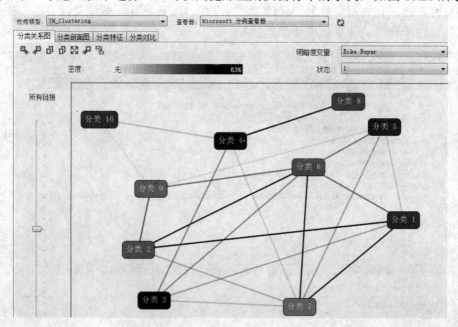

图 10.21 "分类关系图"查看窗口

"密度"图例描述了在"明暗度变量"和"状态"中选定的属性状态对的密度。在此示例中，明暗度最深的分类就是自行车购买者百分比最高的分类。

⑤ 将鼠标悬停在明暗度最深的分类 3 上。工具提示将显示具有 Bike Buyer = 1 属性的事例所占的百分比为 63。

⑥　选择密度最高的分类 3，右击该分类，然后选择"重命名集群"并输入"购买可能性最高"以用作日后标识，单击"确定"按钮。

⑦　查找明暗度最浅(也就是密度最低)的分类。右击该分类，然后选择"重命名集群"并输入"购买可能性最低"，单击"确定"按钮。

⑧　单击"购买可能性最高"分类，并将其拖到窗口的适当区域，以便清楚地查看它与其他分类的连接，如图 10.22 所示。

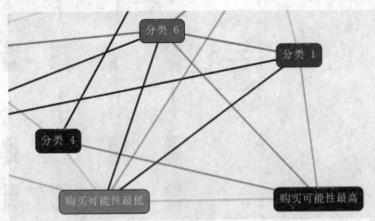

图 10.22　"购买可能性最高"分类的连接情况

选择某个分类时，将此分类连接到其他分类的线条将突出显示，以便读者方便地查看此分类的所有关系。如果该分类处于未选定状态，则可以通过线条的暗度来确定关系图中所有分类之间关系的紧密程度。如果明暗度较浅或无明暗度，则表示分类的相似程度较低。

⑨　使用网络左侧的滑块，可筛选掉强度较低的链接，找出关系最接近的分类。虚拟自行车公司 Adventure Works Cycles 市场部可能希望将相似的分类组合在一起，以便确定提供目标邮件的最佳方法。

(5)　"分类剖面图"选项卡。

"分类剖面图"选项卡提供 TM_Clustering 模型的总体视图。"分类剖面图"选项卡对于模型中的每个分类都包含一列。第一列列出至少与一个分类关联的属性。查看器的其余部分包含每个分类的某个属性的状态分布。离散变量的分布以彩色条显示，最大条数在"直方图条"列表中显示。连续属性以菱形图显示，表示每个分类中的平均偏差和标准偏差。

(6)　"分类剖面图"选项卡。

在"分类剖面图"选项卡中浏览模型，内容如下所述。

①　将"直方图"条数设置为 4。在我们的模型中，任意一个变量的最大状态数均为 4。

②　如果"挖掘图例"妨碍了"属性配置文件"的显示，请移开或者关闭挖掘图例。

③　选择"购买可能性最高"列，并将其拖到"总体"列的右侧。

④　选择"购买可能性最低"列，并将其拖到"购买可能性最高"列的右侧。

⑤　单击"购买可能性最高"列。"变量"列按照其对该分类的重要性来进行排序。滚动浏览该列，查看"购买可能性最高"分类的特征(如图 10.23 所示)。例如，他们上下班

路程较短的可能性较大。

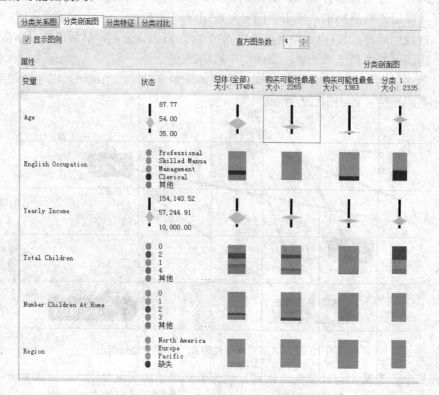

图 10.23 "分类剖面图"浏览模型

A. 右击"购买可能性最高"列中的 Age 单元格，选择显示图例。

"挖掘图例"显示更详细的视图，读者可以看到这些客户的年龄范围，也可以看到他们的平均年龄，如图 10.24 所示。

B. 右击"购买可能性最低"列，并选择"隐藏列"。

C. 如果要取消隐藏的列，可以在出现的更多分类中，选择刚才隐藏的列，如图 10.25 所示。

点	值
显示最小值	35.00
平均值-StdDev	43.16
平均值	47.66
平均值+StdDev	52.16
显示最大值	87.77

图 10.24 Age 挖掘图例

更多分类：
购买可能性最低 大小: 1383

图 10.25 取消隐藏列

(7) "分类特征"选项卡。

使用"分类特征"选项卡，读者可以更加详细地检查组成分类的特征。读者可以一次浏览一个分类，而不是比较所有分类的特征(就像在"分类剖面图"选项卡中那样)。例如，如果从"分类"列表中选择"购买可能性最低"，则可以看到此分类中的客户的特征。尽管显示方式与分类剖面图查看器不同，但查找结果却是相同的，如图 10.26 所示。

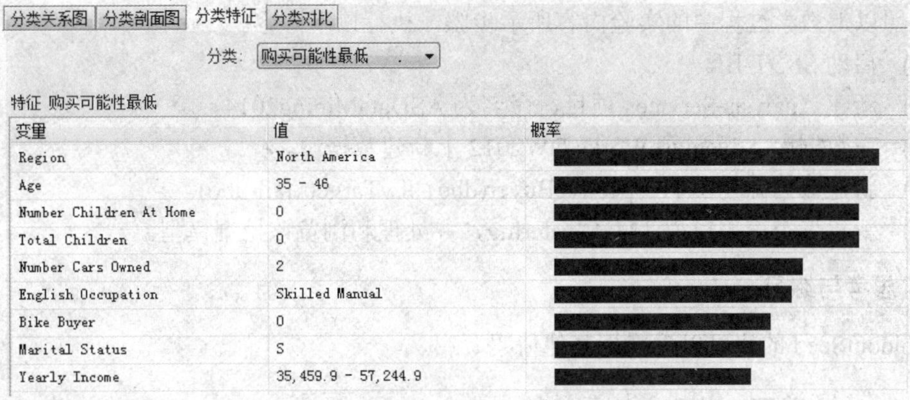

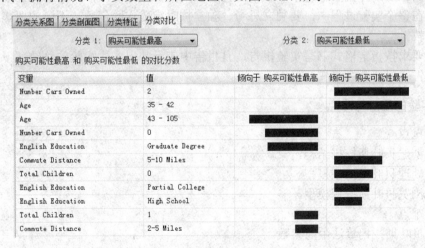

图 10.26　分类特征图

(8)　"分类对比"选项卡。

使用"分类对比"选项卡，可以浏览区分分类的特征。当读者从"分类 1"和"分类 2"列表中各选择一个分类后，查看器会计算这两个分类之间的区别，并显示各分类最独特的属性的列表。

在"分类对比"选项卡中浏览模型，内容如下所述。

①　在"分类 1"框中，选择"购买可能性最高"。

②　在"分类 2"框中，选择"购买可能性最低"。

③　单击"变量"按字母顺序排序。

"购买可能性最低"和"购买可能性最高"分类中的客户之间的其他一些显著差异包括年龄、汽车拥有情况、子女数量和所在地区，如图 10.27 所示。

图 10.27　分类对比图

4)　注意事项

除非设置了 holdoutseed 的初始值，否则在读者每次处理模型时，结果都会有所不同。

6. 实验步骤

按照以上教学过程中的实验内容所示步骤，执行以下内容。

(1) 启动 SSDT-BI。

(2) 新建 Analysis Services 项目，命名为 ASDataMining2014。

(3) 在数据库 AdventureWorks DW2012 上新建数据源。

(4) 新建数据源视图 ProspectiveBuyer(dbo)和 vTargetMail(dbo)。

(5) 新建聚类挖掘模型 TM_Clustering，并处理和浏览该挖掘模型。

7. 思考与练习

HoldoutSeed 的值可以设置为其他值吗？

10.1.3 实践贝叶斯分类方法

1. 实验目的

在本实验中，将学习如何在 SSDT-BI 开发环境中创建新的 Analysis Services 数据库、添加数据源和数据源视图、创建贝叶斯挖掘结构、处理贝叶斯挖掘模型、浏览贝叶斯挖掘模型。

2. 实验要求

(1) 实验前：预习实验内容，学习相关知识。

(2) 实验中：按照实验内容要求进行实验；实验时注意挖掘算法参数含义，做好实验记录。

(3) 实验后：分析实验结果，总结实验知识，得出结论，按格式写出实验报告。

(4) 在整个实验过程中，要独立思考、独立按时完成实验任务，不懂的要虚心向教师或同学请教。

(5) 要求按指定格式书写实验报告，且报告中应反映出本次实验的总结，下次实验前交实验报告。

3. 实验的重点与难点

1) 重点
(1) 创建贝叶斯挖掘结构。
(2) 处理贝叶斯挖掘模型。
(3) 浏览贝叶斯挖掘模型。
2) 难点
调整贝叶斯挖掘算法中的参数。

4. 仪器设备及用具

硬件：投影仪，每位同学分配一台 PC。

软件：Microsoft SQL Server 2012、Microsoft SQL Server Data Tools、AdventureWorks DW2012 示例数据库。

5. 教学过程

1) 实验预习

学习和理解贝叶斯模型相关理论知识。

2) 实验原理

在 SSDT-BI 开发环境中，创建数据源、创建数据源视图、创建挖掘结构、处理和浏览关联规则挖掘模型。

3) 实验内容

(1) 切换到 SSDT-BI 中数据挖掘设计器的"挖掘模型"选项卡，右击"结构"列，并选择"新建挖掘模型"。

(2) 在"新建挖掘模型"对话框的"模型名称"下输入"贝叶斯挖掘模型"。在"算法名称"中选择 Microsoft Naïve Bayes，如图 10.28 所示，单击"确定"按钮。

此时将显示一条消息，说明 Microsoft Naïve Bayes 算法不支持 Age 和 Yearly Income 列，这些都是连续列。单击"是"按钮，以确认此消息并继续下面的操作。

(3) 处理挖掘模型。

在"挖掘模型"菜单上单击 🔄 按钮，处理挖掘结构和所有模型。如果更改了结构，系

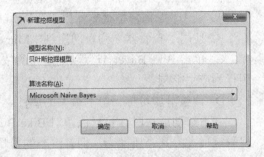

图 10.28 "新建挖掘模型"对话框

统将提示读者在处理模型之前生成和部署项目，单击"是"按钮。

在"处理挖掘结构 - Targeted Mailing"对话框中单击"运行"按钮。"处理进度"界面将打开以显示有关模型处理的详细信息，如图 10.29 所示。模型处理可能需要一些时间，具体取决于读者的计算机硬件配置情况。

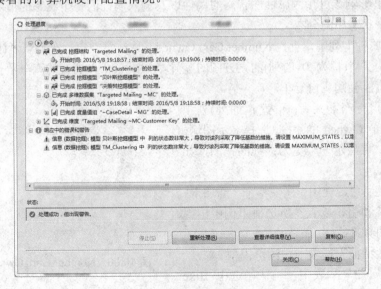

图 10.29 "处理进度"界面

模型处理完成后，在"处理进度"界面中单击"关闭"按钮。在"处理挖掘结构"对话框中单击"关闭"按钮。

(4) 浏览 Naïve Bayes 模型。

Microsoft Naïve Bayes 算法提供了多种方法，用于显示自行车的购买和输入属性之间的交互。Microsoft Naïve Bayes 查看器提供了依赖关系网络、属性配置文件、属性特征、属性对比四个选项卡，以便在浏览 Naïve Bayes 挖掘模型时使用。

① 依赖关系网络。"依赖关系网络"选项卡的工作方式与 Microsoft 树查看器的"依赖关系网络"选项卡的工作方式相同。查看器中的每个节点代表一个属性，而节点之间的线条代表关系。在查看器中，读者可以查看影响可预测属性 Bike Buyer 的状态的所有属性。

在"依赖关系网络"选项卡中浏览模型。

A. 使用"挖掘模型查看器"选项卡顶部的"挖掘模型"列表切换到"贝叶斯挖掘模型"。

B. 使用"查看器"列表切换到"Microsoft Naïve Bayes 查看器"。

C. 单击 Bike Buyer 节点以确定它的依赖关系。粉色阴影指示所有属性都会对自行车购买行为产生影响。

D. 调整滑块可标识影响最大的属性。

向下滑动滑块时，将只保留对 Bike Buyer 列影响最大的属性。通过调整滑块，可以发现影响最大的几个属性为：拥有汽车的数量、通勤距离以及子女总数。

② 属性配置文件。"属性配置文件"选项卡说明输入属性的不同状态如何影响可预测属性的结果。

在"属性配置文件"选项卡中浏览模型。

A. 在"可预测"框中，确认已选中 Bike Buyer。

B. 如果"挖掘图例"妨碍"属性配置文件"的显示，请将它移开。

C. 在"直方图"条框中，选择 5。在我们的模型中，任意一个变量的最大状态数均为 5。系统会列出影响该可预测属性的状态的属性以及输入属性的每个状态的值及其在该可预测属性的每个状态中的分布。

D. 在"属性"列中，查找 Number Cars Owned。请注意，自行车购买者(标为 1 的列)与非自行车购买者(标为 0 的列)的直方图的差异。如果一个人拥有的汽车数量为 0 或 1，则此人很有可能会购买自行车。

E. 右击自行车购买者(标为 1 的列)列中的 Number Cars Owned 单元格，选择显示图例。"挖掘图例"将显示一个更为详细的视图，如图 10.30 所示。

③ 属性特征。使用"属性特征"选项卡，可以选择属性和值，以查看所选值事例中出现其他属性值的频率。

在"属性特征"选项卡中浏览模型。

A. 在"属性"列表中，确认已选中 Bike Buyer。

B. 将"值"设置为 1。

颜色	含义	分布
	2	0.282
	1	0.294
	0	0.295
	3	0.077
	4	0.052
	缺失	0.000

图 10.30　Number Cars Owned 挖掘图例

在查看器中，读者将看到，家中无子女、通勤距离较近和居住在北美洲地区的客户更有可能购买自行车。

④ 属性对比。使用"属性对比"选项卡，可以调查自行车购买的两个离散值与其他属性值之间的关系。由于"贝叶斯挖掘模型"只有 1 和 0 两个状态，因此读者无需对查看器进行任何更改。

在查看器中，读者会看到，没有汽车的人一般会购买自行车，而有两辆汽车的人一般不会购买自行车。

4) 注意事项

Microsoft Naïve Bayes 算法不支持 Age 和 Yearly Income 列，这些都是连续列。单击"是"按钮继续建立 Naïve Bayes 挖掘模型。

6. 实验步骤

按照以上教学过程的实验内容所示步骤，执行以下内容。

(1) 启动 SSDT-BI。

(2) 新建 Analysis Services 项目，命名为 ASDataMining2014。

(3) 在数据库 AdventureWorksDW2012 上新建数据源。

(4) 新建数据源视图 ProspectiveBuyer(dbo)和 vTargetMail(dbo)。

(5) 新建"贝叶斯挖掘模型"，并处理和浏览该挖掘模型。

7. 思考与练习

如何在直方图中选择变量最大状态数？

10.2　SPSS 数据挖掘实验

10.2.1　SPSS 基本数据管理与数据转换操作

1. 实验目的

在本课程中，将学习如何在 SPSS 中创建新的数据文件，并对数据文件的变量属性进行定义，以及对数据进行管理和转换等基本操作。

2. 实验要求

(1) 实验前：预习实验内容，学习相关知识。

(2) 实验中：按照实验内容要求进行实验，做好实验记录。

(3) 实验后：分析实验结果，总结实验知识，得出结论，按格式写出实验报告。

(4) 在整个实验过程中，要独立思考、独立按时完成实验任务，不懂的要虚心向教师或同学请教。

(5) 要求按指定格式书写实验报告，且报告中应反映出本次实验的总结，下次实验前交实验报告。

3. 实验的重点与难点

1） 重点

（1） 启动 SPSS，创建一个新的数据文件。

（2） 对数据文件的变量属性进行定义。

（3） 对数据进行管理，具体包括以下几个任务：对数据进行排序，选取个案，将两个数据文件进行合并。

（4） 对数据进行转换，具体包括以下几个任务：计算产生新的变量，对个案内的值计数，重新编码。

2） 难点

（1） 将两个数据文件进行合并。

（2） 重新编码。

4. 仪器设备及用具

硬件：投影仪，每位同学分配一台 PC。

软件：IBM SPSS Statistics 22.0。

5. 教学过程

1） 实验预习

熟悉和了解 SPSS 数据挖掘基础，熟悉 SPSS 界面，学习为 SPSS 数据的变量属性定义，学会 SPSS 数据管理和数据转换等基本操作。

2） 实验内容

（1） 实验数据。

① 数据来源于两个表，其变量及说明如表 10.2 所示。

表 10.2　数据表的变量及说明

表	变　量	变量说明
数据表1	学生编号	学生唯一识别 ID
	性别	选项分别为：男、女
	学生语文成绩	数值型，分值越高，学生成绩越好
	X1～X5	学生与语文教师的师生关系量表，共 5 道题，每道题共有 1、2、3、4 四个选项 X1、X2、X5 三道题均为正向题，从 1～4 程度依次增加，值越大说明师生关系越好 X3 和 X4 是反向题，即分值越高，师生关系越差
数据表2	学生编号	学生唯一识别 ID
	性别	选项分别为：男、女
	学生数学成绩	数值型，分值越高，学生成绩越好
	学生家庭收入	字符型，共有 A、B、C 三个选项，A 代表家庭收入很高，B 代表家庭收入一般，C 代表家庭收入很低，99 代表缺失值

②　数据表 1 的内容如表 10.3 所示。

表 10.3　数据表 1 数据

学生编号	性　别	学生语文成绩	X1	X2	X3	X4	X5
1	女	576.8	2	2	3	4	3
2	男	520.3	3	2	3	4	2
3	男	584.5	2	3	3	3	2
4	女	633.3	3	1	3	4	3
5	男	469.1	3	2	3	4	1
6	男	434.9	3	1	4	4	1
7	女	545.2	2	2	2	3	3
8	男	520.2	2	2	1	2	4
9	男	643.6	3	2	4	4	2
10	女	525.1	3	2	4	4	3
11	男	492.9	3	1	3	4	2
12	男	556.2	3	2	3	3	3
13	男	537.7	3	1	3	4	1
14	女	435	3	2	3	3	1
15	男	425.9	3	2	4	4	2
16	女	340.5	3	2	3	4	1
17	女	601	1	2	2	3	1
18	男	624.9	3	2	4	4	2
19	女	533.8	3	1	4	4	1
20	女	267.8	1	4	2	1	4
21	女	585.9	4	2	3	4	1
22	男	615.4	3	3	3	2	3
23	女	486.1	2	3	3	2	3
24	女	468.2	3	3	2	2	3
25	女	529.6	2	1	3	3	1
26	男	642.9	2	1	4	2	1
27	男	447	3	2	3	2	2
28	女	625.2	3	3	2	3	4
29	女	492.6	3	3	3	3	1
30	女	572.6	3	4	1	3	4

③　数据表 2 的内容如表 10.4 所示。

表 10.4　数据表 2 数据

学生编号	性　别	学生数学成绩	学生家庭收入
1	女	586.49	B
2	男	586.49	B
3	男	586.49	A
4	女	586.49	B
5	男	446.54	C
6	男	413.76	C
7	女	540.25	C
8	男	205.02	99
9	女	598.69	C
10	男	574.91	B
11	男	549.3	B
12	男	541.32	99
13	女	549.3	A
14	男	616.05	B
15	女	504.21	A
16	女	387.39	C
17	男	453.64	B
18	女	516.1	A
19	女	520.36	B
20	女	476.25	C
21	男	418.05	B
22	女	576.73	B
23	女	670.5	A
24	男	554.78	B
25	女	585.24	A
26	女	564.5	B
27	女	550.63	A
28	女	564.15	B
29	女	526.06	C
30	女	613.75	A
31	男	550.63	C
32	女	488.75	B
33	女	610.72	B
34	女	598.69	B
35	男	669.65	C

续表

学生编号	性 别	学生数学成绩	学生家庭收入
36	男	488.75	C
37	女	493.46	C
38	男	584.2	A
39	男	533.62	99
40	男	533.62	A

(2) 实验要求。

① 启动 SPSS，新建两个数据文件，分别将两张表的数据导入新文件中，并对两个数据文件的变量属性进行定义。

② 将两个数据文件合并成一个数据文件，并以"学生数据.sav"的名字存储。

③ 计算学生与语文教师的师生关系得分。

④ 将"家庭收入"很低的女生标记出来。

(3) 实验步骤。

① 启动 SPSS，新建两个数据文件，分别将两张表的数据导入新文件中，并对两个数据文件的变量属性进行定义。

第一步：启动 SPSS，新建两个数据文件，分别将两张表的数据粘贴到新文件中，或者将数据先粘贴到两个 Excel 中，再将 Excel 导入 SPSS。导入后的文件如图 10.31 和图 10.32 所示。

	VAR00001	VAR00002	VAR00003	VAR00004	VAR00005	VAR00006	VAR00007	VAR00008
1	1	女	576.8	2	2	3	4	3
2	2	男	520.3	3	2	3	4	2
3	3	男	584.5	2	3	3	3	2
4	4	女	633.3	3	1	3	4	3
5	5	男	469.1	3	2	3	4	1
6	6	男	434.9	3	1	4	4	1
7	7	女	545.2	2	2	2	3	3
8	8	男	520.2	2	2	1	2	4
9	9	男	643.6	3	2	2	4	3
10	10	女	525.1	3	2	4	4	3
11	11	男	492.9	3	2	3	4	2
12	12	男	556.2	3	2	3	3	3
13	13	男	537.7	3	1	3	4	1
14	14	女	435.0	2	2	3	3	1
15	15	男	425.9	3	2	4	4	2
16	16	女	340.5	2	2	3	4	1
17	17	女	601.0	1	2	2	3	3
18	18	男	624.9	3	2	4	4	3
19	19	女	533.8	3	1	4	4	1
20	20	女	267.8	1	4	2	1	4

图 10.31　数据表 1 导入 SPSS

第二步：对两个数据文件的变量属性进行定义，参考图 10.33 和图 10.34 所示。特别值得注意的是定义变量名称、变量类型、变量宽度、变量标签、变量值标签、缺失值等属性。

② 将两个数据文件合并成一个数据文件，并以"学生数据.sav"的名字存储。

第一步：因为要根据两个数据文件的 ID 号合并变量，因此，先将两个数据文件根据 ID 号从小到大排序，如图 10.35 和图 10.36 所示。

	VAR00001	VAR00002	VAR00003	VAR00004
1	1	女	586.49	B
2	2	男	586.49	B
3	3	男	586.49	A
4	4	女	586.49	B
5	5	男	446.54	C
6	6	男	413.76	C
7	7	女	540.25	C
8	8	男	205.02	99
9	10	女	598.69	C
10	11	男	574.91	B
11	12	男	549.30	B
12	13	男	541.32	99
13	14	女	549.30	A
14	15	男	616.05	B
15	16	女	504.21	A
16	17	男	387.39	C
17	18	男	453.64	B
18	19	女	516.10	A
19	20	女	520.36	B
20	21	女	476.25	C

图 10.32　数据表 2 导入 SPSS

名称	类型	宽度	小数	标签	值	缺失	列	对齐	测量	角色
ID	字符串	8	0	学生编码	无	无	8	左	名义(N)	输入
SEX	字符串	8	0	性别	无	无	10	左	名义(N)	输入
SCORE_CHI	数值	8	1	学生语文成绩	无	无	8	右	度量	输入
RELATION_	数值	8	0	语文师生关系1	无	无	8	右	有序(O)	输入
RELATION_	数值	8	0	语文师生关系2	无	无	8	右	有序(O)	输入
RELATION_	数值	8	0	语文师生关系3	无	无	8	右	有序(O)	输入
RELATION_	数值	8	0	语文师生关系4	无	无	8	右	有序(O)	输入
RELATION_	数值	8	0	语文师生关系5	无	无	8	右	有序(O)	输入

图 10.33　数据表 1 的变量属性定义

名称	类型	宽度	小数	标签	值	缺失	列	对齐	测量	角色
ID	字符串	8	0	学生编码	无	无	8	左	名义(N)	输入
SEX	字符串	8	0	性别	无	无	10	左	名义(N)	输入
SCORE_M...	数值	8	1	学生数学成绩	无	无	8	右	度量	输入
FAMILY_IN...	字符串	2	0	家庭收入	{A, 很高}...	99	7	左	有序(O)	输入

图 10.34　数据表 2 的变量属性定义

ID	SEX	SCORE_CHI	RELATION_CHI1	RELATION_CHI2	RELATION_CHI3	RELATION_CHI4	RELATION_CHI5
1	女	576.8	2	2	3	4	3
10	女	525.1	3	2	4	4	3
11	男	492.9	3	1	3	4	2
12	男	556.2	3	2	3	3	2
13	男	537.7	3	1	3	4	1
14	女	435.0	3	2	3	3	1
15	男	425.9	3	2	4	4	2
16	女	340.5	3	2	3	4	1
17	女	601.0	1	2	2	3	3
18	男	624.9	3	2	3	4	2
19	女	533.8	3	1	4	4	1
2	男	520.3	3	2	3	4	2
20	女	267.8	1	4	2	1	4
21	女	585.9	4	2	3	4	1
22	男	615.4	3	3	3	2	3

图 10.35　数据表 1 根据 ID 号从小到大排序结果

ID	SEX	SCORE_MAT H	FAMILY_IN COME
1	女	586.5	B
10	女	598.7	C
11	男	574.9	B
12	男	549.3	B
13	男	541.3	99
14	女	549.3	A
15	男	616.1	B
16	女	504.2	A
17	女	387.4	C
18	男	453.6	B
19	女	516.1	A
2	男	586.5	B
20	女	520.4	B
21	女	476.3	C
22	男	418.1	B

图 10.36　数据表 2 根据 ID 号从小到大排序结果

第二步：将一个数据文件另存为"学生数据.sav"的名字，单击其菜单栏中的数据(Data)选项，选择合并文件(Merge Files)中的添加变量(Add Variables)，选择要合并的另一个数据文件，如图 10.37 所示。

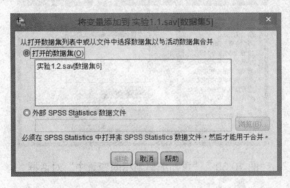

图 10.37　合并文件

第三步：勾选"匹配关键变量的个案"(Match cases on key variables)和"两个数据集中的个案都是按关键变量的顺序进行排序"(Cases are sorted in order if key variables in both datasets)，将选出来链接两个数据文件的"关键变量"——ID 从"已排除的变量"(Excluded Variables)框中拉入"关键变量"(Key Variables)框中。为了将两个数据文件中的所有被试都合并到新的文件中，选取"两个文件都提供个案"(Both files provide cases)，如图 10.38 所示，单击"确定"按钮，合并文件。

第四步：回到合并后的文件，由于两个文件中的 ID 号并不完全相同，导致部分数据系统缺失。例如，家庭收入变量 FAMILY_INCOME 有空白数据，应将其改成缺失值 99。第二个数据文件的性别变量没有合并过来，应参照原文件补上。

③　计算学生与语文教师的师生关系得分。

第一步：将师生关系量表的 5 道题求均值计算学生与语文教师的师生关系得分，因为 X3 和 X4 为反向题，应先对反向题进行重新编码，单击菜单栏中的"转换"(Transform)选项，选择"重新编码为相同变量"(Recode into Same Variables)，弹出图 10.39 所示的对话框，将 X3(语文师生关系 3)和 X4(语文师生关系 4)拉到要编码的变量框中。

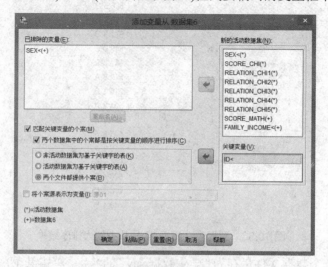

图 10.38　选择关键变量合并文件

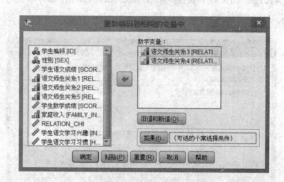

图 10.39　"重新编码到相同变量中"对话框

第二步：单击"旧值和新值"(Old and New Values)对编码规则进行设置，如图 10.40 所示，单击"确定"按钮，即对 X3 和 X4 进行了重新编码。

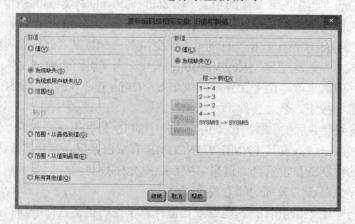

图 10.40　对编码规则进行设置

第三步：重新编码后，再计算师生关系的均值，单击菜单栏中的"转换"(Transform) 选项，选择"计算变量"(Compute Variable)，弹出图 10.41 所示的对话框，定义一个新变量 RELATION_CHI，用求均值的函数 Mean 求出师生关系量表的 5 道题的均值。单击"确定"按钮后，即生成代表语文师生关系得分的新变量 RELATION_CHI。

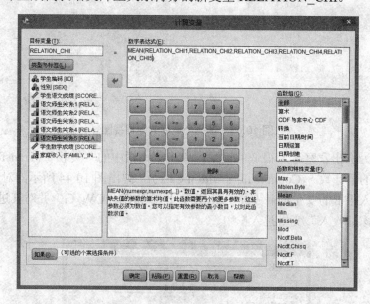

图 10.41　计算产生新变量

④　将"家庭收入"很低的女生标记出来。

第一步：要将家庭收入很低的女生标记出来，先选出性别为"女"的被试。单击菜单栏中的"数据"(Data)选项，选择"选择个案"(Select Cases)，单击"如果条件满足"(If condition is satisfied)，弹出图 10.42 所示的对话框，设置性别为"女"的条件即可。

确定后，回到数据视图窗口，性别为"男"的被试被暂时划去，如图 10.43 所示。

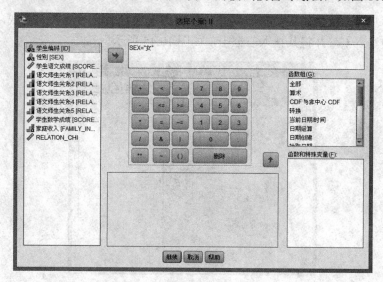

图 10.42　"选择个案"对话框

	ID	SEX	SCORE_CHI1	RELATION_CHI1	RELATION_CHI2	RELATION_CHI3	RELATION_CHI4	RELATION_CHI5	SCORE_MATH	FAMILY_INCOME	RELATION_CHI	filter_$
1	1	女	576.8	2	2	2	4	3	586.5	B	2.60	1
2	10	女	525.1	3	2	1	4	3	598.7	C	2.60	1
3	11	男	492.9	3	1	2	4	2	574.9	B	2.40	0
4	12	男	556.2	3	2	2	3	3	549.3	B	2.60	0
5	13	男	537.7	3	1	2	4	1	541.3	99	2.20	0
6	14	女	435.0	3	2	2	3	1	549.3	A	2.20	1
7	15	男	425.9	3	2	1	4	2	616.1	B	2.40	0
8	16	女	340.5	3	2	2	4	1	504.2	A	2.40	1
9	17	女	601.0	1	2	3	3	3	387.4	C	2.40	1
10	18	男	624.9	3	2	1	4	2	453.6	B	2.40	0
11	19	女	533.8	3	1	1	4	1	516.1	A	2.00	1
12	2	男	520.3	3	2	2	4	2	586.5	B	2.60	0
13	20	女	267.8	1	4	3	1	4	520.4	B	2.60	1
14	21	女	585.9	4	2	2	4	1	476.3	C	2.60	1
15	22	男	615.4	3	3	2	2	2	418.1	B	2.60	0
16	23	女	486.1	2	3	2	2	2	576.7	B	2.20	1

图 10.43　选择个案后的数据视图

第二步：为选出家庭收入很低的女生，单击菜单栏中的"转换"(Transform)选项，选择"对个案内的值计数"(Count Values within Cases)，弹出图 10.44 所示的对话框，定义一个标记家庭收入很低的女生的新变量 FAMILY_INCOME_LOW_G，并对其进行标签定义，将要统计的"家庭收入"变量拉入框中。

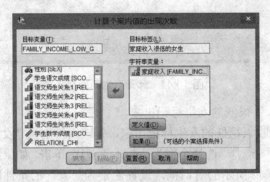

图 10.44　对个案内的值计数

第三步：单击"定义值"(Define Values)，因为选项 C 代表家庭收入很低，因此在左边的 Value 栏中写入 C，并将其拉入右框中，如图 10.45 所示。

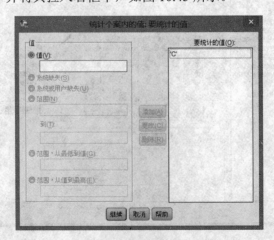

图 10.45　定义值

确定后，回到数据视图窗口，变量 FAMILY_INCOME_LOW_G 中，值为 1 代表标记出的家庭收入很低的女生，如图 10.46 所示。

	ID	SEX	SCORE_CHI	RELATION_CHI1	RELATION_CHI2	RELATION_CHI3	RELATION_CHI4	RELATION_CHI5	SCORE_MATH	FAMILY_INCOME	RELATION_CHI	filter_$	FAMILY_INCOME_LOW_G
1	1	女	576.8	2	2	3	4	3	586.5	B	2.60	1	.00
2	10	女	525.1	3	2	1	4	3	598.7	C	2.60	1	1.00
3	11	男	492.9	3	1	2	4	2	574.9	B	2.40	0	.00
4	12	男	556.2	3	2	2	3	3	549.3	B	2.60	0	.00
5	13	男	537.7	3	1	4	2	1	541.3	99	2.20	0	.00
6	14	女	435.0	3	2	2	3	1	549.3	A	2.20	1	.00
7	15	男	425.9	3	2	1	4	2	616.1	B	2.40	0	.00
8	16	女	340.5	3	2	2	4	2	504.2	A	2.40	1	.00
9	17	女	601.0	1	2	3	3	3	387.4	C	2.40	1	1.00
10	18	男	624.9	3	2	1	4	2	453.6	B	2.40	0	.00
11	19	女	533.8	3	1	1	4	1	516.1	A	2.00	1	.00
12	2	男	520.3	3	2	2	4	2	586.5	B	2.60	0	.00
13	20	女	267.8	1	4	3	1	4	520.4	B	2.60	1	.00
14	21	女	585.9	4	2	1	4	2	476.3	C	2.60	1	1.00
15	22	男	615.4	2	2	2	4	1	418.1	B	2.60	0	.00

图 10.46　计数后的变量视图结果

10.2.2　SPSS 均值比较与回归分析操作

1. 实验目的

在本课程中，将学习如何在 SPSS 中进行 T 检验、方差分析、回归分析等操作，会根据不同情况选择合适的分析方法。

2. 实验要求

(1) 实验前：预习实验内容，学习相关知识。

(2) 实验中：按照实验内容要求进行实验，做好实验记录。

(3) 实验后：分析实验结果，总结实验知识，得出结论，按格式写出实验报告。

(4) 在整个实验过程中，要独立思考、独立按时完成实验任务，不懂的要虚心向教师或同学请教。

(5) 要求按指定格式书写实验报告，且报告中应反映出本次实验的总结，下次实验前交实验报告。

3. 实验的重点与难点

1) 重点

(1) 对数据进行 T 检验。

(2) 对数据进行方差分析。

(3) 对数据进行回归分析。

以上每一种分析具体包括以下几个任务：根据情况选择合适的分析方法，对选择的分析方法的理论假设进行检验，执行操作，并对结果进行解读。

2) 难点

(1) 根据情况选择合适的分析方法。

(2) 对选择的分析方法的理论假设进行检验。

(3) 结果的解读。

4. 仪器设备及用具

硬件：投影仪，每位同学分配一台 PC。

软件：IBM SPSS Statistics 22.0。

5. 教学过程

1) 实验预习

熟悉和了解 T 检验、方差分析、回归分析的适用条件及特点，学会不同分析方法的基本操作。

2) 实验内容

(1) 实验数据。

① 将数据表 3 中的数据合并到"10.2.1 SPSS 基本数据管理与数据转换操作"实验中的"学生数据.sav"文件，形成本实验的数据。

表 10.5 数据表 3 数据

学生编号	学生的语文学习兴趣	学生的语文学习习惯	学生编号	学生的语文学习兴趣	学生的语文学习习惯
1	2.235	1.965	16	1.352	1.956
2	1.848	1.708	17	3.398	2.830
3	2.680	3.702	18	3.019	2.490
4	2.205	2.447	19	2.897	2.644
5	1.533	1.768	20	1.533	1.814
6	1.533	2.479	21	2.063	2.945
7	1.970	2.032	22	2.697	2.706
8	2.173	1.673	23	1.858	1.750
9	2.048	2.293	24	2.680	1.827
10	2.179	2.053	25	1.856	2.557
11	2.080	1.957	26	12.622	2.555
12	2.821	2.557	27	1.473	1.702
13	2.412	2.787	28	2.178	2.676
14	1.897	2.350	29	2.671	1.768
15	1.866	1.526	30	2.175	3.302

② 数据表中的变量及说明如表 10.6 所示。

(2) 实验要求。

① 分析不同性别的学生语文成绩是否存在差异。

② 分析不同家庭收入情况的学生语文成绩是否存在差异。

③ 分析在学生与语文教师的师生关系、学生的语文学习兴趣、学生的语文学习习惯等变量中，哪些因素会对学生的语文成绩有预测作用。

表 10.6 数据表 3 的变量及说明

表	变 量	变量说明
数据表 3	学生编号	学生唯一识别 ID
	学生的语文学习兴趣	数值型,通过学习兴趣量表计算得出,数据范围从 1～4,分值越高,学生语文学习兴趣越浓
	学生的语文学习习惯	数值型,通过学习习惯量表计算得出,数据范围从 1～4,分值越高,学生语文学习兴趣越浓

(3) 实验步骤。

① 分析不同性别的学生语文成绩是否存在差异。

由于自变量为二分类变量,因变量为连续变量,可以采用独立样本 T 检验,或者单因素方差分析。此处选择独立样本 T 检验。在"分析"(Analyze)菜单的"比较平均值"(Compare Means)中选择"独立样本 T 检验"(Independent-Samples T Test)命令,弹出图 10.47 所示的对话框。将用于分类的自变量"性别"选入分组变量框中,将因变量"语文成绩"选入检验变量框中。

单击"定义组"按钮,分别输入"男"和"女",单击确定,如图 10.48 所示。

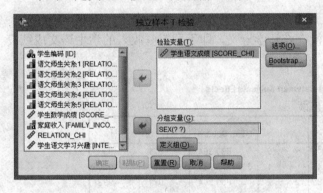

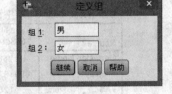

图 10.47 "独立样本 T 检验"对话框　　　图 10.48 定义独立样本 T 检验的组

结果如图 10.49 所示,可以看到方差齐性的假设检验结果(Levene's Test Equality of Variances),$p > 0.05$(Sig.=0.614),说明满足了方差齐性的假设,因此选择第一行数据结果,结果显示不同性别的学生在语文学业成绩上没有显著差异(Sig.=0.487)。

Independent Samples Test

		Levene's Test for Equality of Variances		t-test for Equality of Means						
									95% Confidence Interval of the Difference	
		F	Sig.	t	df	Sig. (2-tailed)	Mean Difference	Std. Error Difference	Lower	Upper
学生语文成绩	Equal variances assumed	.261	.614	.705	28	.487	23.1527	32.8637	-44.1655	90.4709
	Equal variances not assumed			.717	27.621	.479	23.1527	32.2977	-43.0471	89.3524

图 10.49 独立样本 T 检验结果

② 分析不同家庭收入情况的学生语文成绩是否存在差异。

由于不同家庭收入为分类变量，且分了 3 个类别，属于字符串类型，而因变量语文成绩为连续变量，因此采用多因素方差分析。在"分析"(Analyze)菜单的"一般线性模型"(General Linear Model)中选择"单变量"(Univariate)命令，弹出图 10.50 所示的对话框。将用于分类的自变量"家庭收入"选入"固定因子"框中，将因变量"学生语文成绩"选入"因变量"框中。

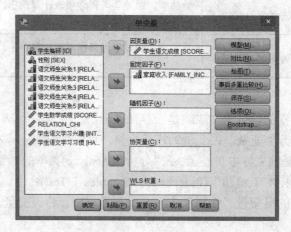

图 10.50　单因素方差分析

结果如图 10.51 所示，可以看到第一行对方差分析模型的检验，F 值为 0.071，$p > 0.05$(Sig.=0.932)，说明采用的模型没有统计学意义，即不同家庭收入的学生语文成绩没有显著差异。

Tests of Between-Subjects Effects

Dependent Variable: 学生语文成绩

Source	Type III Sum of Squares	df	Mean Square	F	Sig.
Corrected Model	1266.728[a]	2	633.364	.071	.932
Intercept	6091879.734	1	6091879.734	678.369	.000
FAMILY_INCOME	1266.728	2	633.364	.071	.932
Error	197564.030	22	8980.183		
Total	6814220.520	25			
Corrected Total	198830.758	24			

a. R Squared = .006 (Adjusted R Squared = -.084)

图 10.51　单因素方差分析结果

③　分析在学生与语文教师的师生关系、学生的语文学习兴趣、学生的语文学习习惯等变量中，哪些因素会对学生的语文成绩有预测作用。

研究多个连续变量对另一个连续变量的预测作用，采用回归分析。在"分析"(Analyze)菜单的"回归"(Regression)中选择"线性"(Linear)命令，弹出图 10.52 所示的对话框。将自变量"师生关系、语文学习兴趣、学习习惯等"变量选入"自变量"框中，将预测变量"学生语文成绩"选入"因变量"框中，采用"逐步"型的变量进入方式。

结果如图 10.53 所示，最终进入模型的只有"学生语文学习习惯"。

整体模型的 R 平方为 0.300，说明模型解释了语文成绩的 30%的变异，如图 10.54 所示。

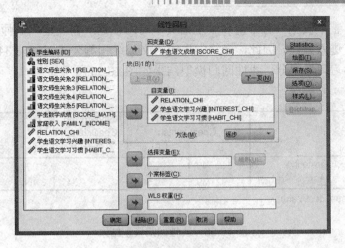

图 10.52　线性回归分析

Variables Entered/Removed[a]

Model	Variables Entered	Variables Removed	Method
1	学生语文学习习惯		Stepwise (Criteria: Probability-of-F-to-enter <= .050, Probability-of-F-to-remove >= .100).

a. Dependent Variable: 学生语文成绩

图 10.53　线性回归进入模型变量

Model Summary

Model	R	R Square	Adjusted R Square	Std. Error of the Estimate
1	.547[a]	.300	.275	75.8193

a. Predictors: (Constant), 学生语文学习习惯

图 10.54　线性回归模型拟合情况

ANOVA 的结果(如图 10.55 所示)，显示回归模型的 F 值为 11.975，达到显著 $p<0.05$(Sig.=0.002)，说明回归方程模型具有统计学意义，方程有效。

ANOVA[a]

Model		Sum of Squares	df	Mean Square	F	Sig.
1	Regression	68839.343	1	68839.343	11.975	.002[b]
	Residual	160959.72	28	5748.561		
	Total	229799.06	29			

a. Dependent Variable: 学生语文成绩

b. Predictors: (Constant), 学生语文学习习惯

图 10.55　线性回归模型的统计学检验

具体而言，整个模型只有常量和学生语文学习习惯这一自变量，而师生关系和学生语文学习兴趣没有进入方程。因此，最终学生的语文成绩预测公式 $Y=313.340+92.039×X$，X 为学生的语文学习习惯得分。线性回归模型结果如图 10.56 所示。

Coefficients^a

Model		Unstandardized Coefficients		Standardized Coefficients	t	Sig.
		B	Std. Error	Beta		
1	(Constant)	313.340	62.563		5.008	.000
	学生语文学习习惯	92.039	26.597	.547	3.460	.002

a. Dependent Variable: 学生语文成绩

图 10.56 线性回归模型结果

10.2.3 SPSS 聚类、相关、因子分析操作

1. 实验目的

在本课程中，将学习如何在 SPSS 中进行聚类分析、相关分析、因子分析等操作。

2. 实验要求

(1) 实验前：预习实验内容，学习相关知识。

(2) 实验中：按照实验内容要求进行实验，做好实验记录。

(3) 实验后：分析实验结果，总结实验知识，得出结论，按格式写出实验报告。

(4) 在整个实验过程中，要独立思考、独立按时完成实验任务，不懂的要虚心向教师或同学请教。

(5) 要求按指定格式书写实验报告，且报告中应反映出本次实验的总结，下次实验前交实验报告。

3. 实验的重点与难点

1) 重点

(1) 对数据进行聚类分析。

(2) 对数据进行相关分析。

(3) 对数据进行因子分析。

2) 难点

(1) 聚类分析的结果解读。

(2) 相关分析方法的选择。

(3) 因子分析的假设检验及结果解读。

4. 仪器设备及用具

硬件：投影仪，每位同学分配一台 PC。

软件：IBM SPSS Statistics 22.0。

5. 教学过程

1)　实验预习

熟悉和了解聚类分析、相关分析、因子分析的适用条件及特点，学会不同分析方法的基本操作。

2)　实验内容

(1)　实验数据："10.2.2　SPSS 均值比较与回归分析操作"实验中合并的"学生数据.sav"文件。

(2)　实验要求。

①　根据学生的语文成绩和数学成绩，将学生分为三类。

②　计算学生语文师生关系、语文学习兴趣和语文学习习惯三个变量之间的相关性。

③　探索语文师生关系量表的结构，所有题目是否属于同一个维度。

(3)　实验步骤。

①　根据学生的语文成绩和数学成绩，将学生分为三类。

第一步：由于要自行确定分类数量，因此选择 K-平均值聚类分析方法。在"分析"(Analyze)菜单的"分类"(Classify)中选择"K-平均值聚类"(K-Means Cluster)命令，弹出图 10.57 所示对话框，将用于分类的"学生语文成绩"和"学生数学成绩"选入变量框中，在聚类数中输入 3。

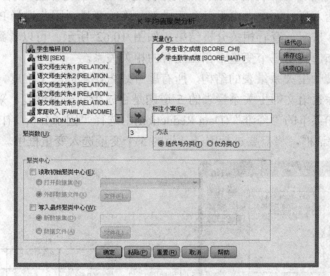

图 10.57　K-平均值聚类

第二步：为了确定每一个学生的所属类别，单击"保存"(Save)按钮，勾选"聚类成员"(Cluster membership)，保存学生的聚类结果，如图 10.58 所示。

单击确定运行后，查看聚类结果，如图 10.59 所示。其中，第一类聚了 4 个被试，第二类聚了 7 个被试，第三类聚了 16 个被试。

回到数据表(如图 10.60 所示)，新变量 QCL_1 中的值存储了每一个学生被聚的类别。

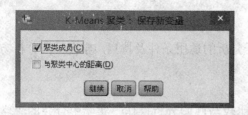

图 10.58　K-平均值聚类对结果保存选项设置

每个聚类中的个案数量

聚类	1	4.000
	2	7.000
	3	16.000
有效		27.000
缺失		16.000

图 10.59　K-平均值聚类结果

ID	SEX	SCORE_CHI	RELATION_CHI1	RELATION_CHI2	RELATION_CHI3	RELATION_CHI4	RELATION_CHI5	SCORE_MATH	FAMILY_INCOME	RELATION_CHI	INTEREST_CHI	HABIT_CHI	QCL_1
1	女	576.8	2	2	2	2	3	586.5	B	2.00	2.235	1.965	3
2	男	520.3	3	2	2	1	2	586.5	B	2.00	1.848	1.708	3
3	男	584.5	3	3	2	2	2	586.5	A	2.20	2.680	3.702	3
4	女	633.3	3	1	2	1	2	586.5	B	2.00	2.205	2.447	3
5	男	469.1	2	2	1	1	2	446.5	C	1.80	1.533	1.768	2
6	男	434.9	1	1	1	1	1	413.8	C	1.40	1.533	2.479	2
7	女	545.2	1	2	1	2	2	540.3	C	2.40	1.970	2.032	3
8	男	520.2	2	2	4	3	4	205.0	99	3.00	2.173	1.673	1

图 10.60　K-平均值聚类数据表结果

② 计算学生语文师生关系、语文学习兴趣和语文学习习惯三个变量之间的相关性。

在"分析"(Analyze)菜单的"相关"(Correlate)中选择"双变量"(Bivariate)命令,弹出图 10.61 所示的对话框,将需要进行相关分析的变量"语文师生关系、语文学习兴趣和语文学习习惯"选入变量框中。由于三个变量都是连续变量,因此选择 Pearson 相关分析。

单击"确定"按钮,查看相关分析结果,如图 10.62 所示。可以看到三个变量之间的相关性都大于 0.05,说明三个变量不存在显著的相关关系。

③ 探索语文师生关系量表的结构,所有题目是否属于同一个维度。

第一步:为探索语文师生关系量表的 5 道题是否属于同一个维度,采用因子分析。在"分析"(Analyze)菜单的"降维"(Data Reduction)中选择"因子分析"(Factor)命令,弹出图 10.63 所示的对话框,将需要进行因子分析的 5 个变量选入变量框中。

图 10.61　相关分析

相关性

		RELATION_CHI	学生语文学习兴趣	学生语文学习习惯
RELATION_CHI	Pearson 相关性	1	-.175	-.010
	显著性(双尾)		.355	.957
	N	30	30	30
学生语文学习兴趣	Pearson 相关性	-.175	1	.206
	显著性(双尾)	.355		.274
	N	30	30	30
学生语文学习习惯	Pearson 相关性	-.010	.206	1
	显著性(双尾)	.957	.274	
	N	30	30	30

图 10.62　相关分析结果

第二步:为检验是否适合做因子分析,要进行 KMO 和 Bartlett 的球形度检验,单击"描述"(Descriptives)按钮,选中"KMO 和 Bartlett 的球形度检验"复选框,如图 10.64 所示。

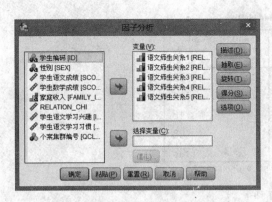

图 10.63 因子分析

图 10.64 因子分析的适合性检验

单击"确定"按钮，运行后查看结果，如图 10.65 所示。KMO 值为 0.7171，大于 0.5，Bartlett 球形度检验结果显著，说明适合做因子分析。

公因子方差结果如图 10.66 所示，结果显示：第一道题的共同度为 0.356，低于 0.5，说明对公共因子的贡献度不大。其余题的贡献度较高。

KMO and Bartlett's Test

Kaiser-Meyer-Olkin Measure of Sampling Adequacy.		.717
Bartlett's Test of Sphericity	Approx. Chi-Square	48.441
	df	10
	Sig.	.000

图 10.65 因子分析球形检验结果

Communalities

	Initial	Extraction
语文师生关系1	1.000	.356
语文师生关系2	1.000	.577
语文师生关系3	1.000	.665
语文师生关系4	1.000	.613
语文师生关系5	1.000	.637

Extraction Method: Principal Component Analysis.

图 10.66 因子分析的贡献度

总方差解释如图 10.67 所示，结果显示只有一个公因子的特征根大于 1，说明这五道题整体上属于同一个维度，累计解释了原有指标的 56.968%的信息。

Total Variance Explained

Component	Initial Eigenvalues			Extraction Sums of Squared Loadings		
	Total	% of Variance	Cumulative %	Total	% of Variance	Cumulative %
1	2.848	56.968	56.968	2.848	56.968	56.968
2	.902	18.038	75.006			
3	.592	11.850	86.856			
4	.377	7.547	94.403			
5	.280	5.597	100.000			

Extraction Method: Principal Component Analysis.

图 10.67 公因子特征根

具体查看每一道题在公共因子上的载荷，如图 10.68 所示，发现第一道题的载荷为负，说明第一道题与其余题的方向不一致，有可能是第一道题的描述有歧义，类似一道反向题，结合共同度的结果，建议对第一道题进行修改或者删除。

Component Matrix[a]

	Component
	1
语文师生关系1	-.597
语文师生关系2	.760
语文师生关系3	.815
语文师生关系4	.783
语文师生关系5	.798

Extraction Method: Principal Component Analysis.

a. 1 components extracted.

图 10.68　因子载荷

参 考 文 献

[1] 张兴会. 数据仓库与数据挖掘技术. 北京：清华大学出版社，2011.6.

[2] (美)迈克伦南，(美)唐朝晖，(美)克里沃茨，著，董艳，程文俊，译. 数据挖掘原理与应用(第2版)——SQL Server 2008 数据库. 北京：清华大学出版社，2010.7.

[3] 毛国君，等. 数据挖掘原理与算法(第二版). 北京：清华大学出版社，2007.12.

[4] 王振武，等. 数据挖掘算法原理与实现. 北京：清华大学出版社，2015.2.

[5] 陈胜可，等. SPSS 统计分析从入门到精通(第三版). 北京：清华大学出版社，2015.6.

[6] 张文彤，等. IBM SPSS 数据分析与挖掘实战案例精粹. 北京：清华大学出版社，2013.2.

[7] Inmon,W.H. 数据仓库. 北京：机械工业出版社，2006.8.

[8] (美)韩家炜，范明. 数据挖掘概念与技术. 北京：机械工业出版社，2012.8.

[9] (美)陈封能，(美)斯坦巴赫，(美)库玛尔，著，范明，等译. 数据挖掘导论(完整版). 北京：人民邮电出版社，2011.1.

[10] 朱明. 数据挖掘. 合肥：中国科技大学出版社，2008.11.

[11] 姚家奕. 数据仓库与数据挖掘技术原理及应用. 北京：电子工业出版社，2009.08.

[12] 李志辉，等. SPSS 常用统计分析教程(SPSS 22.0 中英文版)(第4版). 北京：电子工业出版社，2015.8.

[13] 王小妮. 数据挖掘技术. 北京：北京航空航天大学出版社，2014.8.

[14] 谢龙汉，等. SPSS 统计分析与数据挖掘. 北京：电子工业出版社，2014.4.

[15] 车宏生，等. 心理与社会研究统计方法. 北京：北京师范大学出版社，2006.3.

[16] 张厚粲，等. 现代心理与教育统计学. 北京：北京师范大学出版社，2009.1.

[17] Joseph F.Hair,Jr., 等. Multivariate Data Analysis. Pearson Education International.2009.2.

[18] Charles M. Judd, 等. Data Analysis: A Model-Comparison Approach. Harcourt Brace Jovanovich, Publishers.2008.8.

[19] https://msdn.microsoft.com/zh-cn/library/ms167167.aspx 2016.05.

[20] https://msdn.microsoft.com/zh-cn/library/cc879271.aspx 2016.05.

[21] http://www-01.ibm.com/software/cn/analytics/spss/products/statistics 2016.05.

[22] https://technet.microsoft.com/zh-cn/library/ms175595(v=sql.120).aspx 2016.05.